SQL Server 2019 数据库技术及应用

应新洋◎主编

ZHEJIANG UNIVERSITY PRESS
浙江大学出版社
· 杭州 ·

图书在版编目(CIP)数据

SQL Server 2019 数据库技术及应用 / 应新洋主编
. — 杭州 : 浙江大学出版社, 2022.8
ISBN 978-7-308-23082-7

Ⅰ. ①S… Ⅱ. ①应… Ⅲ. ①关系数据库系统 Ⅳ.
①TP311.132.3

中国版本图书馆 CIP 数据核字(2022)第 174910 号

SQL Server 2019 数据库技术及应用
应新洋 主编

责任编辑 陈 宇
责任校对 赵 伟
封面设计 雷建军
出版发行 浙江大学出版社
(杭州市天目山路 148 号 邮政编码 310007)
(网址:http://www.zjupress.com)
排 版 杭州朝曦图文设计有限公司
印 刷 杭州钱江彩色印务有限公司
开 本 710mm×1000mm 1/16
印 张 20.75
字 数 420 千
版 印 次 2022 年 8 月第 1 版 2022 年 8 月第 1 次印刷
书 号 ISBN 978-7-308-23082-7
定 价 88.00 元

编 委 会

前　言

本教材以综合应用能力培养为目标、项目为主线、任务为驱动，较系统地阐述了 SQL Server 2019 数据库技术及应用的基本概念、过程、技术和方法。教材在内容编排上以所在学校真实运行的“教学管理系统”项目的设计为主线，从数据库设计的项目基础（数据库技术基础、数据库平台 SQL Server 2019、结构化查询语言 SQL），实现过程（数据库需求分析、数据库概要结构设计、逻辑结构和物理结构设计、数据库实施、数据库运行和维护），项目拓展（数据库编程、综合应用）三大方面展开，较全面地介绍了 SQL Server 2019 数据库技术及应用开发的知识。

本教材以综合应用能力培养为导向，基于项目开展，理论知识介绍简练清晰，应用实践方法介绍具体翔实。教材较好地做到了理论与实践并重，突出能力培养的目的，可作为高等院校计算机科学与技术、网络工程、软件工程、人工智能、信息安全、大数据、信息管理与信息系统、电子商务等专业的数据库课程教材，也可作为相关培训的教材，还可作为相关领域工程技术人员的学习和参考用书。

本教材的编写得到了宁波大学科技学院的大力支持，获得浙江省一流专业（计算机科学与技术）建设、浙江省课堂教学改革项目（数据库系统）、宁波市重点学科和重点专业（软件工程）建设项目的资助。因作者水平有限且时间仓促，书中难免存在错误和不妥，恳请广大读者批评指正。

编者

目　录

1 数据库基础

当今世界，数据（Data）已成为重要的社会资源和财富，有效管理和应用数据，是各级、各类组织的重要工作。数据库技术应数据管理任务的需要而产生，是目前数据管理最有效的手段和技术，也是计算机学科的重要内容和分支。

1.1 数据库系统概述

数据库系统是一个比较宽泛的概念，一般包括数据库、数据库管理系统、数据库应用系统、使用数据库的人员及支持数据库管理系统运行的软硬件等。本节对与数据库系统相关的部分概念和专业术语进行简单介绍，更深入的知识请参阅相关资料。由于 SQL 语言和 T-SQL 语言均不区分大小写，故书中实例的应用存在大小写混用情况，请读者根据环境需要或自己的习惯使用大小写。

1.1.1 数据库系统

1. 数据

数据是描述事物的符号，是数据库中存储的基本对象。数据有多种表现形式，可以是数字，也可以是文字、图形、图像、声音、视频等，其通过数字化处理后可存入计算机。

数据的表现形式还不能完全表达其内容，需要解释。数据的解释是指对数据含义的说明，即数据的语义。如数字 100，可以是一个人的年龄，可以是一个人的体重，也可以是一门课程的选课人数。因此，数据和数据的语义是不可分的。

在现实世界中，人们直接用自然语言来描述事物；而在计算机中，则以某种数字化方法（如记录等格式）来描述数据。

例如，用自然语言描述：李小龙，男，2002 年出生，浙江杭州人，2020 年考入计算机科学与技术专业。

在计算机中我们常常抽象出事物特征，用学生姓名、性别、出生年、籍贯、入学年份、专业等特征组成的记录来描述：（李小龙，男，2002，浙江杭州，2020，计算机科学与技术）。

2. 数据库

数据库（Database，DB）指长期存放在计算机内部的，有组织、可共享的数据集合。数据库中的数据按照一定的数据模型组织、描述和存储，具有较小冗余度与较高数据独立性、易扩展性，能满足各种不同的信息需求，被各种用户共享。概括说，数据库具有可永久存储、有组织、可共享三个基本特点。

3. 数据库管理系统

数据库管理系统（Database Management System，DBMS）是位于用户和操作系统之间的一个数据管理软件，是一个大型、复杂的软件系统，也是计算机的基础软件。它主要完成数据定义，数据组织、存储和管理，数据操纵，数据库的运行管理，数据库的建立和维护等功能。

（1）数据定义

DBMS 提供数据定义语言（Data Definition Language，DDL），用户可通过它方便地对数据库中的数据进行定义。

（2）数据组织、存储和管理

数据组织和存储的根本目的是提高存储空间利用率、提高存储效率和方便存取。DBMS 要完成数据库中各类数据的组织、存储和管理，确定文件结构和存取方式，实现数据之间的联系。

（3）数据操纵

DBMS 通过数据操纵语言（Data Manipulation Language，DML）对数据库进行操作，实现数据库数据的检索、插入、修改、删除等基本操作。

（4）数据库的运行管理

DBMS 统一管理和控制数据库的建立、运行和维护，以保证数据的安全性和完整性，以及多用户对数据的开发使用、系统发生故障后的恢复等。

（5）数据库的建立和维护

数据库的建立和维护包括数据库初始数据的输入、转换，数据库的转储、恢复，数据库的重组织，数据库性能监视、分析等功能。这些功能通常由一些使用程序来完成。

(6)其他功能

DBMS 的其他功能包括 DBMS 与其他软件系统的通信、不同 DBMS 间的转换、DBMS 和文件系统的数据转换、异构数据库之间的互访互操作等。

4. 数据库系统

数据库系统(Database System,DBS)是指在计算机系统中引入数据库后的系统,一般由数据库、数据库管理系统、数据库应用系统、数据库管理员及支持数据库管理系统运行的软、硬件组成(见图 1.1.1)。数据库的建立、使用和维护等工作只靠 DBMS 是不够的,还需要专门的人员来完成,这些人员被称为数据库管理员(Database Administrator,DBA)。一般情况下,我们常常把数据库系统简称为数据库。

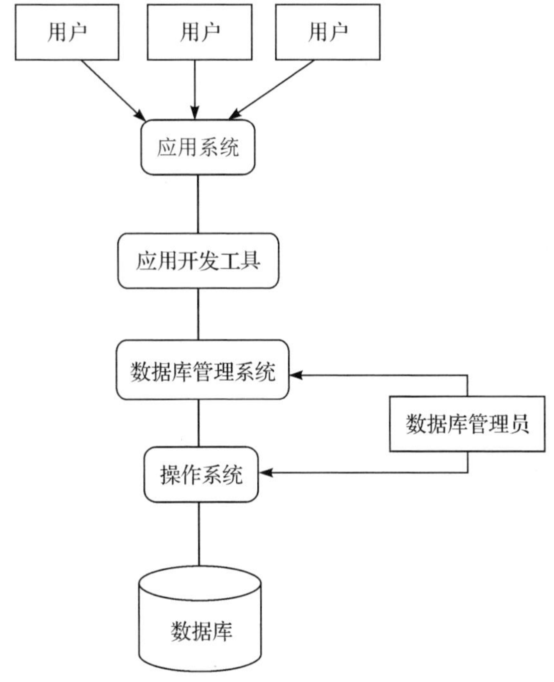

图 1.1.1 数据库系统

5. 数据管理技术

数据管理是指对数据进行归类、组织、编码、存储、查询、维护等一系列工作,是数据处理的中心问题。数据处理则是对数据进行收集、存储、加工和使用的一系列活动。

随着社会的发展，各种应用越来越多，在应用需求的推动下，计算机软、硬件水平也在不断提高。数据管理技术经历了从人工管理到文件管理再到数据库系统管理的三个阶段。随着社会进步和科学技术的发展，各种新的技术与方法不断被应用到数据管理领域，但至今仍未形成完整的体系和方法，数据库技术仍是数据管理的首选方法与核心技术。

(1)人工管理阶段

• 时间

20 世纪 50 年代中期以前。

• 背景

应用背景：计算机主要用在科学计算，通常不需要长期保存数据，只需要在计算某一应用时输入数据即可。

硬件背景：没有磁盘等直接存取的存储设备，只有纸带、卡片、磁带等设备。

软件背景：没有操作系统，也没有专门管理数据的软件。

处理方法：数据处理采用批处理方法。

• 特点

数据的管理者：使用数据的人员，包括用户和程序员。

数据面向的对象：某一个应用程序。

数据的共享性：数据不保存，数据不共享，一组数据对应一个程序，冗余度极大。

数据的独立性：没有独立性，面向应用程序，完全依赖程序。

数据的结构化：没有结构。

数据控制能力：依赖应用程序控制。

(2)文件管理阶段

• 时间

20 世纪 50 年代中期到 20 世纪 60 年代中期。

• 背景

应用背景：计算机在科学计算中大量使用数据，人们对数据有了存储和管理的需求，以便数据的反复查询、修改等工作。

硬件背景：出现了磁盘、磁鼓等直接存取的数据存储设备。

软件背景：出现了操作系统，在操作系统中有了文件系统，专门管理数据。

处理方法：数据处理采用批处理、联机实时处理等方法。

• 特点

数据的管理者：文件系统，数据统一交给文件系统来管理。

数据面向的对象：某一个应用程序。

数据的共享性:共享性差、冗余度大,在文件系统中,一个或一组文件对应一个应用程序,文件是面向应用程序的,当不同的应用程序具有部分相同的数据时,要建立各自的数据文件,而不能共享相同的数据,冗余度仍然很大。

数据的独立性:独立性差,文件面向应用程序,依赖性高,数据和程序的关联性很大。

数据的结构化:文件内部有结构,数据整体无结构;一个文件的内部记录有结构,但不同的文件之间缺少统一的结构,因此对整个应用程序的数据来说无结构。

数据控制能力:依赖应用程序自己控制。

(3)数据库系统管理阶段

• 时间

20 世纪 60 年代中期至今。

• 背景

应用背景:计算机应用范围越来越广泛,数据量急剧增加,大规模数据管理的需求越来越迫切。

硬件背景:出现大容量磁盘、磁盘阵列等存储设备。

软件背景:出现统一管理数据的专门软件——数据库管理系统。

处理方法:数据处理采用联机实时处理、分布处理、批处理等方法。

• 特点

数据的管理者:数据库管理系统,数据由数据库管理系统统一管理和控制。

数据面向的对象:现实世界。

数据的共享性:共享性高、冗余度低,数据库系统从整体上看待和描述数据,数据不再是面向某一个应用,而是面向整个系统,且可以被多个用户、多个应用共享使用,大大减少了数据冗余度。

数据的独立性:高度的物理独立性、一定的逻辑独立性。

数据的结构化:数据整体结构化,可用数据模型来描述。

数据控制能力:由数据库管理系统完成数据的安全性、完整性、并发控制和恢复。

从文件系统到数据库管理系统,标志着数据管理技术的飞跃。

1.1.2　数据模型与关系数据库

数据模型是数据库的核心与基础。数据库技术的发展是沿着数据模型这条主线展开的,人们往往根据数据库所基于的数据模型来区分各类数据库。

1. 数据模型

模型是对现实世界中某个对象特征的模拟和抽象。数据模型是现实世界中数据特征的模拟和抽象,用于描述数据、组织数据和操作数据。

通俗地讲,数据模型就是对现实世界的模拟。因此,数据模型应该能够真实反映现实世界,容易被人理解,便于计算机实现。

从现实世界的事物到计算机中的数据,认知的过程可以分成两个阶段(见图 1.1.2):第一阶段,将现实世界抽象成人的认知;第二阶段,将人的认知转换成计算机的模型。根据认知过程,我们可以从人的角度和计算机的角度分别描述事物,并将数据模型分成两类:第一类是 DBMS 支持的概念模型,第二类则是逻辑模型和物理模型。

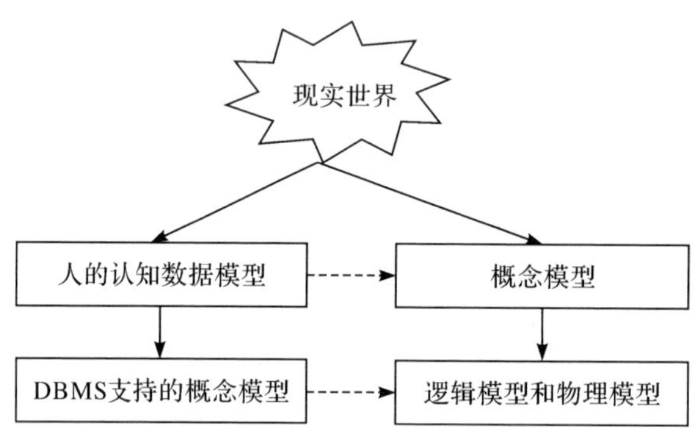

图 1.1.2　数据抽象过程

第一类数据模型为概念模型,也称信息模型,从人的角度去描述数据库,进行数据和信息建模,主要用于数据库的设计。

第二类数据模型从计算机的角度去描述数据库,主要用于数据库的实现。其中的逻辑模型指从计算机系统的角度对数据进行建模,用于 DBMS 的实现;物理模型则是面向计算机系统最底层的抽象,描述数据在系统内部的表示方式和存取方法,以及数据在磁盘等存储设备上的存储方式和存取方法等。

数据库的数据模型应该解决怎么存、怎么用、怎么保证数据正确有效这三个问题。

怎么存,即数据结构,描述数据库的组成对象和对象间的联系。数据结构是刻画数据模型最重要的内容,因此,我们通常根据数据结构的类型来命名数据模型。数据结构是所有描述对象的集合,是对系统静态特征的描述,目前有关系结构、层次结构、网状结构、面向对象结构等。实际应用中,基本采用关系结构。

怎么用,即数据操作,主要包括数据的查询、插入、修改、删除等操作。数据操作是对数据库中的对象进行操作的集合，包括操作和有关操作的规则，是对系统动态特征的描述。

怎么保证数据正确有效，即数据的完整性约束，是数据模型中数据及其联系所具有的制约和依存规则，用来限定符合数据模型的数据库状态及状态的变化，保证数据的正确、有效与相容。

因此，数据结构、数据操作、数据的完整性约束也称为数据模型的三要素。

一般来讲，我们主要讨论数据库的概念模型和关系模型。

2. 概念模型

概念模型存在于现实世界到信息世界的中间层次中，用于信息世界的建模，是现实世界到信息世界的第一层抽象，是设计人员进行数据库设计的有力工具，也是数据库设计人员与数据库用户之间进行交流的语言。因此，概念模型要有较强的语义表达能力，能够方便、直接地表达实际应用中的各种含义，便于设计；同时要简单清晰、方便用户理解，便于和用户沟通交流。

(1)概念

概念模型涉及实体、属性、码、域、实体型、实体集、联系等。

• 实体

现实世界中客观存在并可以相互区别的事物称为实体。实体可以是具体的人、物、事，也可以是抽象的概念和联系。

• 属性

实体的特征称为属性，属性可以结合起来描述一个实体。

• 码

能够唯一标识实体的属性组称为码，可选定其中的一个属性作为主码。

• 域

属性的取值范围即为域。

• 实体型

用实体名和属性名的集合来抽象与描述的同类实体称为实体型。

• 实体集

同一类实体型的集合称为实体集。

• 联系

实体(型)内部或者实体(型)与实体(型)之间的关联称为联系。通常，实体内部的联系指属性之间的联系，实体型之间的联系指不同实体集之间的联系。联系可以分成一对一(1∶1)、一对多(1∶n)、多对多(m∶n)三种类型。

(2)E-R 模型

概念模型的表示方法有很多,其中最著名、最常用的是实体-联系(Entity-Relationship,E-R)方法,它用 E-R 图来描述概念模型,故称 E-R 模型。

E-R 图中,矩形表示实体,矩形框内写明实体名;椭圆形表示属性,椭圆形框内写明属性名,同时用无向边将它与对应的实体连接起来;菱形表示联系,菱形框内写明联系名,同时用无向边将它与对应的实体连接起来,并在无向边旁注明联系的类型,如图 1.1.3 所示。

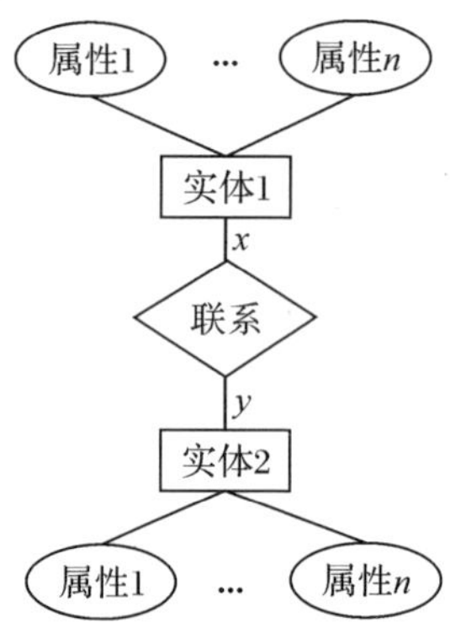

图 1.1.3　基本 E-R 图

(3)实例

某学校有若干学院,每个学院有若干系部和班级,每个系部有若干教师。其中每个教师各指导若干研究生,每个班级有若干学生,每个学生选修若干课程,每门课有若干学生选修。

该学校的 E-R 模型如图 1.1.4 所示,共有学院、系部、班级、教师、学生、课程六个实体,构成五个一对多联系,一个多对多联系;其中,研究生是学生的一部分,包含在学生实体中,每个教师各指导若干研究生指一部分教师指导一部分学生。

E-R 方法是抽象和描述现实世界的有力工具,用 E-R 图表示的概念模型独立于 DBMS 所支持的数据模型,是各种逻辑模型和物理模型的基础。目前,数据库中常用的逻辑模型有层次模型、网状模型、关系模型、面向对象模型、对象关系模型,其中绝大多数用的是关系模型,相应的数据库叫关系数据库。

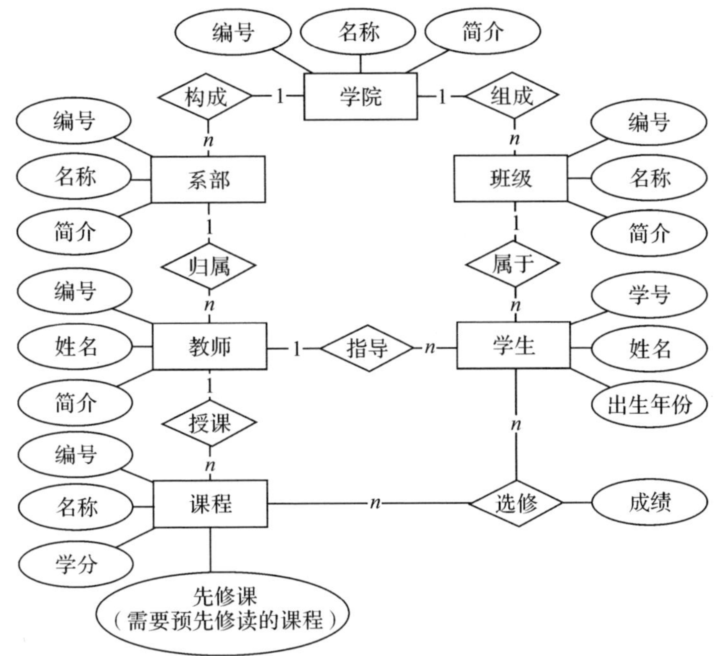

图 1.1.4 实例的 E-R 图

3. 关系模型

关系模型是目前最重要的一种数据逻辑模型，它有严格的数学基础，建立在集合代数的基础上。按照数据模型的三要素，关系模型由数据结构、数据操作、完整性约束三个部分组成。

（1）数据结构

关系模型的数据结构非常简单，就是关系。从用户来看，关系模型由一组关系组成，每一个关系就是一张规范化的二维表，如表 1.1.1 所示。

表 1.1.1 学生信息表

学号	姓名	性别	出生年份	学院	入学年份	专业
20204010101	张无忌	男	2002	信息	2020	计算机
20204010201	令狐冲	男	2002	信息	2020	软件工程
20204010102	张敏	男	2003	外语	2020	外语
…	…	…	…	…	…	…

关系模式是对关系(表)的描述,一般表示成:

关系名(属性 1,属性 2,…,属性 n)

例如,表 1.1.1 学生信息表(关系)可表示成:

学生(学号,姓名,性别,出生年份,学院,入学年份,专业)

在关系模型中,实体以及实体间的联系都用关系(表)来表示。

(2)关系操作

关系模型中常用的数据操作有查询和更新。查询操作包括选择、投影、连接、除、并、交、差、笛卡儿积等;更新操作包括插入、删除、修改等。

关系模型中的数据操作通过关系数据语言来完成,关系数据语言分为关系代数语言、关系演算语言、具有关系代数和关系演算双重特点的语言三类。其中,具有双重特点的结构化查询语言 SQL 拥有丰富的查询功能、强大的数据操作和管理能力,充分体现了关系数据语言的特点和优点,已成为关系数据库的标准语言。

(3)完整性约束

关系模型中有实体完整性约束、参照完整性约束、用户定义的完整性约束三类。实体完整性约束和参照完整性约束是关系模型必须满足的,是关系的两个不变性,由关系系统自动支持;用户定义的完整性约束则是应用过程中要遵循的约束条件和规则。

• 实体完整性约束

若属性或属性组 A 是基本关系 R 的主码,则 A 不能取空值(构成主码的各属性均不能取空值),并且 A 唯一。实体完整性约束实际上是规定了主码的取值规则。

• 参照完整性约束

若属性或属性组 F 是基本关系 R 的外码,且 F 与基本关系 S(S 和 R 可以是同一张表)的主码 K 相对应,则 R 中的每一个元组在 F 上的取值要么取空值,要么等于 S 中某个元组的主码值。参照完整性约束实际上就是规定了外码的取值规则。

• 用户定义的完整性约束

用户定义的完整性约束实际上规定了除主码和外码外,其他属性组的取值规则。这些规则根据应用的需要来设定,如取值的范围(人的年龄在 0～120 岁,性别只能是男或女等),取值能否为空(即 NULL,代表不确定、不知道),属性的取值是否需要默认,是否需要唯一等。

4. 从 E-R 模型到关系模型

逻辑模型是对概念模型的进一步抽象和描述,实际上就是把逻辑模型转换成与 DBMS 所支持的数据模型相符合的逻辑结构。在关系数据库中,关系模型的逻辑结构就是一组关系模式的集合。把 E-R 模型转换到关系模型,就是解决如何把实体内以及实体间的联系转换成关系,如何确定这些关系的属性和码。

下面以图 1.1.4 中的 E-R 图为例,展开模型的转换,关系模式中带“____”的属性组代表该关系模式的主码,带“......”的属性组代表该关系模式的外码。

(1)实体与实体属性的转换

一个实体转换成一个关系模式时,实体的属性就是关系的属性,实体的码就是关系的码。

图 1.1.4 中有学院、系部、班级、学生、教师、课程六个实体,因此可转换成六个关系模式,即学院、系部、班级、学生、教师、课程。

学院(学院编号,学院名称,学院简介)

系部(系部编号,系部名称,系部简介)

班级(班级编号,班级名称,班级简介)

学生(学号,姓名,性别,出生年份)

教师(教师编号,姓名,性别,教师简介)

课程(课程编号,课程名称,学分,先修课)

(2)联系的转换

• 多对多的联系

一个 $m:n$ 的联系转换成一个独立的关系模式时,与该联系相连的各实体的码及联系本身的属性就是这个关系的属性,关系的码由各实体的码组成。

图 1.1.4 中有一个多对多的选修联系,因此转换成一个关系模式时,表示为“选修”关系。

选修(学号,课程编号,成绩)

• 一对多的联系

一个 $1:n$ 的联系可以转换成一个独立的关系模式,也可以与 n 端对应的关系模式合并。

如果转换成一个独立的关系模式,与该联系相连的各实体的码及联系本身的属性就是这个关系的属性,关系的码为 n 端的码。

如果合并,则在 n 端对应的关系模式中添加与任意一端对应的关系模式的码及联系本身的属性,n 端对应的关系模式中的码不变。

推荐使用合并的方式转换。

图 1.1.4 中有五个一对多的联系，因此可转换成五个关系模式，也可以合并（建议合并）。

联系“属于”合并到关系“学生”中：

学生（学号，姓名，性别，出生年份，入学年份，专业，班级编号）

联系“归属”合并到关系“教师”中：

教师（教师编号，姓名，性别，教师简介，系部编号）

联系“构成”合并到关系“系部”中：

系部（系部编号，系部名称，系部简介，学院编号）

联系“组成”合并到关系“班级”中：

班级（班级编号，班级名称，班级简介，学院编号）

联系“授课”合并到关系“课程”中：

课程（课程编号，课程名称，学分，先修课，授课教师）

· 一对一的联系

一个 1∶1 的联系可以转换成一个独立的关系模式，也可以与任意一端对应的关系模式合并。

如果转换成一个独立的关系模式，则与该联系相连的各实体的码及联系本身的属性就是这个关系的属性，任意一端的码均是该关系的候选码。

如果合并，则在任意一端对应的关系模式中添加另外一端关系模式的码及联系本身的属性，该两端对应的关系模式中的码不变。

推荐使用合并的方式转换。

图 1.1.4 中没有 1∶1 的联系，无需转换。

综上所述，图 1.1.4 中的 E-R 图可转换成七个关系模式（表）组成的关系模型。

学院（学院编号，学院名称，学院简介）

学生（学号，姓名，性别，出生年份，入学年份，专业，班级编号）

教师（教师编号，姓名，性别，教师简介，系部编号）

系部（系部编号，系部名称，系部简介，学院编号）

班级（班级编号，班级名称，班级简介，学院编号）

课程（课程编号，课程名称，学分，先修课，授课教师）

选修（学号，课程编号，成绩）

5. DBMS 支持的关系模型

数据库在正式使用时，必须选择某种具体的 DBMS 产品，因此我们设计的关系模型必须结合 DBMS 产品进一步细化。本书选用 SQL Server 2019 作为数据库管理系统,结合应用要求,落实、细化关系模型,给出关系的具体信息。

根据图 1.1.4 对应的关系模式可得到表 1.1.2 中的七个关系(即七张表,通俗讲,一个关系就是一张严格的二维表)。

表 1.1.2 基本关系的具体结构

表名	列名	类型	含义	约束
Student	sno	char(11)	学号	主码(键)
	sname	varchar(10)	姓名	Not null
	ssex	char(2)	性别	取“男”或“女”
	sbirthyear	smallint	出生年份	
	inyear	smallint	入学年份	
	sclass	varchar(8)	班级编号	外码(键)
Course	cno	char(7)	课程编号	主码(键)
	cname	varchar(50)	课程名称	Not null
	credit	smallint	学分	
	pcno	char(7)	先修课	
Sc	sno	char(11)	学号	(sno,cno)为主码,外码
	cno	char(7)	课程编号	(sno,cno)为主码,外码
	grade	smallint	成绩	
Teacher	tno	char(7)	教师编号	主码(键)
	tname	varchar(10)	姓名	Not null
	ssex	char(2)	性别	取“男”或“女”
	trrno	char(4)	所属系部	外码(键)
Class	clno	char(8)	班级编号	主码(键)
	clname	varchar(10)	班级名称	Not null
	scount	varchar(2000)	班级简介	
	dno	char(2)	所属学院	外码(键)
College	collno	char(2)	学院编号	主码(键)
	collname	varchar(10)	学院名称	Not null
	collinfo	varchar(2000)	学院简介	

续表

表名	列名	类型	含义	约束
Dept	dno	char(2)	系部编号	主码(键)
	dname	varchar(10)	系部名称	Not null
	dinfo	varchar(2000)	系部简介	
	collno	char(2)	所属学院	外码(键)

1.2 数据库结构

数据库有一个严谨的体系结构，可以有效地组织、管理数据，提高数据库的逻辑独立性和物理独立性。数据库公认的标准结构是三级模式结构(见图1.2.1)，其由模式、外模式、内模式以及外模式/模式映射、模式/内模式映射组成。从数据库管理系统的角度来描述体系结构：数据库结构是数据库管理系统的内部结构。

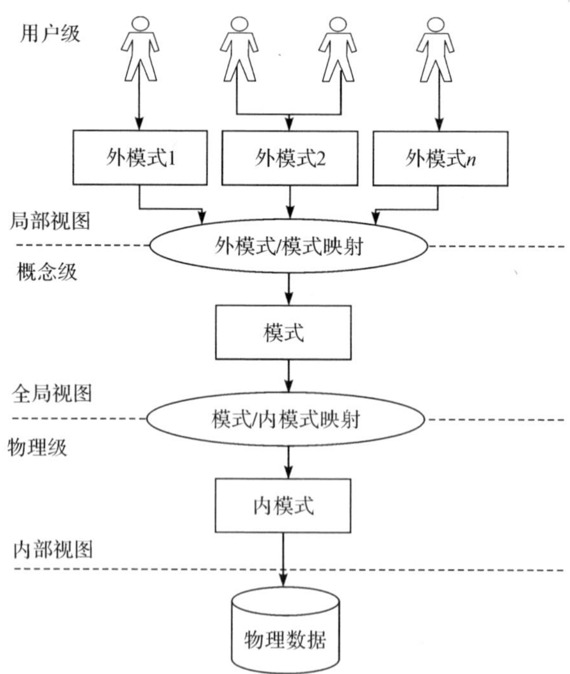

图 1.2.1 数据库三级模式结构

1.2.1 三级模式

1. 模式

模式也称逻辑模式，描述数据库中全体数据的逻辑结构和特性，是所有用户的公共视图，一个数据库只有一个模式。模式处于三级模式结构中的中间层。

定义模式时不仅要定义数据逻辑模式，还要定义数据之间的联系，定义与数据有关的安全性要求和完整性要求。

2. 外模式

外模式也称用户模式，描述数据库用户（包括应用程序员和最终用户）能看见的局部数据逻辑结构和特性，是数据库用户的数据视图，是与某一应用有关的逻辑表示。外模式通常是模式的子集，一个模式可以有多个外模式。

外模式是保护数据安全性的一个有力措施。

3. 内模式

内模式也称存储模式，一个数据库只有一个内模式。内模式描述数据库的物理存储结构和存储方式，是数据在数据库内部的表示方式。

1.2.2 二级映射

为了能在数据库内部实现三个抽象层次（三个模式）之间的转化和联系，数据库管理系统在三级模式之间提供了两层映射。

1. 外模式/模式映射

一个模式可以有多个外模式，对于每个外模式，数据库系统都有与之对应的外模式/模式映射。当外模式改变时，数据库管理员会对外模式/模式映射做出相应的改变，使外模式保持不变。这样，依照数据库外模式编写的程序就不需要改变，保证了数据与程序的逻辑独立。

2. 模式/内模式映射

数据库中只有一个模式和内模式，所以数据库中只存在一个模式/内模式映射，它定义了数据库的全局逻辑结构和存储结构之间的对应关系。当数据库中的存储结构改变时，数据库管理员会对模式/内模式映射做出相应的改变，使模式/内模式保持不变。这样，应用程序也不用改变，保证了数据与程序的物理独立。

2　数据库平台 SQL Server 2019

2.1　SQL Server 2019 概述

SQL Server 是微软(Microsoft)公司推出的一款关系型数据库管理系统，它使用集成的商业智能工具，可提供安全可靠的存储和企业级的数据管理功能。在 2019 年 11 月 7 日的 Microsoft Ignite 2019 大会上，微软正式发布了新一代数据库产品 SQL Server 2019。与之前版本相比，新版的 SQL Server 2019 功能更强，更简单易用。

2.1.1　SQL Server 2019 的基本服务

1. 数据库引擎

数据库引擎是存储、处理和保护数据的核心服务。利用数据库引擎可控制访问权限并快速处理事务，从而满足企业内需要处理大量数据的应用程序的要求。数据库引擎可创建用于联机分析处理(On-Line Analysis Processing，OLAP)或联机事务处理(On-Line Transaction Processing，OLTP)数据的关系数据库，包括创建用于存储数据的表和用于查看、管理与保护数据安全的数据库对象(如索引、视图和存储过程等)。可以使用 SSMS(SQL Server Management Studio，是一个集成环境，用于访问、配置、管理和开发 SQL Server 2019 的所有组件)管理数据库对象，使用 SQL Server Profiler 捕获服务器事件。

2. 分析服务

分析服务是 SQL Server 2019 的一个服务组件。分析服务在日常的数据库设计操作中应用并不广泛，但在大型的商业智能项目中会涉及。我们在使用 SSMS 连接服务器时，可以选择服务器类型“Analysis Services”进入分析服务。

数据处理可分为联机分析处理和联机事务处理两大类。联机分析处理是传统关系型数据库的主要应用，主要开展基本、日常的事务处理；联机事务处理是数据仓库系统的主要应用，支持复杂的分析操作，侧重决策支持，并且提供直观易懂的查询结果。

3. 集成服务

SQL Server 集成服务（SQL Server Integration Services ，SSIS）是一个数据集成平台，负责完成有关数据的提取、转换和加载等操作。使用集成服务可以高效地处理各种各样的数据源，如 SQL Server、Oracle、Excel、XML 文档，文本文件等。该服务为构建数据仓库提供了强大的数据清理、转换、加载与合并等功能。

4. 复制技术

复制是一种将一组数据从一个数据源拷贝到多个数据源的技术，是一种将一组数据发布到多个存储站点上的有效方式。

5. 通知服务

通知服务是一个应用程序，通过文件、邮件等方式向各种设备传递信息，可以向上百万的订阅者发布个性化的消息。

6. 报表服务

SQL Server 报表服务（SQL Server Reporting Services，SSRS）是一种基于服务器的解决方案，从多种关系数据源和多维数据源提取数据，生成报表。SSRS 提供了各种现成可用的工具和服务，帮助数据库管理员创建、部署和管理单位的报表，并提供能够扩展和自定义报表功能的编程功能。

7. 服务代理

服务代理（SQL Server Agent）是 SQL Server 的一个标准服务，代理执行所有 SQL 的自动化任务，以及数据库事务性复制等无人值守任务。该服务在默认安装情况下是停止状态，需要手动启动或改为自动启动。

8. 全文搜索

SQL Server 的全文搜索（Full-Text Search）基于分词的文本检索功能，依赖于全文索引。全文索引不同于传统的平衡树索引和列存储索引，它由数据表构成，称作倒转索引(Invert Index)，存储分词和行的唯一键的映射关系。

2.1.2 SQL Server 2019 的结构

1. SQL Server 2019 的系统结构

(1)C/S 结构

SQL Server 2019 采用标准的客户端-服务器体系结构(C/S 结构)，即客户端发送请求到服务器端，服务器端处理完成后返回结果到客户端。具体过程如图 2.1.1 所示。

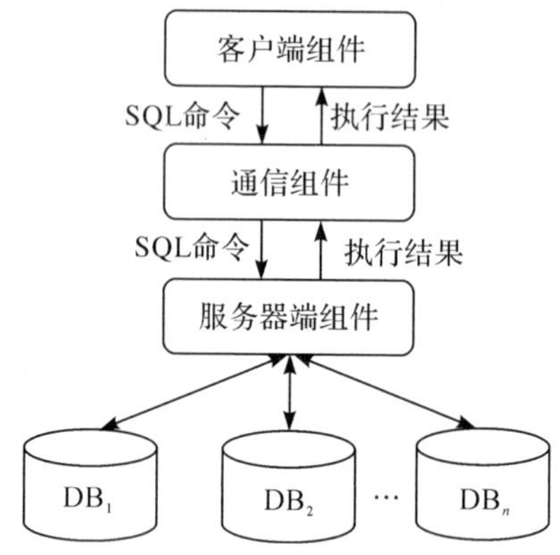

图 2.1.1 SQL Server 2019 的 C/S 结构

(2)服务器的组织结构

SQL Server 2019 中，一个数据库服务器组件称为一个实例。通俗地讲，实例就是指安装的一个 SQL Server 2019 数据库服务。一台计算机上可以安装 SQL Server 2019 的多个实例。从安全性、实例管理的数据及其他方面来说，每个实例是彼此完全独立的。从逻辑层面来说，位于同一计算机上的两个不同实例和位于两台不同计算机上的实例是一样的，故可以将计算机上安装的其中一个实例设置为默认实例，其他实例设为命名实例。通过注册，一台计算机可以访问多个本地实例和远程实例，每个实例可以创建多个数据库，每个数据库上可以创建多个对象(包括基本表等数据库对象)用于处理数据。计算机服务器、实例、数据库、数据表的组织结构如图 2.1.2 所示。

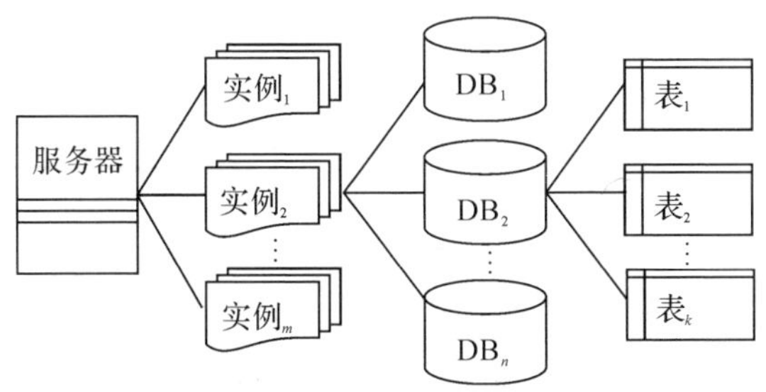

图 2.1.2　服务器、实例、数据库、表之间的关系

2. SQL Server 2019 的数据库结构

(1)逻辑结构

数据库可以认为是各种对象的容器,这些对象可以是表(table)、视图(view)、存储过程(stored procedure)、函数(function)等。每个 SQL Server 2019 实例可以包含多个数据库,这些数据库可分成系统数据库和用户数据库两大类。系统数据库存储有关 SQL Server 2019 的系统信息,它们是 SQL Server 2019 管理数据库的依据。如果系统数据库遭到破坏,那么 SQL Server 2019 将不能正常启动;用户数据库则主要用来存储用户创建的数据库。某个数据库实例下的逻辑结构和内容如图 2.1.3 所示。

①系统数据库

安装 SQL Server 2019 时,安装程序会创建几个系统数据库用于保存系统数据、服务与内部对象。程序安装好后,就可以创建自己的用户数据库,以保存应用程序数据。

SQL Server 2019 安装程序创建的系统数据库包括 master、model、tempdb 以及 msdb 四个,它们各自的作用描述如下。

• master

master 数据库保存 SQL Server 2019 实例范围内的元数据信息、服务器配置信息、实例中所有有关数据库的信息,如登录账户信息、连接服务器和系统配置设置信息、所有数据库的信息、数据文件的位置、SQL Server 2019 的初始化信息等。如果 master 数据库不可用,则无法启动 SQL Server 2019。

• model

model 数据库是新数据库的模板,对 model 数据库进行的修改(如数据库大小、排序规则、恢复模式和其他数据库选项)将应用于以后创建的所有数据库。每个新创建的数据库最初都是 model 的一个副本(copy)。所以,如果想在所有

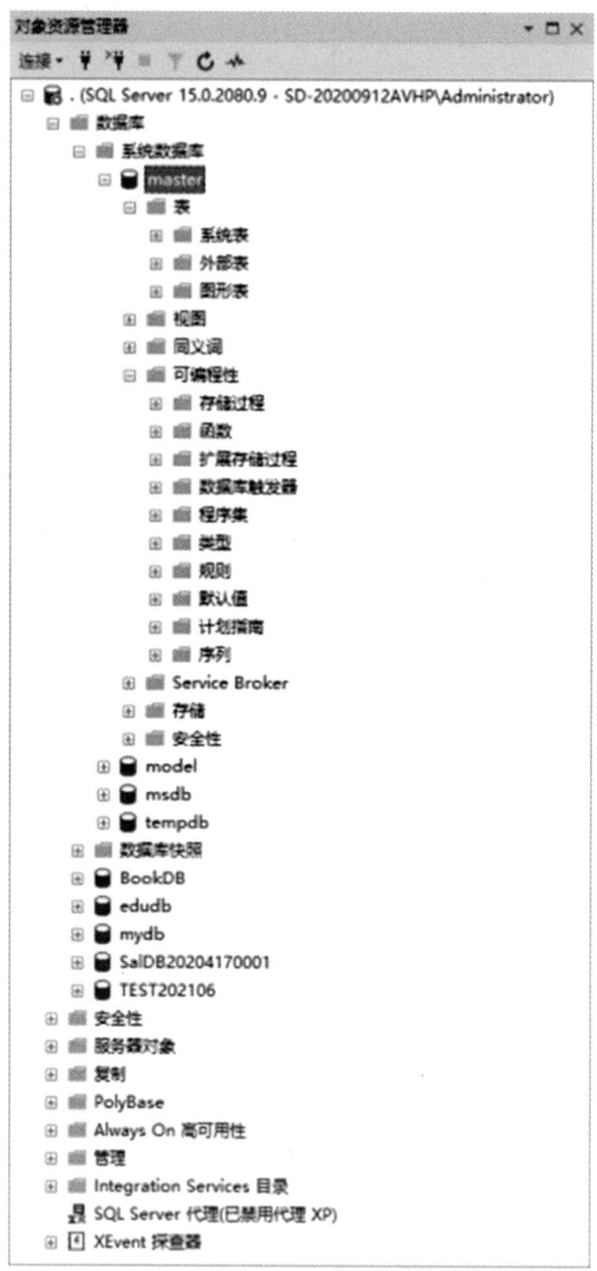

图 2.1.3　某个数据库实例的组织结构

新创建的数据库中都包含特定的对象(如数据类型),或者是在所有新创建的数据库中都以特定的方式来配置某些数据库属性,则可以先把这些对象或配置属性放在 model 数据库中。model 数据库做出的修改不会影响现有的数据库，只会影响此后新创建的数据库。

· tempdb

tempdb 数据库是 SQL Server 2019 保存临时数据的地方，这些临时数据包括工作表（work table）、排序空间（sort space）、行版本控制（row versioning）信息等。SQL Server 2019 允许用户自己创建临时表，这些临时表的逻辑保存位置就在 tempdb。每次重启 SQL Server 2019 实例时，系统会删除该数据库的内容，并将其重新创建为 model 的一个副本。因此，当需要以测试为目的而创建一些对象，且在测试完成后不想将这些对象继续保存在数据库中时，通常可以在 tempdb 数据库中创建它们。这样，即使忘记清除这些对象，重新启动后系统也会自动清除它们。

· msdb

msdb 数据库是为 SQL Server Agent 保存数据的地方，用于 SQL Server 2019 代理计划警报和作业，数据库定时执行某些操作，如发送数据库邮件等。SQL Server Agent 负责自动化处理，包括记录有关作业、计划和警报等实体的信息。SQL Server Agent 也负责复制。msdb 还用于保存一些有关其他 SQL Server 2019 功能的信息，如 Database Mail 和 Service Broker。

②用户数据库

用户数据库用来保存应用程序需要的各种对象和数据。SQL Server 2019 实例中可以创建需要的任意数量的用户数据库。

创建用户数据库时，可以在数据库级上定义一个排序规则（Collation）属性，它可确定数据库中字符数据使用的排序规则信息（包括支持的语言、区分大小写和排序规则等）。如果不指定 Collation 属性，则将使用实例默认的排序规则设置。

③架构（Schema 模式）和对象

数据库是一种对象的容器，如图 2.1.4 所示。一个数据库可以包含多个架构，每个架构又包含多个对象。架构可以看作是表、视图、存储过程、函数、触发器等对象的容器。

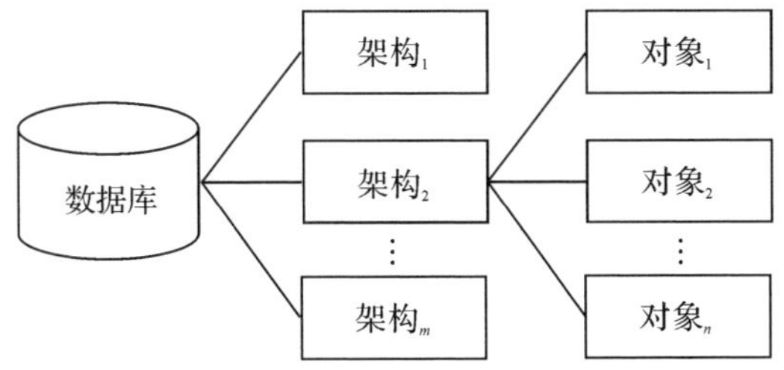

图 2.1.4　数据库、架构和数据库对象

我们可以在架构级别上控制对象的访问权限。例如，可以为一个用户授予某个架构上的 SELECT 权限，让用户能够查询该架构中所有对象的数据。所以，安全性是架构中应该考虑的因素之一。

另外，架构也是一个命名空间，用作对象名称的前缀。例如，在架构 MySchema 中有一个 Student 表，架构限定（schema-qualified）的对象名称是 MySchema. Student，也称为两部分对象名称（two-part name）。如果在引用对象时省略架构名称（不显式指定架构），则 SQL Server 2019 将采用一定的办法分析出架构名称。例如，检查对象是否在用户的默认架构中，如果不在，则继续检查对象是否在 dbo 架构中。因此，在代码中引用对象时，推荐使用这种由两部分构成的对象名称。有时，如果是不显式指定架构，那么在解析对象名称时就要付出一些没有意义的额外代价。

（2）物理结构

在物理结构中，SQL Server 2019 数据库以文件的形式保存在磁盘上。文件主要有数据文件和日志文件两种，数据文件又可以分成主数据文件和次数据文件，具体结构如图 2. 1. 5 所示。

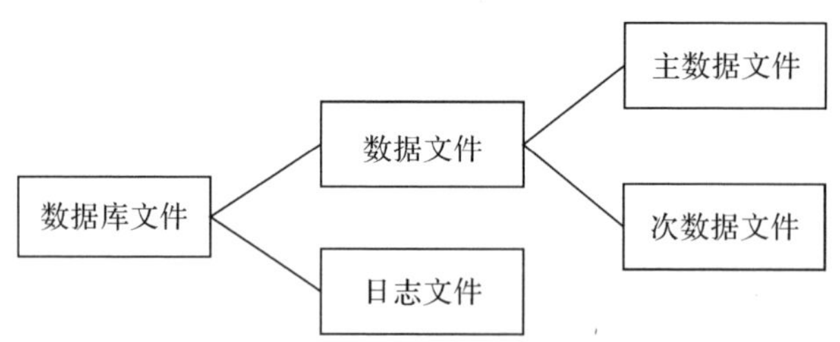

图 2. 1. 5　SQL Server 数据库的文件结构

每个数据库文件都有两个名称，即逻辑名称和物理名称。逻辑名称在 SQL 语句中引用物理文件时使用，如新建一个名为 MySQLDB 的数据库，它的主要数据文件的逻辑名称为 MySQLDB_Data，它的事务日志文件的逻辑名称为 MySQLDB_log；对应的物理名称则是包含路径的文件名 D:\data\MySQLDB_Data. mdf 和 D:\data\MySQLDB_log. log。

数据文件包含数据和对象，如表、索引、存储过程和视图。日志文件包含恢复数据库中所有事务所需的信息。为了便于分配和管理，SQL Server 2019 允许对数据库文件进行分组管理，将数据文件集合起来，放到相应的文件组中。SQL Server 2019 文件组可以分为主要文件组和用户定义文件组两种类型。

默认的主要文件组名称为 primary，在创建数据库时，由数据库引擎自动创建。主要数据文件和没有明确指定文件组的数据文件都被指派到 primary 文件组中。

用户定义文件组由用户创建。SQL Server 2019 在不创建用户定义文件组的情况下也能正常工作。因此,数据库应用程序的规模不大时,不需要创建用户定义文件组。

主要数据文件(primary file)包含数据库的启动信息和指向数据库中其他文件的链接。每个数据库有一个主要数据文件,主要数据文件的建议文件扩展名为 mdf。

辅助数据文件(secondary file)也叫次要数据文件,是用户定义的可选数据文件。将每个文件放在不同的磁盘驱动器上,可以把数据分散到多个磁盘中。如果主文件足够大,能够容纳数据库中的所有数据,则可以不需要次要数据文件。有些数据库可能非常大,因此需要多个次要数据文件。次要数据文件的建议文件扩展名为 ndf。

事务日志文件(log file)包含用于恢复数据库的信息。每个数据库必须至少有一个日志文件。事务日志文件的建议文件扩展名为 ldf。

数据文件是存储数据的物理文件,由多个数据页组成。数据页是磁盘 I/O 操作的基本单位,每个数据页大小为 8KB,是 SQL Server 2019 中最小的存储单元。八个物理上连续的数据页组成一个区(extent),区是管理空间的基本单位。页的开头是 96 字节的标头(page header),用于存储有关页的系统信息,包括页码(page number)、页类型(page type)、页的可用空间及拥有该页的对象的分配单元 ID、指向下一页和上一页的指针等。

日志文件不包含页,只包含一系列日志记录。在默认情况下,数据和事务日志放在单磁盘系统的同一驱动器和路径上。根据实际的生产环境,建议将数据和日志文件放在不同的磁盘上。

图 2.1.6 展示了数据库 ExampleDB 的一种文件结构,图中的数据库 ExampleDB 包含了主要数据文件、次要数据文件和日志文件,每种文件都由多个文件组成。为方便管理,增加了主要数据文件组 Primary(系统默认已生成)、次要数据文件组 SecondFG(需要自己定义和命名)。日志文件只有一种类型,故自动归为日志文件组(不用命名)。主要数据文件组 Primary 由 ExampleDB 和 ExampleDB0 两个文件组成,对应的物理文件分别为 D:\ExampleDB. mdf 和 ExampleDB0. mdf;次要数据文件组 SecondFG 由 ExampleDB1、ExampleDB2 和 ExampleDB3 三个文件组成,对应的物理文件分别为 E:\ExampleDB1. ndf、E:\ExampleDB2. ndf 和 E:\ExampleDB3. ndf;日志文件组由 ExampleDB_log1、ExampleDB_log2 和 ExampleDB_log3 三个文件组成,对应的物理文件分别为 F:\ExampleDB_log1. ldf、F:\ExampleDB_log2. ldf 和 F:\ExampleDB_log3. ldf。

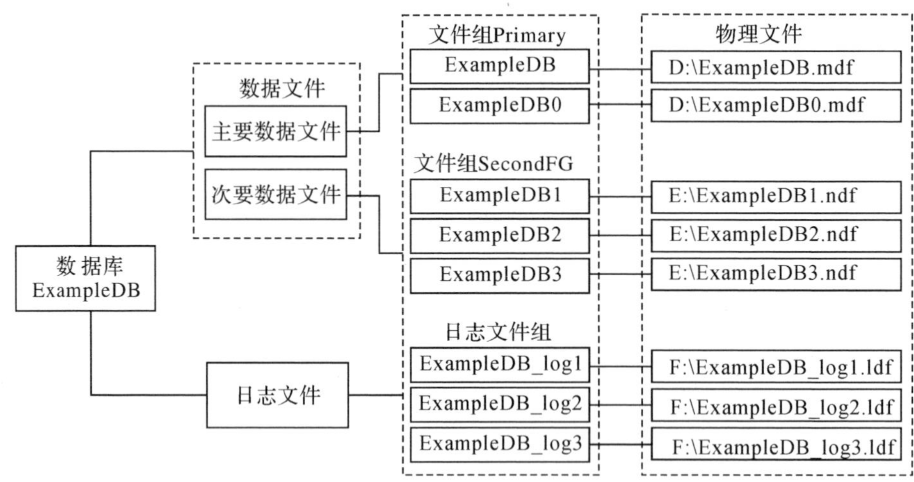

图 2.1.6 数据库 ExampleDB 的文件结构

2.2 SQL Server 2019 安装

微软提供了包括 Express 版和 Develper 版在内的多个 SQL Server 2019 版本供大家学习和试用，读者可到官网下载需要的版本，下载完成后进行安装。

SQL Server 2019 安装分为服务器（实例）安装和管理工具（客户端）安装两个部分。

2.2.1 服务器（实例）安装

①数据库镜像文件（本文为 sql_server_2019_standard_x64_dvd_2bfe815a.iso）下载完成后解压打开，找到 setup.exe 文件后双击运行，如图 2.2.1 所示。

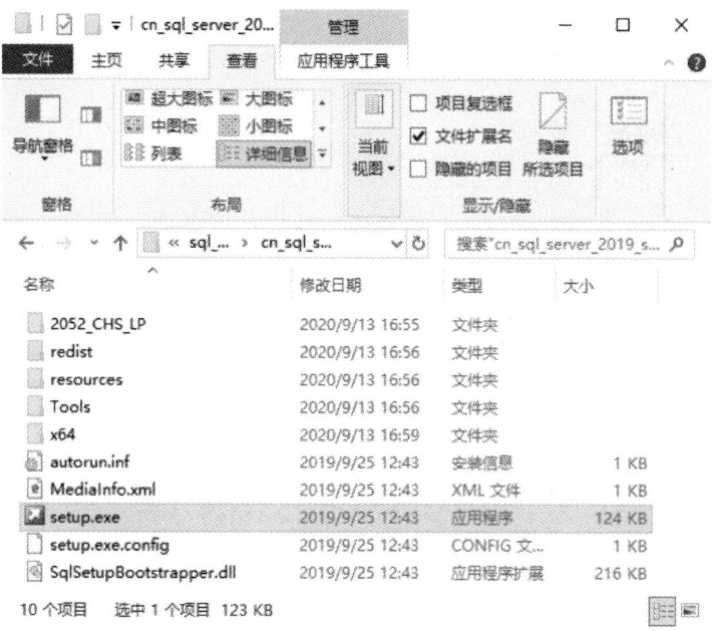

图 2.2.1 启动安装程序

②进入安装中心，点击【安装】栏，选择【全新 SQL Server 独立安装或向现有安装添加功能】，如图 2.2.2 所示。

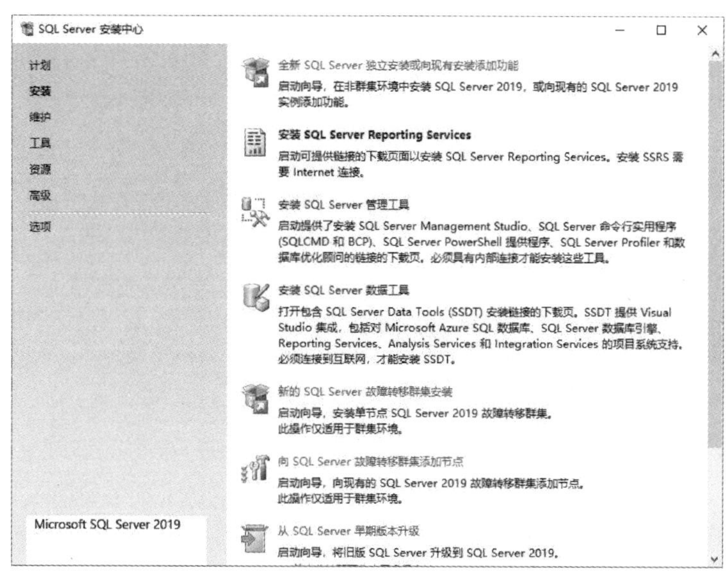

图 2.2.2 选择安装项目

③选择数据库产品安装类型，选定【指定可用版本】为 Evaluation 后，产品密钥会自动填写，再点击【下一步】，如图 2.2.3 所示。

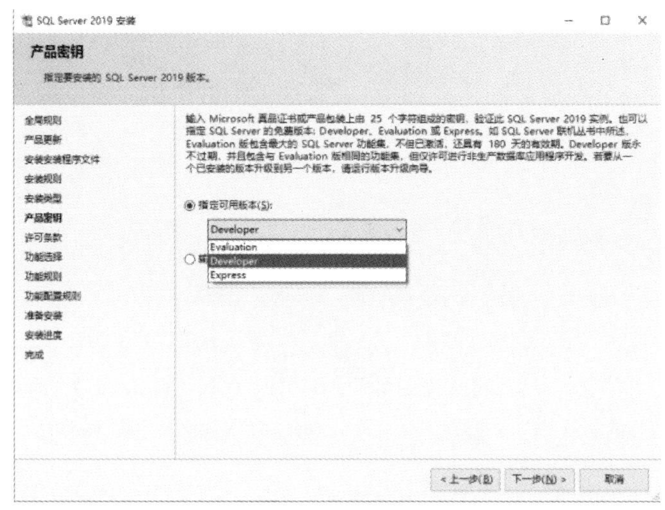

图 2.2.3　选择 SQL Server 2019 数据库安装类型

④选中【我接受许可条款】，点击【下一步】。

⑤检查更新，这里我们可以不用选择，直接点击【下一步】。

⑥进入功能选择，设置安装的实例功能和根目录。取消勾选【机器学习服务和语言扩展】，可点击【...】更改安装目录位置。设置完毕后，点击【下一步】，如图 2.2.4 所示。

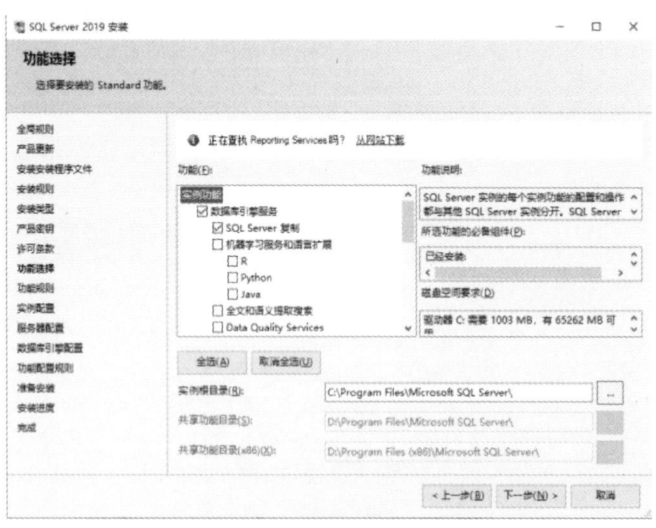

图 2.2.4　选择需要安装的 SQL Server 2019 实例功能

⑦进入实例配置页面，可以选择默认实例，也可以自己命名实例，推荐选择默认实例 MYSQLSERVER，点击【下一步】，如图 2.2.5 所示。

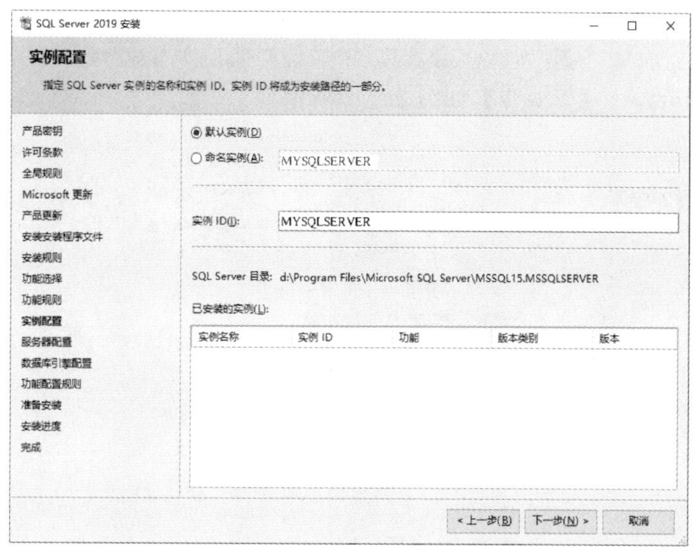

图 2.2.5 设置 SQL Server 2019 的实例名称

⑧进入服务器配置页面，这里可以设置启动类型，启动类型有自动、手动和禁用，根据自己的需要设置相应的启动类型后点击【下一步】，如图 2.2.6 所示。

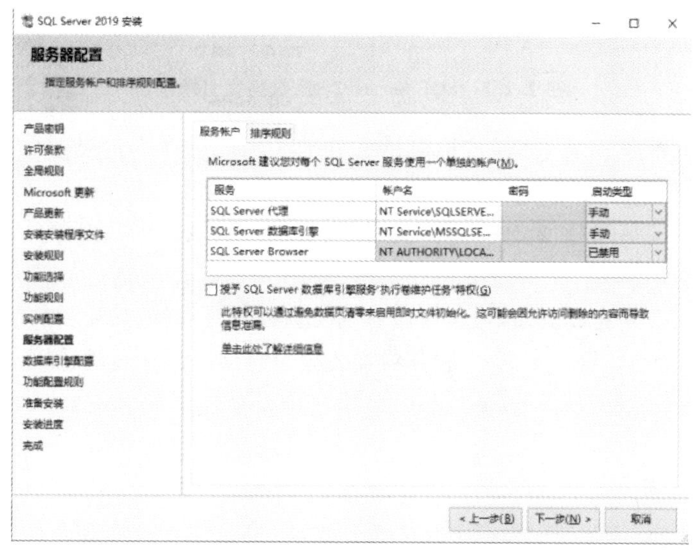

图 2.2.6 安装 SQL Server 2019 的服务器配置

⑨进入数据库引擎配置页面，这里可以设置数据库引擎的身份验证安全模式、管理员、数据目录、TempDB、最大并行度、内存限制和文件流。一般都是默认设置，默认情况下，数据库引擎身份验证安全模式为“Windows 身份验证模式”，需要在“指定 SQL Server 管理员”中添加当前的 Windows 用户，点击【添加当前用户】后，点击【下一步】，如图 2.2.7 所示。

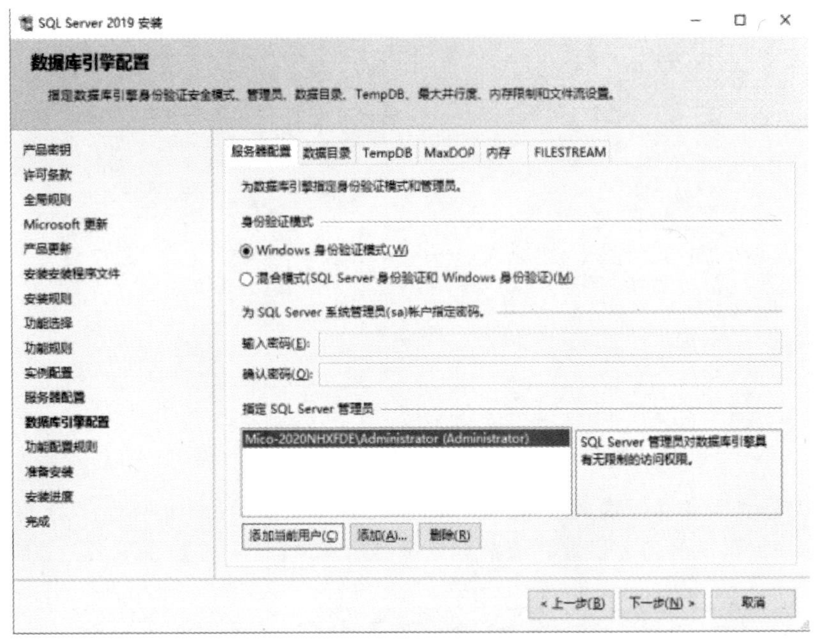

图 2.2.7　SQL Server 2019 数据库引擎配置

⑩进入准备安装页面，这里可以看到关于安装的详细信息，核对安装的摘要，确认后点击【安装】。

⑪进入安装进度页面，这里可以看到安装的进度。安装结束后点击【下一步】。

⑫进入安装完成页面，这里可以看到安装各功能的状态、安装的摘要日志等信息。确认 SQL Server 2019 服务器安装完成后点击【关闭】，如图 2.2.8 所示。

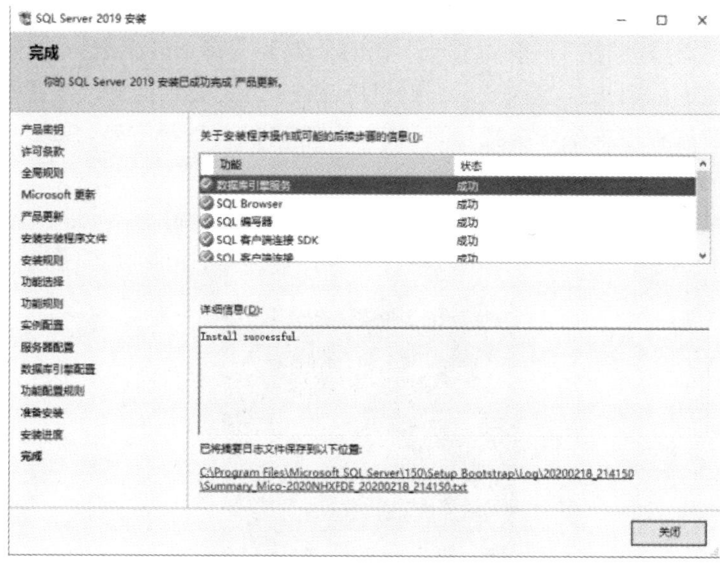

图 2.2.8　SQL Server 2019 数据库安装完成

2.2.2　管理工具(客户端)安装

①回到 SQL Server 安装中心，点击【安装 SQL Server 管理工具】，自动跳转到微软软件下载页面，如图 2.2.9 所示。

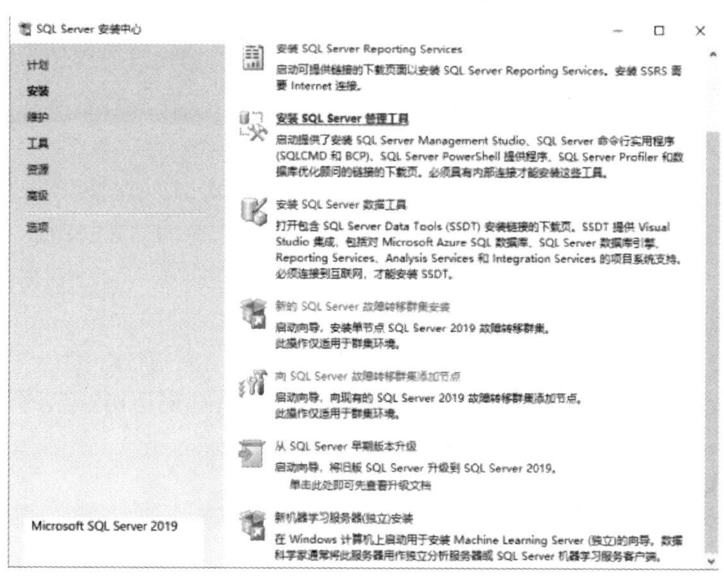

图 2.2.9　SQL Server 2019 数据库安装中心

②进入官方网址选择需要的版本，点击【下载 SQL Server Management Studio(SSMS)】，设置文件保存地址，点击【下载】，等待文件下载完成。

③下载完成后运行 SSMS-Setup-CHS. exe ，设置安装位置，点击【安装】。

④安装过程中根据系统提示，可能需要重启机器继续安装，SQL Server 管理工具安装完成后点击【关闭】即可。

⑤安装结束后，在开始菜单中运行 Microsoft SQL Server Management studio，使用 SQL Server 管理工具链接和管理数据库，如图 2.2.10 所示。

图 2.2.10　开始菜单中的 SSMS

2.3　SQL Server 2019 使用

从操作角度来看，使用数据库首先要确定数据库的名称与结构(主要由哪些内容组成)、数据表的名称与结构、存储的内容等，然后创建数据库。在新建的数据库中创建数据表，输入数据运行并进行相应的操作处理、管理维护等工作。本节从实践出发，介绍 SQL Server 2019 的基本操作。

数据库服务器和管理工具分别安装完成后，我们就可以使用 SQL Server 2019 完成相应的数据库应用。下面基于例子，按数据库的创建→数据表的创建→数据输入→数据查看→数据修改→数据表删除→数据库备份→数据库删除→数据库还原等步骤来介绍数据从无到有，再到使用和管理的过程。

在 SQL Server 2019 中，许多操作可以通过 TRANSACT-SQL(T-SQL)语句完成，也可以通过 SSMS 工具完成。本节主要介绍如何使用 SSMS 来进行数据库的基本使用。

2.3.1　例子

为方便使用，我们从表 1.1.2 中抽取学生(Student)、课程(Course)、选课

(Sc)三个关系，组成一个数据库，命名为 mydb，结构如表 2.1.1 所示，数据见表 2.1.2～表 2.1.4。

表 2.1.1 Student、Course 和 Sc 关系

表名	列名	类型	含义	约束
Student	sno	char(11)	学号	主码(键)
	sname	varchar(10)	姓名	not null
	ssex	char(2)	性别	取“男”或“女”
	sbirthyear	smallint	出生年	
	sclass	varchar(20)	班级	
Course	cno	char(7)	课号	主码(键)
	cname	varchar(50)	课名	not null
	credit	smallint	学分	
	pcno	char(7)	先修课	外码
Sc	sno	char(11)	学号	(sno,cno)为主码，外码
	cno	char(7)	课号	(sno,cno)为主码，外码
	grade	smallint	成绩	

表 2.1.2 Student 表

sno	sname	ssex	sbirthyear	sclass
20204010101	张无忌	男	2002	20 计算机
20204010102	张敏	女	2003	20 计算机
20204010103	谢逊	男	2001	20 计算机
20204010201	令狐冲	男	2002	20 软件工程
20204010202	任盈盈	女	2002	20 软件工程

表 2.1.3 Course 表

cno	cname	credit	pcno
CK1R01A	C 语言程序设计	3	
CK1R02A	数据结构与算法	4	CK1R01A
CK1R03A	离散数学	3	

续表

cno	cname	credit	pcno
CK1R04A	数据库原理	3	CK1R03A
CK1R05A	操作系统	4	CK1R02A

表 2.1.4 Sc 表

sno	cno	grade
20204010101	CK1R01A	95
20204010101	CK1R02A	83
20204010101	CK1R03A	85
20204010101	CK1R04A	92
20204010101	CK1R05A	78
20204010102	CK1R04A	80
20204010103	CK1R04A	85
20204010201	CK1R04A	90

2.3.2 启动

1. 数据库服务器启动

使用 SQL Server 2019 时，要确保启动数据库服务(数据库实例)。SQL Server 2019 安装完成后，一般默认数据库服务自动启动，也可以设置为手动启动，根据需要运行或停止数据库服务。

①选择开始菜单→【程序】→【Windows 管理工具】→【服务】命令，打开本地计算机的【服务本地】窗口(见图 2.3.1)，找到 SQL Server，确认当前状态。如果状态不是“正在运行”，则需要启动该服务。

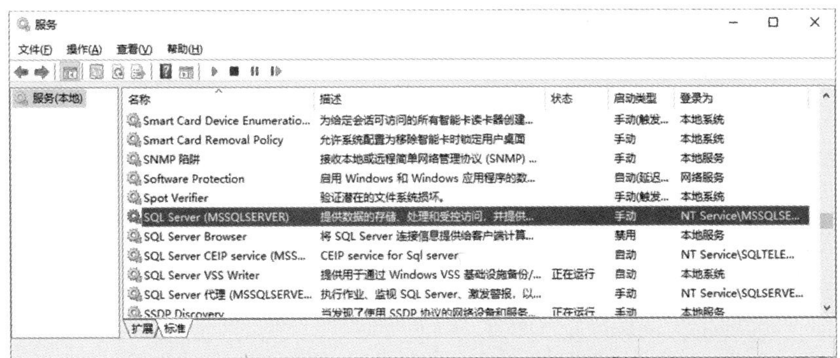

图 2.3.1 Windows 中的服务窗口

②选中 SQL Server 后，点击右键，在弹出菜单中选择【启动】命令。启动成功后，该服务状态会变成“正在运行”，如图 2.3.2 所示。

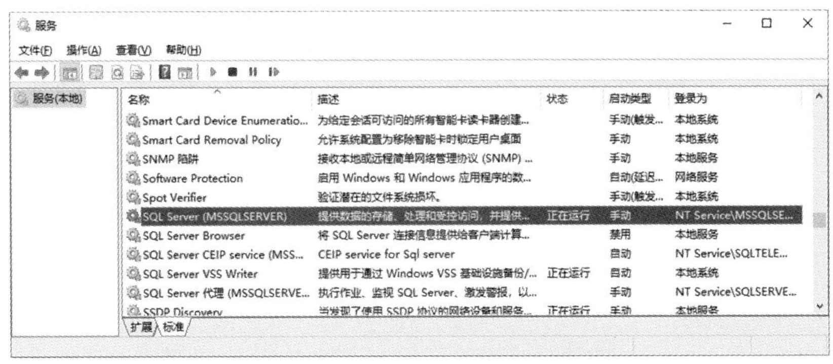

图 2.3.2 SQL Server 的服务启动成功

③根据需要，也可以设置数据库服务器的启动方式，选中 SQL Server 后，点击右键，在弹出菜单中选择【属性】命令，在属性窗口中，选择所需要的启动类型，如图 2.3.3 所示。

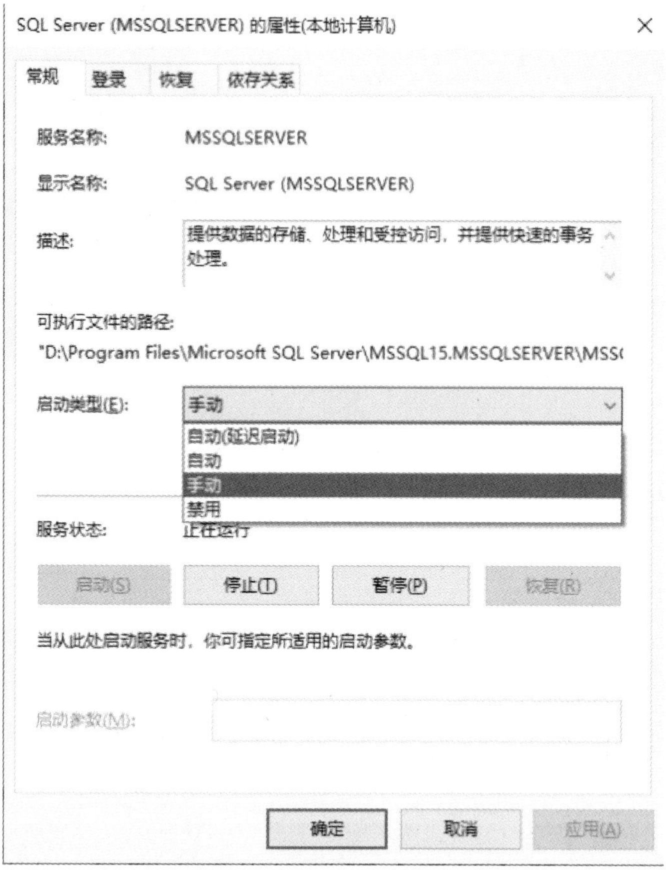

SQL Server (MSSQLSERVER) 的属性(本地计算机)

常规　登录　恢复　依存关系

服务名称:　MSSQLSERVER

显示名称:　SQL Server (MSSQLSERVER)

描述:　提供数据的存储、处理和受控访问，并提供快速的事务处理。

可执行文件的路径:

"D:\Program Files\Microsoft SQL Server\MSSQL15.MSSQLSERVER\MSS(

启动类型(E):　手动

自动(延迟启动)

自动

手动

禁用

服务状态:　正在运行

启动(S)　停止(T)　暂停(P)　恢复(R)

当从此处启动服务时，你可指定所适用的启动参数。

启动参数(M):

确定　取消　应用(A)

图 2.3.3　数据库服务启动类型设置

2. 管理工具 SSMS 启动

①选择开始菜单→程序→【Management SQL Server】→【SQL Server Management Studio】命令，运行 SSMS。在弹出的【连接到服务器】窗口中(见图 2.3.4)设置好连接的信息，包括服务器类型、服务器名称、身份验证，点击【连接】。

图 2.3.4　连接数据库服务器

服务器类型通常选择数据库引擎;服务器名称设置成要连接的服务器名称,可以是计算机名称,也可以是网络中的地址(包括域名或 IP 地址)。默认情况下是本地计算机,软件会自动填写计算机名称,也可以用“.”来代表本地计算机;身份验证一般选择 Windows 身份验证,如果选择 SQL Server 身份验证,则需要输入注册的 SQL Server 用户名和密码。

②数据库引擎启动成功后,SSMS 会将设置的用户连接到数据库服务器(实例)上,同时进入管理工具主页面(见图 2.3.5),在这里可以点击相应的按钮、菜单或命令来执行相应的工作。

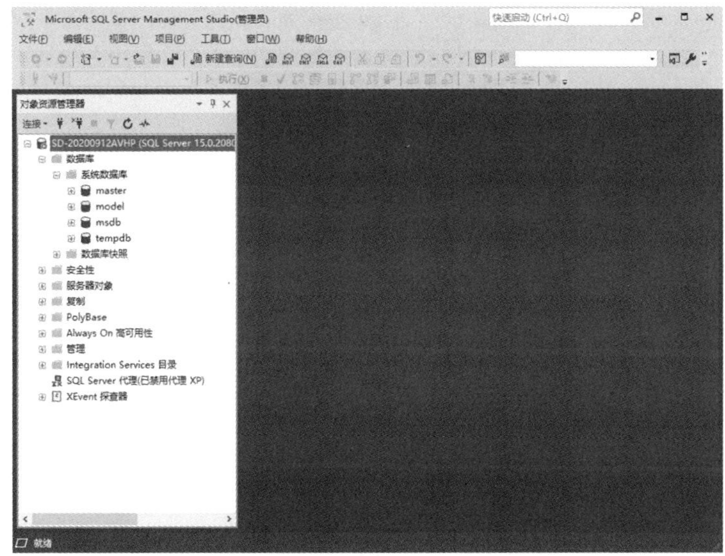

图 2.3.5　SSMS 主页面

鼠标点开数据库管理工具页面左上角对象资源管理器中的树状图，打开数据库实例（服务器名称）下面的【数据库】，进一步打开【系统数据库】，就可以看到 master、model、msdb、tempdb 等四个系统数据库，用户自己创建的数据库将出现在【数据库】的下面，与【系统数据库】并列。

2.3.3 基本操作

下面，我们根据 2.3.1 中的例子，从数据库的创建、修改和删除，数据表的创建、修改和删除，数据的输入、查看、修改和删除等操作，逐步介绍 SQL Server 2019 数据库的基本使用。

1. 数据库操作

（1）数据库创建

①在【对象资源管理器】窗口中展开服务器，然后选择【数据库】，右键单击，从弹出的快捷菜单中选择【新建数据库】命令，如图 2.3.6 所示。

图 2.3.6 新建数据库菜单

②执行上述操作后，会弹出【新建数据库】对话框，如图 2.3.7 所示。对话框左侧有三个选项，分别是【常规】、【选项】和【文件组】。完成这三个选项中的设置即完成了数据库的创建工作。

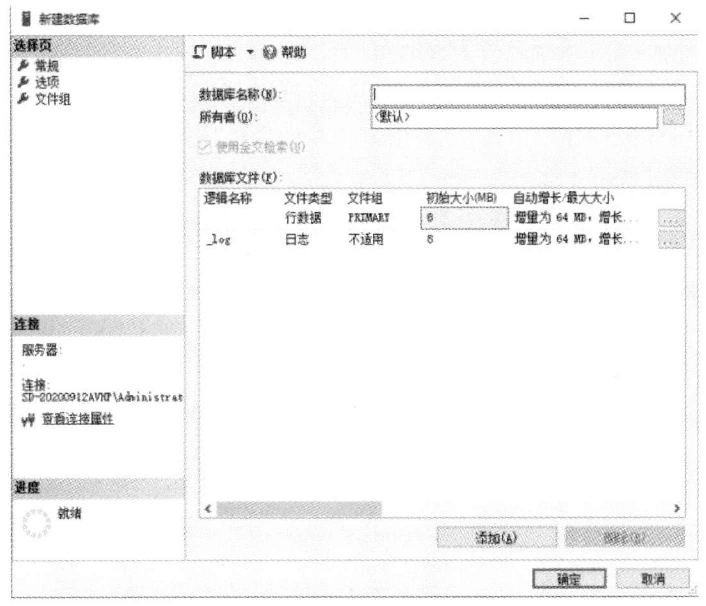

图 2.3.7 新建数据库对话框

③【新建数据库】对话框中默认打开的是“常规”页面，如图 2.3.8 所示，在【数据库名称】文本框中输入要新建数据库的名称，如这里的数据库取名为“mydb”。

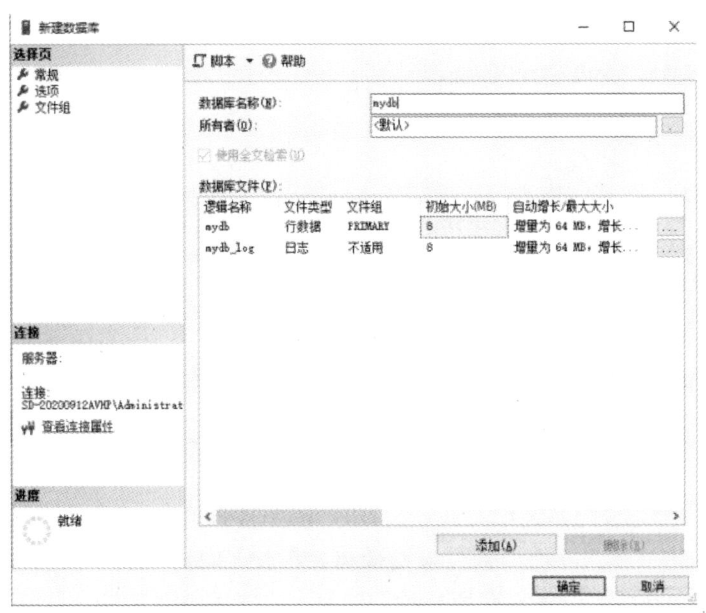

图 2.3.8 输入新建数据库名称

④在【所有者】文本框中设置新建数据库的所有者，如 sa 等，一般默认为 Administrator。点击【所有者】右边的【.】按钮，在弹出的【选择数据库所有者】页面(见图 2.3.9)中点击【浏览】按钮，在弹出的【查找对象】页面中(见图 2.3.10)选择所有者，这里选择“sa”，同时根据数据库的使用情况，选择启用或者禁用【使用全文索引】复选框。

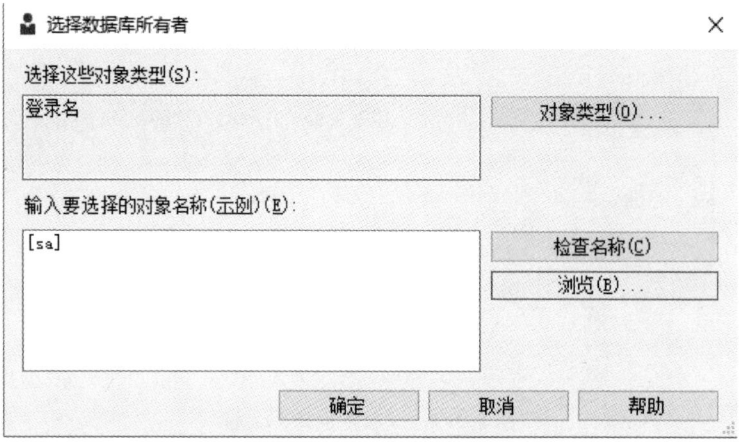

图 2.3.9　选择数据库所有者

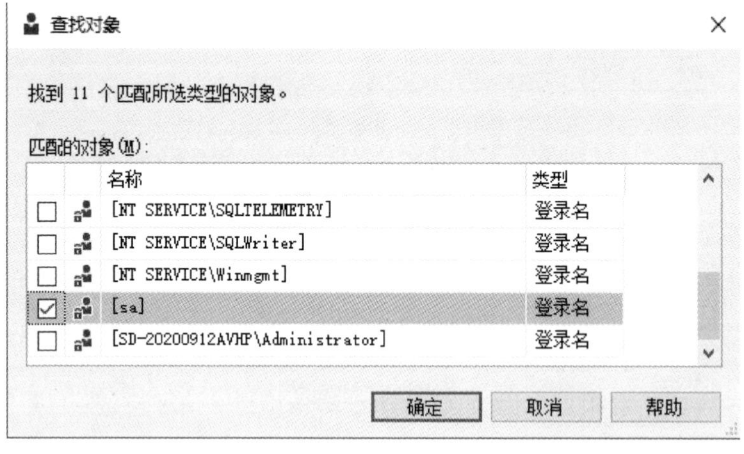

图 2.3.10　设置数据库所有者时的查找对象

⑤【数据库文件】列表中有两行记录，一行是数据库文件信息，另一行是日志文件信息，SQL Server 会自动设置文件相关参数，如果需要自己设置，可通过点击文件相应的位置，设置需要的参数。例如，点击【逻辑名称】可设置数据文件的逻辑名，点击【启用自动增加/最大文件大小】处的【…】可设置文件的增长信息

(见图 2.3.11),点击【路径】处的【…】设置数据文件和日志文件的存放路径。另外,还可以通过点击下面的【添加】或【删除】按钮以添加或删除数据库文件。

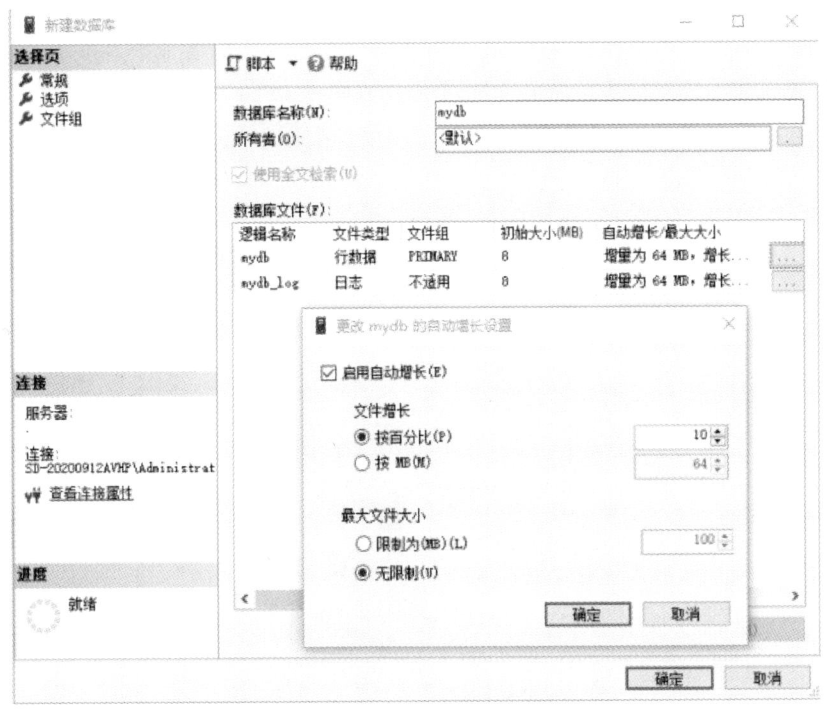

图 2.3.11　设置文件自动增长信息

为方便起见,例子中设置了最少的文件,即一个数据文件和一个日志文件,数据库系统会自动设置数据文件为 mydb.mdf,日志文件为 mydb_log.ldf,修改文件存放路径为 d:\DATA\(见图 2.3.12)。

⑥切换到【选项】,设置数据库的排序规则、恢复模式、兼容性级别、包含类型和其他选项信息,如图 2.3.13 所示。

⑦切换到【文件组】,这里可以添加或删除文件组,读者可根据图 2.1.6 内容设置相关的文件组和文件,如图 2.3.14 所示。

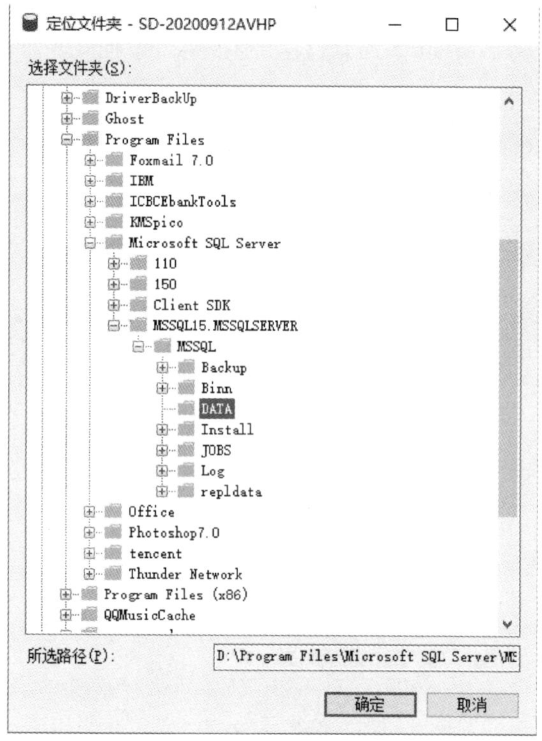

图 2.3.12　设置数据库文件存放目录

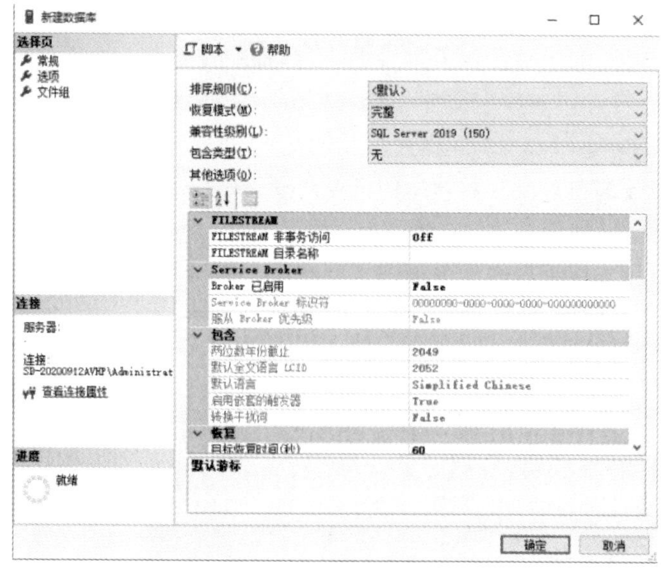

图 2.3.13　新建数据库【选项】页面

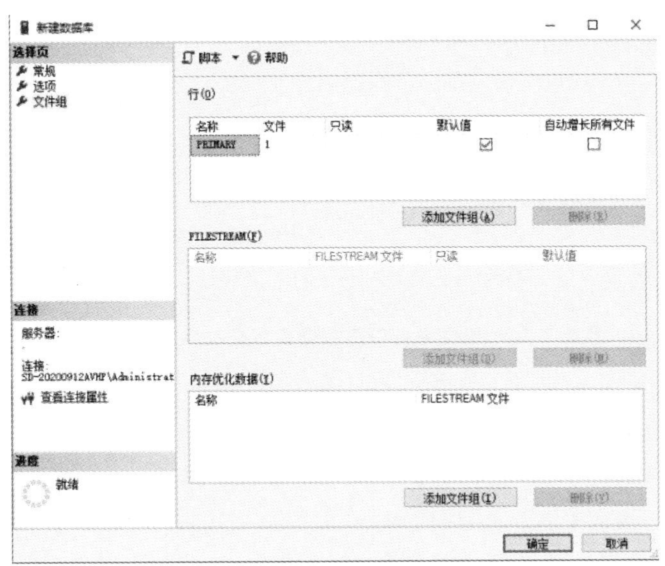

图 2.3.14　新建数据库【文件组】页面

⑧完成以上操作后，点击【确定】按钮关闭【新建数据库】对话框，至此，mydb数据库创建成功。刷新【对象资源管理器】窗口的【数据库】后，就可以在【数据库】树状结构中看到新建的数据库 mydb(见图 2.3.15)。同时，我们可以在步骤⑤中设置的文件存储目录下面找到相应的数据库数据文件和日志文件(例子中，数据文件和日志文件均存放在 d:\data 文件夹下，见图 2.3.16)。

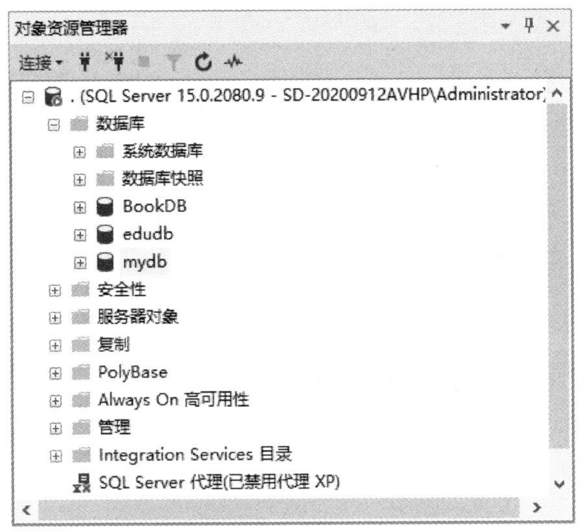

图 2.3.15　对象管理器中的数据库

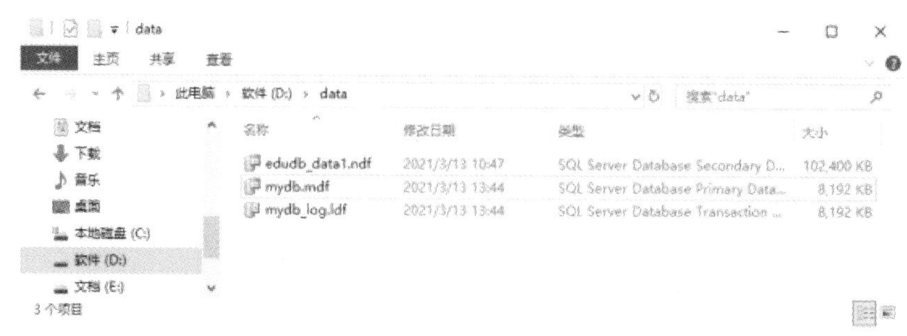

图 2.3.16 操作系统中的数据库数据文件和日志文件

(2)数据库修改

数据库创建成功后,可以在【数据库】树状结构中看到新建的数据库。选中相应的数据库点击右键,从弹出来的快捷菜单中选择【重命名】命令进行数据库名称的修改;选择【属性】命令(见图 2.3.17),进入数据库属性页面(见图 2.3.18)进行数据库信息的查看和修改。

图 2.3.17 数据库的属性命令

在【数据库属性】对话框中,点击【选择页】选项打开相应的页面,进行数据库信息的查看和修改。如图 2.3.18 中的【文件】页面,它的内容修改与新建数据库时的操作过程一样。

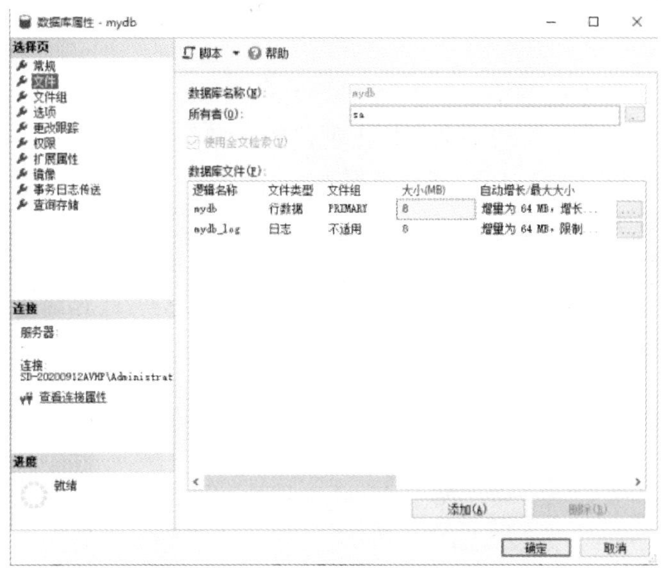

图 2.3.18　数据库属性对话框

(3)数据库删除

数据库需要删除时，先选中相应的数据库，点击右键，从弹出的快捷菜单中选择【删除】命令，进入【删除对象】对话框(见图 2.3.19)进行数据库删除确认，点击【确定】后，数据库就被删除了。

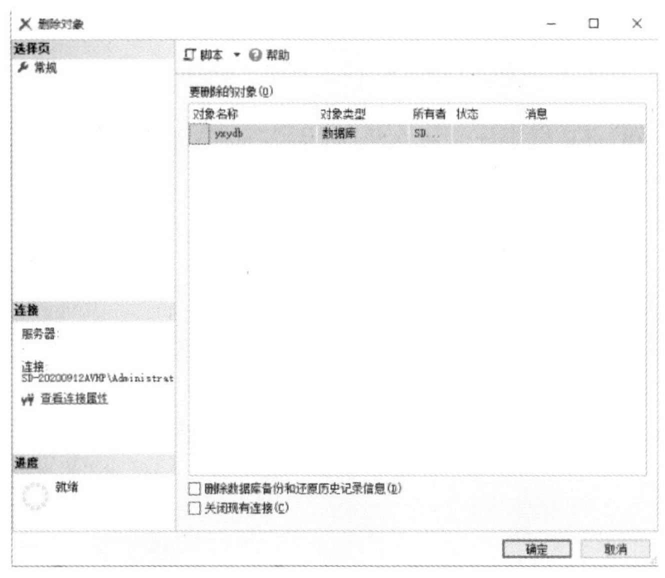

图 2.3.19　删除数据库对话框

2. 数据表操作

(1)数据表创建

数据库创建完毕后,可在数据库上创建数据表等数据库对象。这里以学生表 Student 和选课表 Sc 为例,描述数据表的操作使用,mydb 数据库中的其他表及相应内容请读者自行创建。

①在【对象资源管理器】窗口中展开服务器,然后选择【数据库】中的【mydb】数据库,点击右键,从弹出来的快捷菜单中选择【新建】命令,在弹出的快捷菜单中选择【表】命令,如图 2.3.20 所示。

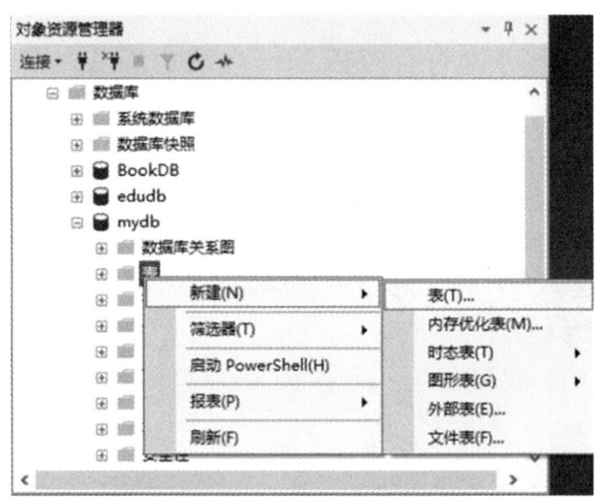

图 2.3.20　在 mydb 数据库中新建表

②在弹出的对话框中逐一输入列名、数据类型,并通过勾选"允许 Null 值"设置是否为空(见图 2.3.21)。如果设置主键、外键等完整性约束或其他内容,则需要进一步操作;如果不需要设置完整性约束,可以转到步骤⑥。

③设置主键。选中组成主键的所有列,点击右键,在弹出的快捷菜单中选择【设置主键】命令,主键创建成功后,所涉及的列的最左边会出现一把钥匙,所有钥匙所在的列组成当前数据表的主键。例如,把列"sno"设置成主键(见图 2.3.22)。若要把列"sno,ssex,sclass"设置成主键,则可以按住 Ctrl 键逐一选择"sno,ssex,sclass"三项,然后点击右键,创建主键(见图 2.3.23)。如果需要进行主键调整,则先选中主键所在列,删除主键后(见图 2.3.24)重新创建主键。

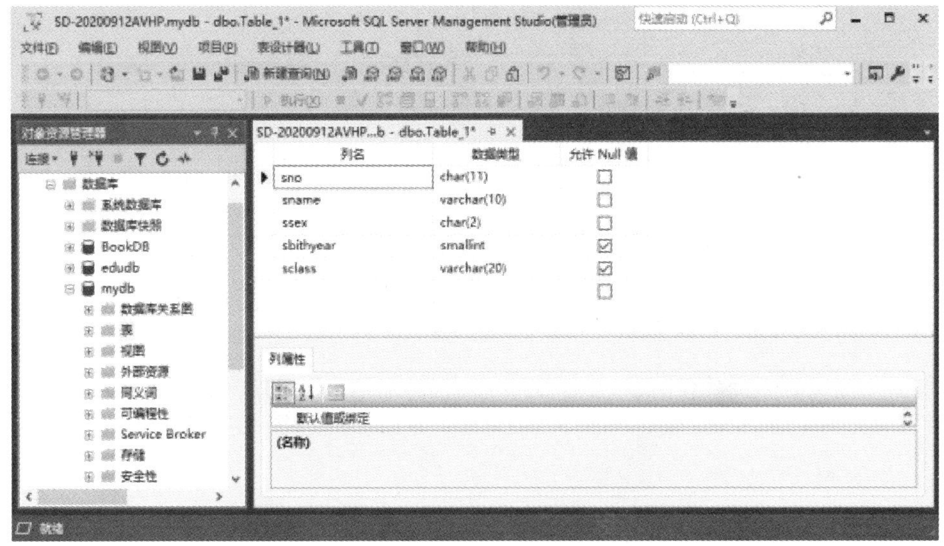

图 2.3.21　在对话框中输入列名、数据类型等信息

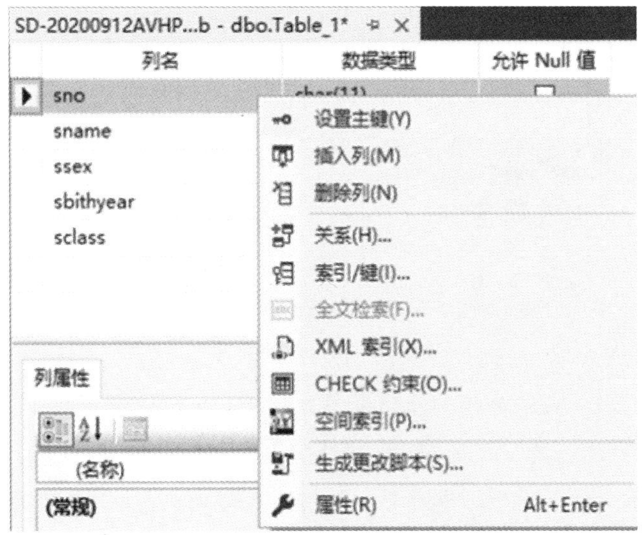

图 2.3.22　选择相应的属性设置主键

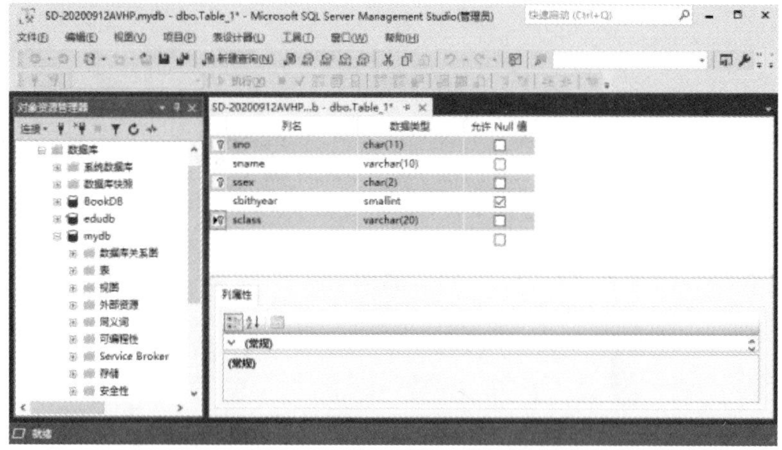

图 2.3.23　选择多个属性设置主键

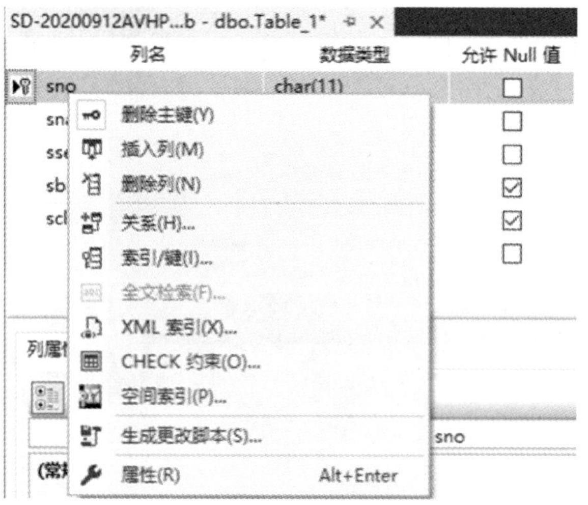

图 2.3.24　删除主键

④设置外键。选中外键所在的数据列，点击右键，在弹出的快捷菜单中选择【关系】命令（见图 2.3.25），在弹出的【外键关系】对话框（见图 2.3.26）中设置具体的外键信息，点击【表和列规范】右边的【…】按钮，进入【表和列】对话框设置具体的参照关系，即当前属性字段参考哪张表的哪个属性字段。例子中选课表 Sc 中的学号 sno 参照学生表中的学号 sno，即 Student 是主键表，Sc 是外键表，因此在【主键表】处选择表 Student 及字段 sno，在【外键表】处选择表 Sc 及字段 sno，然后点击【确定】，创建外键，如图 2.3.27 所示。如果需要进行外键的调整，则可

以到【外键关系】对话框中进行外键的修改、删除和添加。

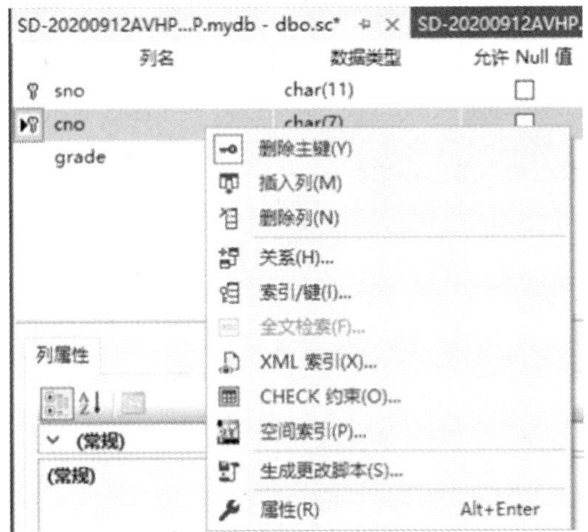

图 2.3.25 选择关系命令设置外键

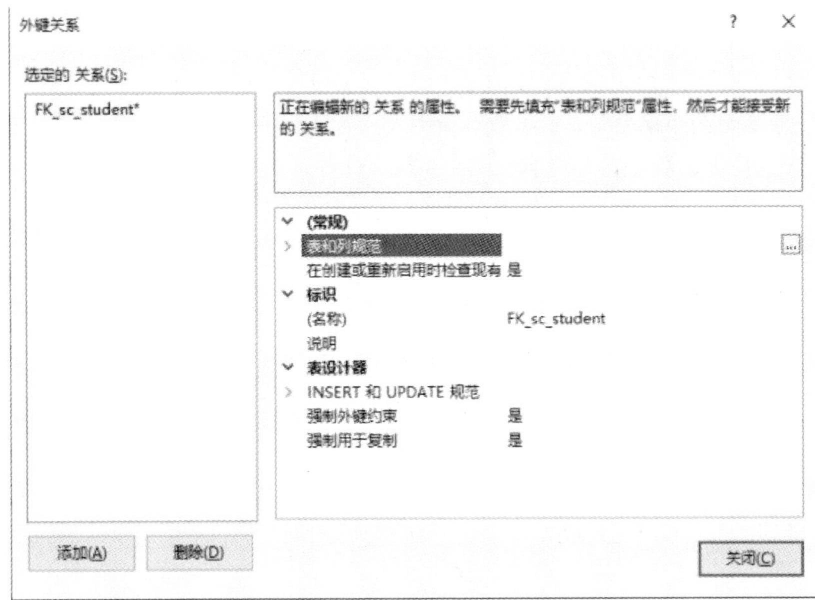

图 2.3.26 设置外键关系

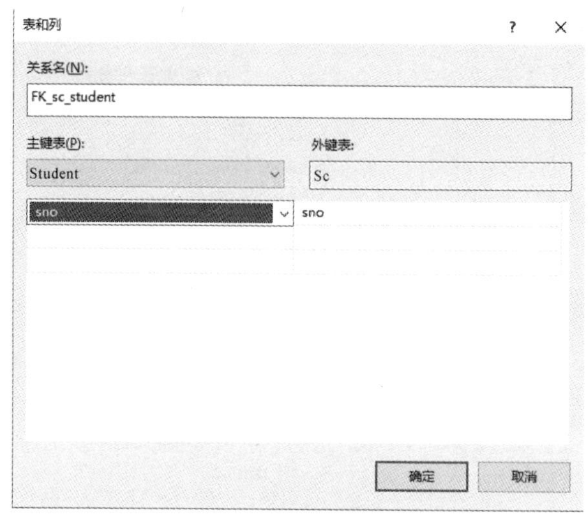

图 2.3.27　设置外键参照关系

⑤设置 CHECK 约束。选中需要设置 CHECK 约束的列，点击右键，在弹出的快捷菜单中选择【CHECK 约束】命令(见图 2.3.28)，在弹出的【检查约束】对话框中设置具体的约束信息(见图 2.3.29)。点击【标识】下的【(名称)】，可以设置自己想要的约束名称，例子中取名为"CK_student_ssex"。点击【表达式】右边的【…】按钮，进入【CHECK 约束表达式】对话框(见图 2.3.30)输入具体约束，例子中学生的性别只能取男或女，因此输入条件表达式"SSEX IN ('男','女')"或"([SSEX]='女' OR [SSEX]='男')"，然后点击【确定】回到【检查约束】对话框。如果需要进行 CHECK 约束的调整，则可以在【检查约束】对话框中进行修改、删除和添加。

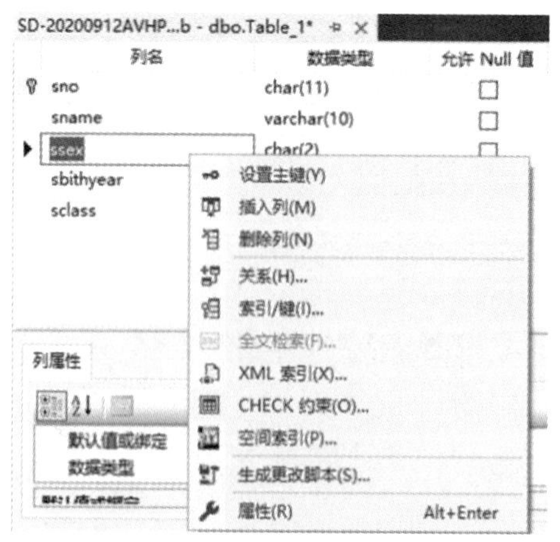

图 2.3.28　设置 CHECK 约束

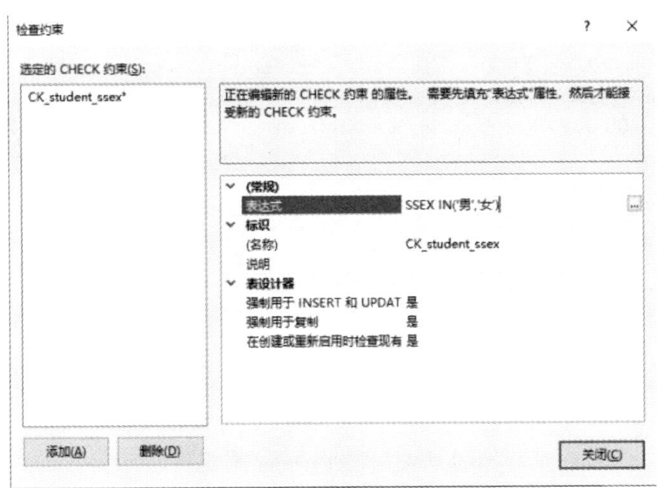

图 2.3.29　设置检查约束页面

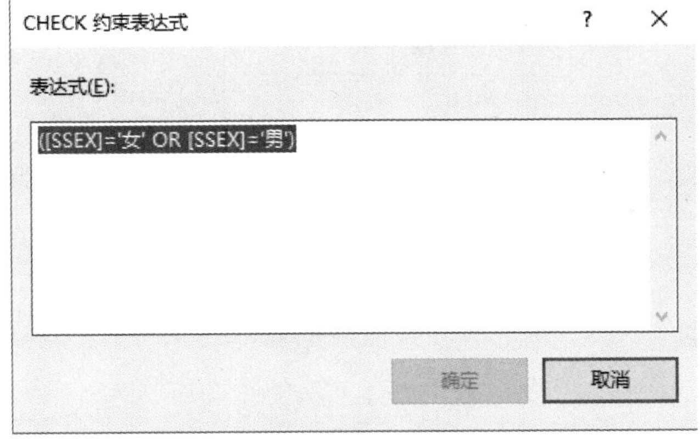

图 2.3.30　设置检查约束表达式

⑥保存数据表，设置表名。数据表的结构设计完成后点击【保存】按钮或命令保存数据库，在弹出的【选择名称】对话框中输入数据表的名称（见图 2.3.31），点击【确定】后，数据表创建完毕。

数据表创建完成后，我们可以通过刷新【对象资源管理器】中【数据库】下的【mydb】数据库，看到数据库下新建的数据表（见图 2.3.32）。

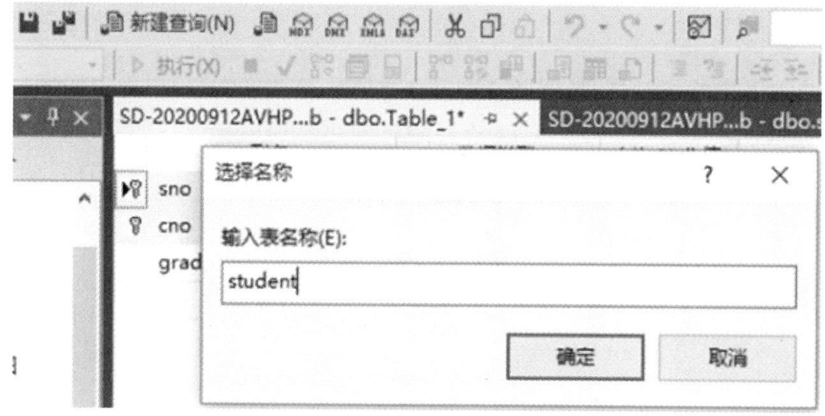

图 2.3.31　保存 student 数据表

图 2.3.32　数据库 mydb 下的数据表

(2)数据表修改

数据表创建成功后,可以在所属数据库中看到新建的数据表,选中相应的数据表,点击右键,从弹出的快捷菜单中选择【设计】命令(见图 2.3.33)进入数据表的设计页面进行表结构的查看和修改,具体的修改过程和新建表的方法一样。

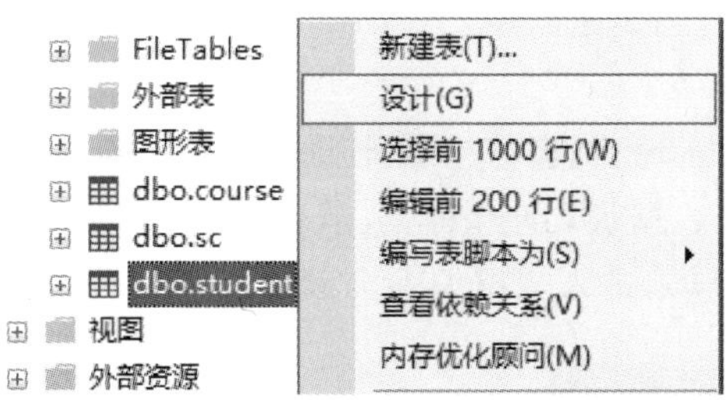

图 2.3.33 数据表的设计命令

(3)数据表删除

数据表需要删除时,选中相应的数据表,点击右键,从弹出快捷菜单中选择【删除】命令,进入【删除对象】对话框(见图 2.3.34)进行数据表删除确认,点击【确定】后,数据表就被删除了。

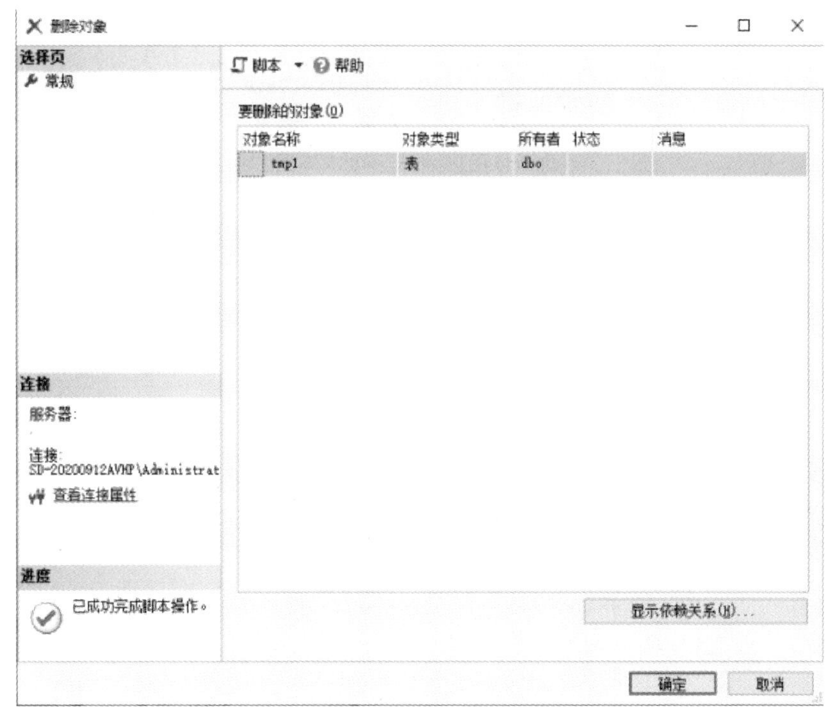

图 2.3.34 删除数据表对话框

3. 数据操作

数据表创建完毕后,可以在数据表存放并管理数据,包括数据的输入、修改、删除和查看。这里以例子中的学生表 student 为例进行数据操作。

(1)数据输入

①在【对象资源管理器】窗口中展开服务器,选择【数据库】中【mydb】数据库下的【dbo. student】数据表,点击右键,从弹出的快捷菜单中选择【编辑前 200 行】命令(见图 2. 3. 35),进入数据编辑页面。

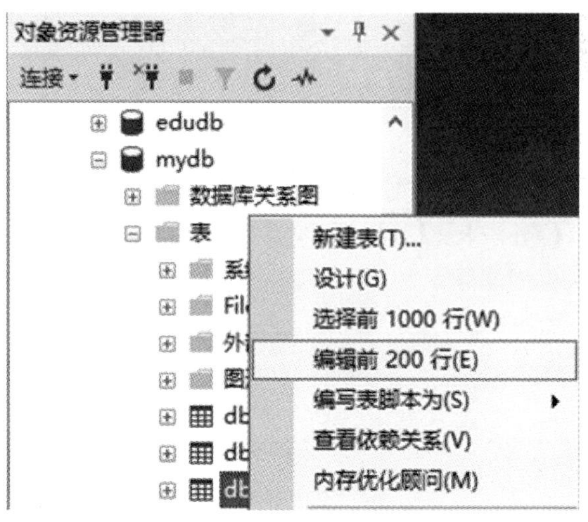

图 2. 3. 35 数据编辑命令

②在数据编辑页面(见图 2. 3. 36)中,逐一输入数据,数据输入结束后,关闭该页面即可。

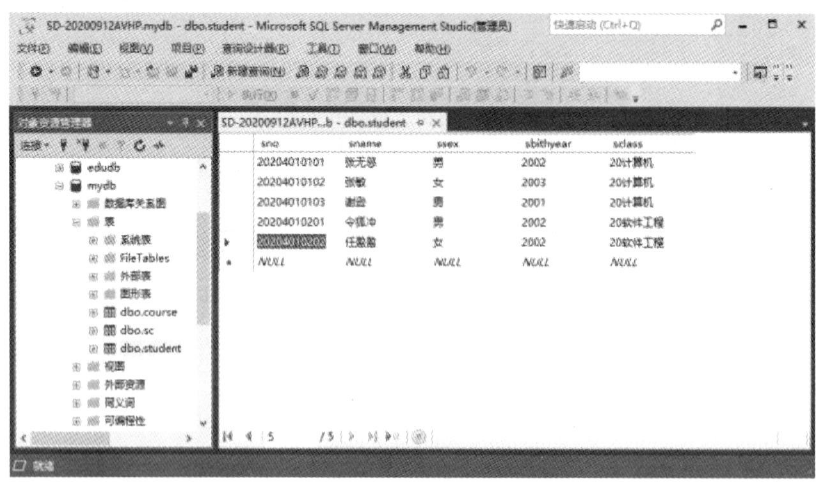

图 2. 3. 36 在数据表中输入数据

(2)数据修改

选择需要修改数据的表,点击右键,从弹出的快捷菜单中选择【编辑前 200 行】命令(见图 2.3.35),进入数据编辑页面(见图 2.3.36),然后选择需要修改的数据,修改完毕后关闭页面即可。

(3)数据删除

选择需要删除数据的表,点击右键,从弹出的快捷菜单中选择【编辑前 200 行】命令(见图 2.3.35),进入数据编辑页面(见图 2.3.36),然后选择需要删除的记录,点击右键,在弹出的快捷菜单中选择【删除】命令(见图 2.3.37),系统会提示是否确认删除(见图 2.3.38),确认删除按【是】,数据就会被删除。

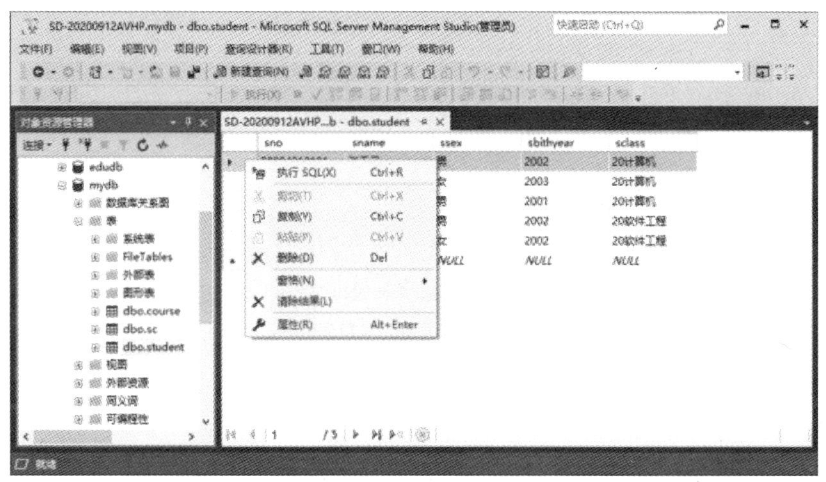

图 2.3.37 删除数据命令

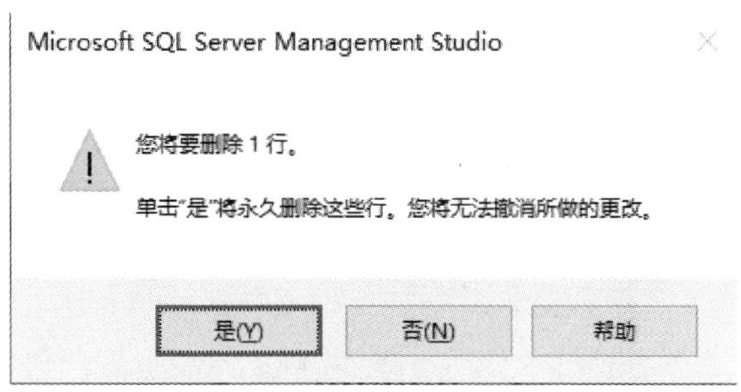

图 2.3.38 删除数据确认对话框

(4)数据查询

在【对象资源管理器】窗口中展开服务器,然后选择【数据库】中【mydb】数据库下的【dbo.student】数据表,点击右键,从弹出的快捷菜单中选择【选择前 1000

行】命令(见图 2.3.39),进入数据查看页面(见图 2.3.40)。

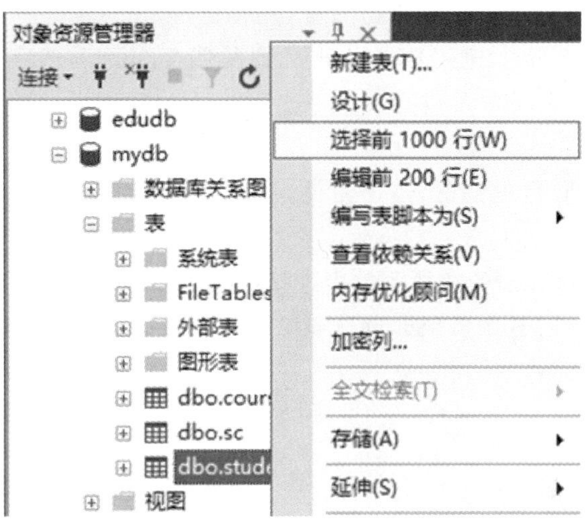

图 2.3.39　查询数据命令

数据查看页面中,右上部分是数据库的 SQL 语句,右下部分是数据返回的结果(见图 2.3.40);我们也可以通过修改 SQL 语句中的内容,执行相应语句来查看数据。关于 SQL 语句的相关内容,请参考第 6 章关系数据库标准语言 SQL 和第 10 章数据库编程及应用的有关内容。

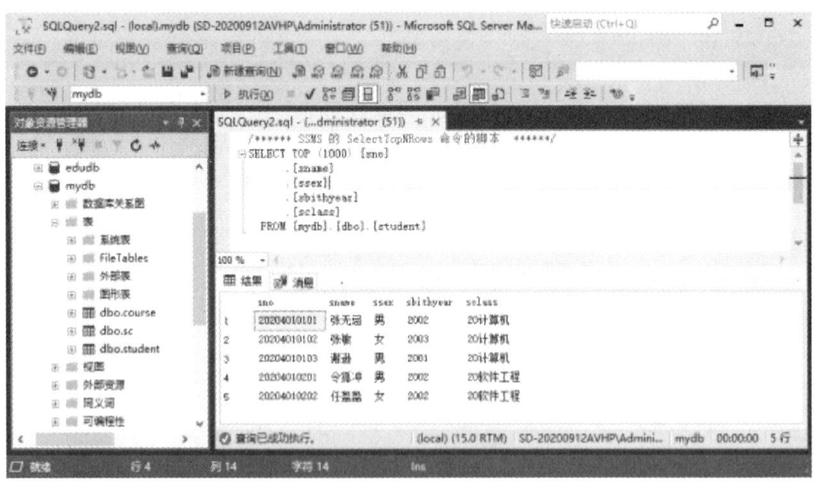

图 2.3.40　查询数据页面

我们也可以通过点击页面快捷按钮栏中的按钮,执行查询,对 SQL 语句进行分析,或查询结果的显示内容和形式设置,从而满足不同的查询需要,如图

2.3.40所示。

按钮▷执行(X)，执行 SQL 语句，返回查询结果。

按钮✔，分析 SQL 语句是否有语法上的问题，执行前建议先做 SQL 语句分析。

显示估计的执行计划( )，用于查询执行前显示，点击后会在结果区的【消息】后面显示【执行计划】(见图 2.3.41)。

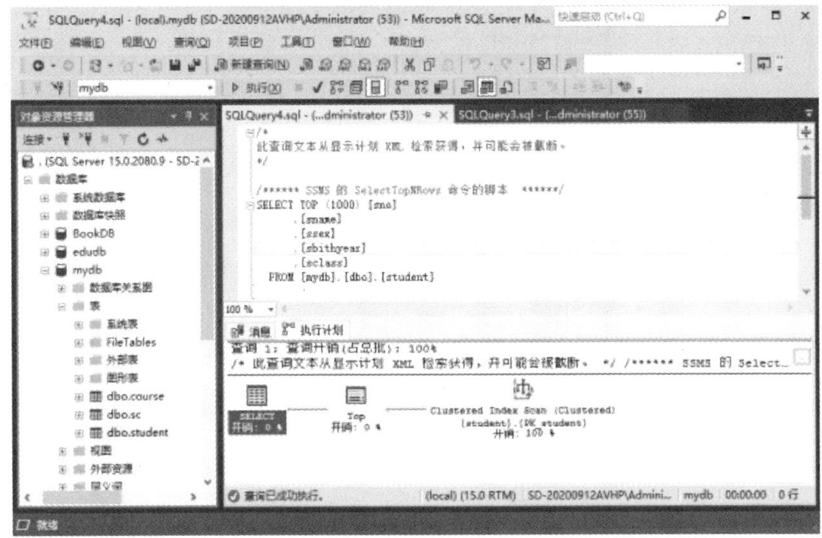

图 2.3.41　查询数据的估计执行计划

显示实际的执行计划( )，用于查询执行后显示。选中后，执行查询后，生成执行计划。

显示查询数据时的客户端统计信息( )，用于查询执行后显示。选中后，执行查询后，生成统计信息(见图 2.3.42)。

以文本形式显示结果( )，指查询结果的数据以文本的形式显示，选中后，执行查询后的结果见图 2.3.43 所示。

以网格形式显示结果( )，指查询结果的数据以网格的形式显示，这是数据查询最常用的显示形式，也是 SQL Server 的默认显示形式。

将结果保存到文件( )，指查询结果的数据保存到文件中，选中该按钮后，执行查询时，系统会弹出【保存结果】的对话框(见图 2.3.44)，设置后按【保存】，SQL Server 就会把查询结果存放到相应的文件中。

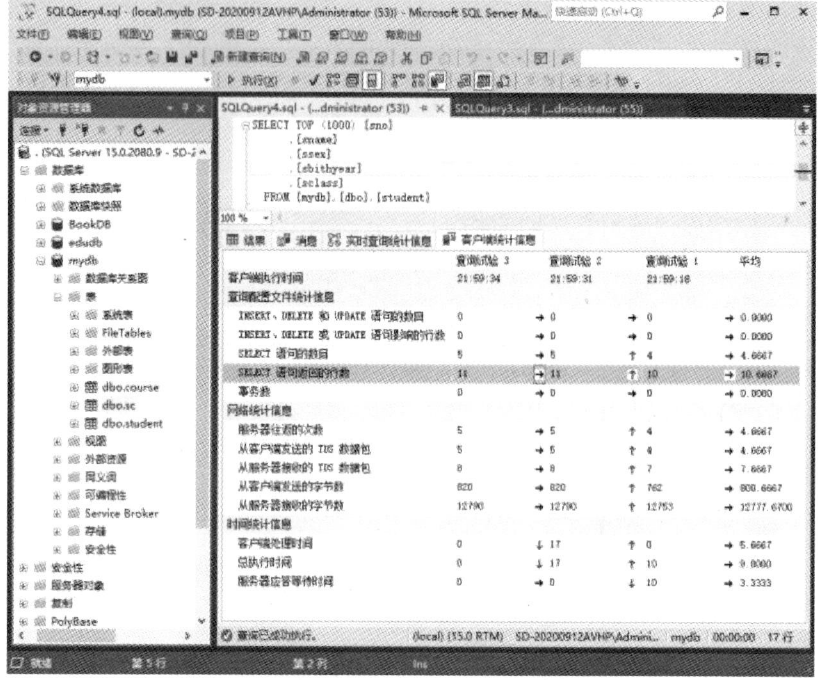

图 2.3.42　查询数据的客户端统计信息

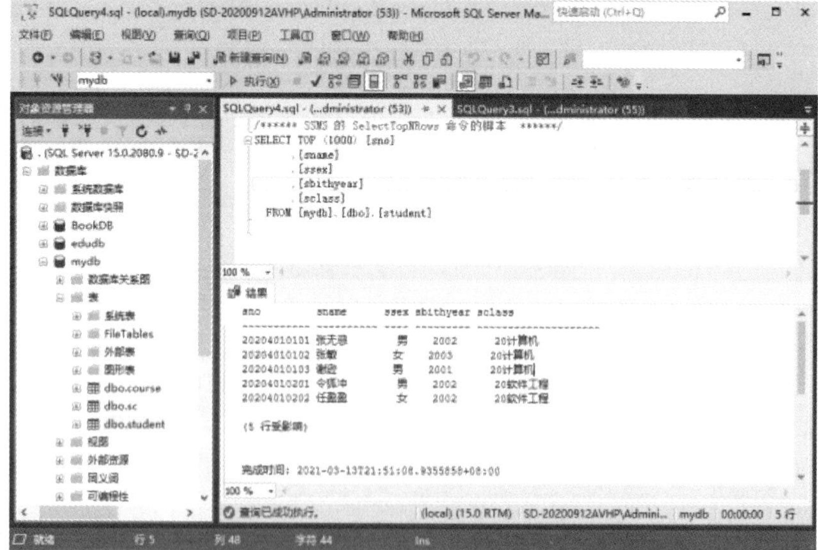

图 2.3.43　查询结果的文本显示

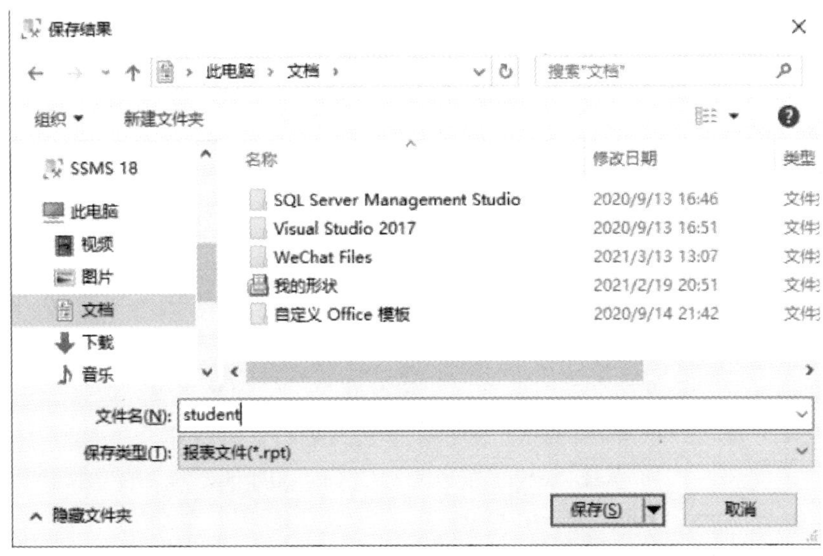

图 2.3.44　查询结果的保存结果对话框

2.3.4　安全管理

数据库的安全性是指保护数据库以防止不合法的使用造成数据泄露、更改或破坏。安全性问题不是数据库系统所独有的，所有计算机系统都有这个问题。数据库系统中有大量数据集中存放，而且被许多最终用户直接共享，故安全性问题更为突出。系统安全保护措施是否有效，是数据库系统的主要指标之一。数据库的安全性和计算机系统的安全性（如操作系统、网络系统的安全性）是紧密联系、相互支持的。

实现数据库安全性控制的常用方法和技术如下。

（1）用户标识和鉴别：该方法由系统提供一定的方式让用户标识自己名字或身份。每次用户要求进入系统时，系统会进行核对，通过鉴定后才提供系统的使用权。

（2）存取控制：通过用户权限定义和合法权检查，确保只有合法权限的用户访问数据库，所有未被授权的人员无法存取数据。

（3）视图机制：为不同的用户定义视图，通过视图机制把要保密的数据对无权存取的用户隐藏起来，从而自动地对数据提供一定程度的安全保护。

（4）审计：建立审计日志，把用户对数据库的所有操作自动记录下来放入审计日志中，利用审计跟踪的信息可重现导致数据库现有状况的一系列事件，找出非法存取数据的人、时间和内容等。

(5) 数据加密:对存储和传输的数据进行加密处理,从而使不知道解密算法的人无法获知数据的内容。

SQL Server 2019 的安全性机制由操作系统安全性、服务器安全性、数据库安全性三层构成。

操作系统的安全性由操作系统管理员负责,数据库是安装在操作系统上的,用户要实现对数据库服务器的访问,首先要获得客户端操作系统的使用权。

服务器的安全性是建立在控制服务器登录账号和口令的基础上的。SQL Server 提供了 Windows 登录和 SQL Server 登录两种方式,设计和管理合理的登录方式与登录账号是数据库管理员(DBA)的重要工作。

数据库的安全性主要通过数据库用户及其权限管理来实现。数据库用户通过登录账号进入数据库,根据用户的权限来进行数据库的操作。

为了能够连接到 SQL Server 服务器(实例),SQL Server 2019 出于安全考虑,必须让 DBA 为数据库用户创建一个登录账号。登录账号可以关联 Windows 凭据,SQL Server 2019 会调用 Windows 凭据进行身份验证。使用 Windows 验证登录,因为登录到 Windows 时已经提供了身份验证信息,连接 SQL Server 时就无需再提供身份验证信息;使用 SQL Server 登录来连接 SQL Server 时必须提供登录的用户名和密码。DBA 将登录账号映射到有权访问数据库中的数据库用户,数据库用户是将被授权访问数据库对象的实体。

从逻辑结构来讲,SQL Server 2019 的数据库用户通过登录名连接数据库服务器(实例),从而访问数据库,数据库由若干架构组成,用户拥有架构,通过架构来组织和存放数据库对象。

1. 身份验证

为保证 SQL Server 服务器的安全性,首先要进行服务器连接的身份认证。SQL Server 数据库提供了 Windows 身份验证和混合验证(Windows 和 SQL Server 身份验证)两种模式。

SQL Server 2019 数据库服务器身份验证设置过程如下。

①在【对象资源管理器】窗口中选中需要设置的数据库服务器(也叫数据库实例),点击右键,从弹出的快捷菜单中选择【属性】命令(见图 2.3.45),进入服务器属性设置页面。

图2.3.45　打开数据库服务器(实例)属性命令

②在【服务器属性】的【选择页】中选择【安全性】，页面右边会出现服务器身份验证的设置信息(见图2.3.46)。SQL Server 2019安装时的默认方式一般为Windows身份验证，根据需要进行设置。这里我们将验证模式改成"SQL Server和Windows身份验证模式"，设置好其他信息后按【确定】按钮。

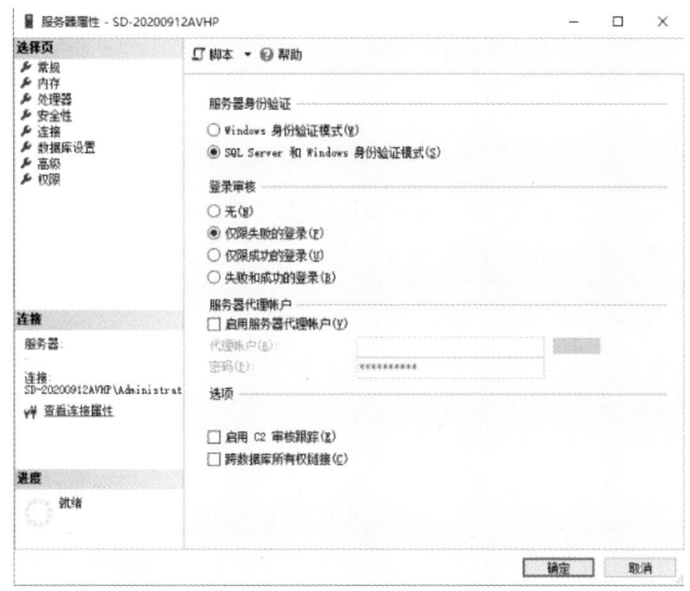

图2.3.46　设置数据库服务器(实例)属性

③SQL Server 2019 会提示数据库服务器重新启动后，设置信息才会完全生效(见图 2.3.47)。

图 2.3.47　重启数据库服务器(实例)提示

④回到【对象资源管理器】窗口，选中需要重启的数据库服务器，点击右键，从弹出来的快捷菜单中选择【重新启动】命令(见图 2.3.48)重启数据库服务器。

图 2.3.48　重启数据库服务器(实例)命令

⑤SQL Server 2019 会提示是否确认需要重新启动数据库服务器，确认后按【是】重启，否则按【否】退出重启(见图 2.3.49)。

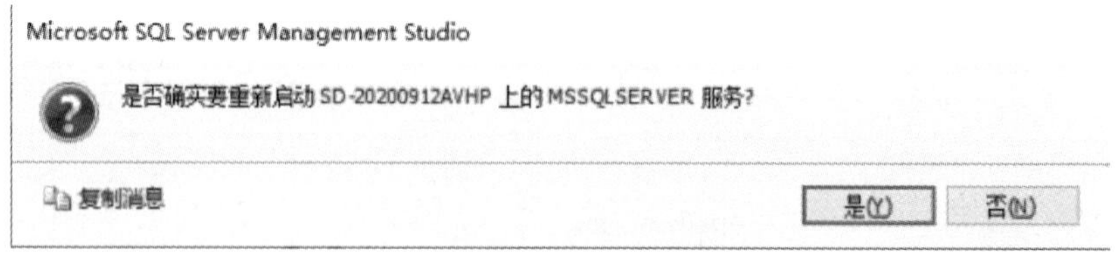

图 2.3.49　重启数据库服务器(实例)确认

⑥SQL Server 2019 数据库服务器重新启动过程中，会弹出【服务控制】对话框，显示重启进度(见图 2.3.50)。数据库服务器重启后，身份验证模式设置完成。

图 2.3.50　重启数据库服务器(实例)

2. 登录管理

登录属于数据库服务器的安全性问题，我们可以在数据库服务器下的【安全性】中的【登录名】管理登录，包括登录的新建、修改、删除等工作。

(1)登录创建

要连接到数据库，首先要创建一个合法的登录，创建登录过程如下。

①在【对象资源管理器】窗口中展开对应的数据库服务器，在【安全性】下选中【登录名】，点击右键，从弹出的快捷菜单中选择【新建登录名】命令(见图 2.3.51)，进入【登录名-新建】页面。

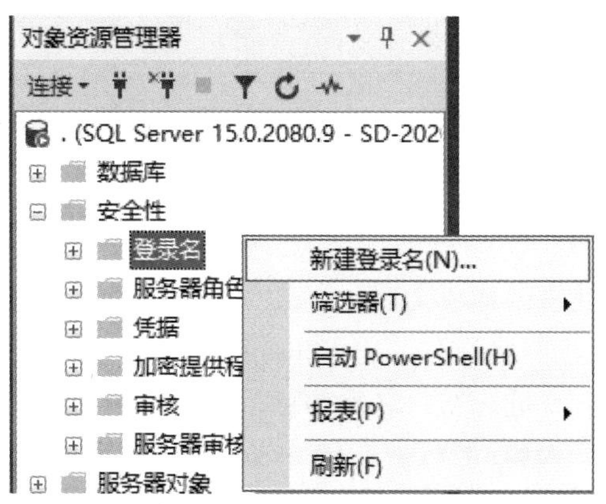

图 2.3.51　新建数据库服务器登录名命令

②在【登录名-新建】页面的【选择页】中选择【常规】(系统默认就是常规项)，页面右边会出现服务器登录的设置信息(见图 2.3.52)。用户需要设置新建登录的相关信息。如果选择“Windows 身份验证”，则点击【登录名】右边的【搜索】按钮，查找 Windows 用户添加为登录名；如果选择“SQL Server 身份验证”，则在【登录名】右边的文本框中输入登录名，在【密码】和【确认密码】处输入密码。

同时设置好其他信息后按【确定】按钮。

例子中，我们输入登录名“mylogin”，密码为“123456”，默认数据库为“mydb”（见图 2. 3. 52 ）。

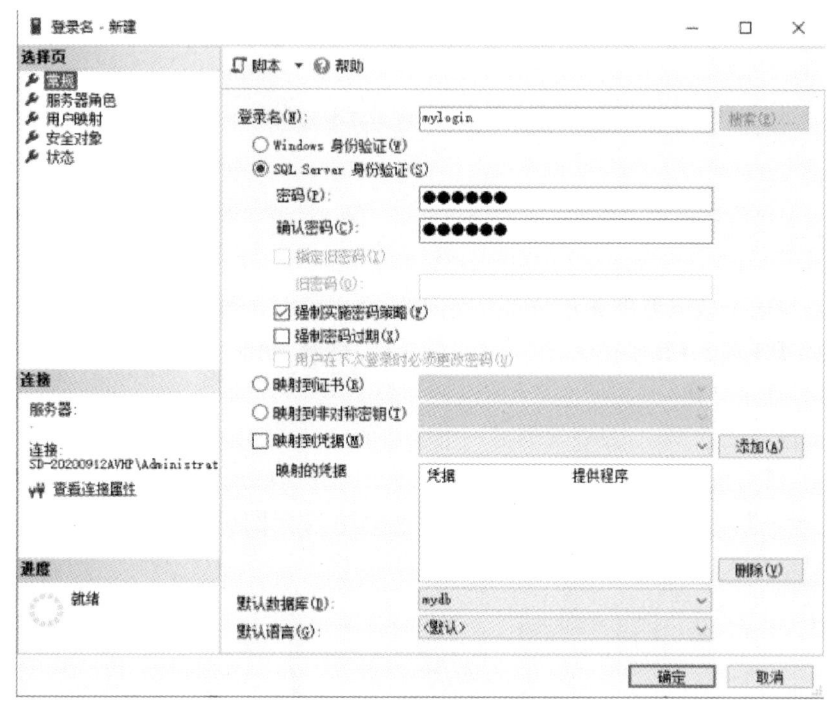

图 2. 3. 52　新建登录名页面

(2)登录修改

数据库服务器登录创建成功后，就可以在数据库服务器的【安全性】下的【登录名】中看到所有新建的登录名。选中相应的用户后点击右键，从弹出的快捷菜单中选择【重命名】命令进行用户名称的修改；选择【属性】命令，进入登录属性页面（和图 2. 3. 52 所示内容一致）进行登录信息的查看和修改。

(3)登录删除

数据库服务器登录确定不需要可以删除。删除时先选中相应的登录，点击右键，从弹出的快捷菜单中选择【删除】命令，进入【删除对象】对话框（见图 2. 3. 53）进行登录删除确认，按【确定】后，登录就被删除了。

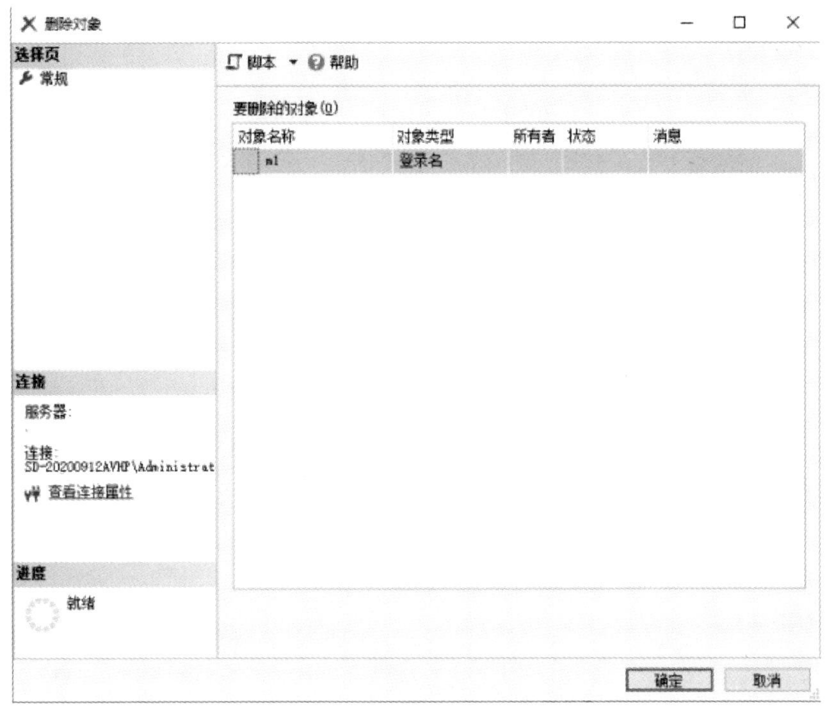

图 2.3.53　删除登录名对话框

3. 架构管理

数据库的主体是用户，用户通过登录连接数据库服务器，用户拥有架构，架构包含数据库对象。SQL Server 2019 数据库在使用过程中的默认架构是“dbo”，即数据库拥有者。数据库安装完成后，自动给每一个数据库分配一个 dbo 的架构，用户可以通过设置架构来修改用户的默认架构。

(1)架构创建

我们可以先在数据库中创建一个架构，然后分配给数据库用户；也可以先建好数据库用户，在创建架构时设置数据库用户(及架构所有者)。创建架构的步骤如下。

①在【对象资源管理器】窗口中展开对应的数据库服务器，在【安全性】下选中【架构】，点击右键，从弹出的快捷菜单中选择【新建架构】命令(见图 2.3.54)，进入【架构-新建】页面。

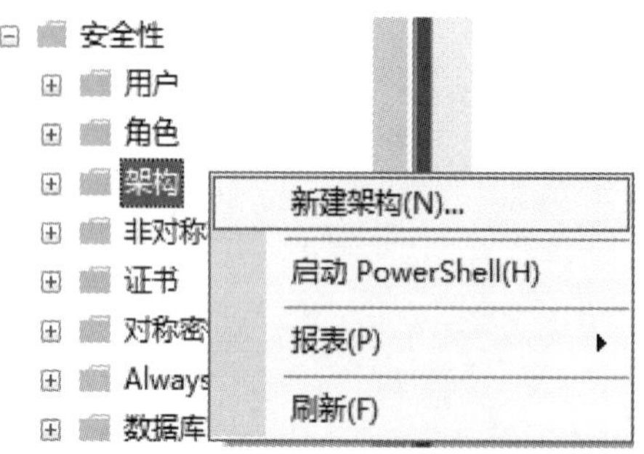

图 2.3.54　新建数据库架构命令

②在【架构-新建】页面的【选择页】中选择【常规】(系统默认就是常规项)，页面右边会出现架构的设置信息(见图 2.3.55)。用户需要设置新建架构的相关信息，包括架构名称、架构所有者。设置好架构信息后按【确定】按钮。图 2.3.55 中，我们输入的架构名称为“mydbo”，架构所有者为空，可在后续创建用户时分配。

图 2.3.55　新建数据库架构

(2)架构修改

数据库架构创建成功后可以在数据库树状结构的【安全性】下的【架构】中看到新建的架构。选中要修改的架构后点击右键,从弹出的快捷菜单中选择【重命名】命令进行架构名称的修改;选择【属性】命令,进入架构属性页面(和图2.3.55所示内容一致)进行架构信息的查看和修改。

(3)架构删除

数据库架构确定不需要可以删除。删除时先选中相应的架构,点击右键,从弹出的快捷菜单中选择【删除】命令,进入【删除对象】对话框进行删除确认,按【确定】后,架构就被删除了。

4. 用户管理

数据库的主体是用户,数据库用户的管理包括用户创建、用户修改、用户删除。

(1)用户创建

①在【对象资源管理器】窗口中展开对应的数据库服务器,找到创建用户所在的数据库(例子中是 mydb 数据库),在【安全性】下选中【用户】,点击右键,从弹出的快捷菜单中选择【新建用户】命令(见图 2.3.56),进入【数据库用户-新建】页面。

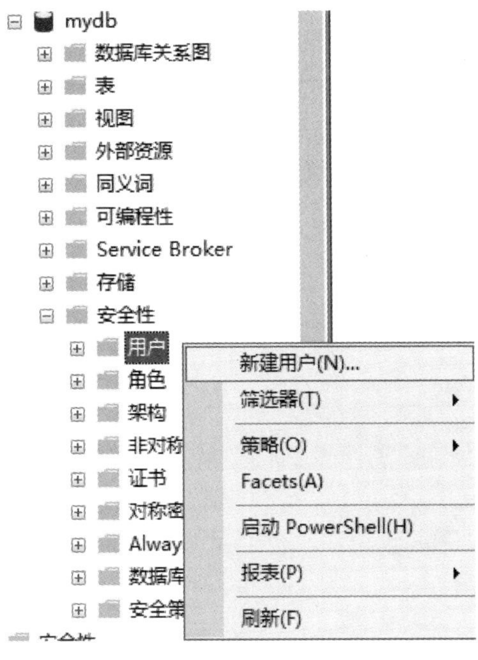

图 2.3.56　新建数据库架构命令

②在【数据库用户-新建】页面的【选择页】中选择【常规】(系统默认就是常规项),页面右边会出现用户的设置信息(见图 2.3.57)。用户需要设置新建用户的相关信息,包括用户名、登录名、默认架构。

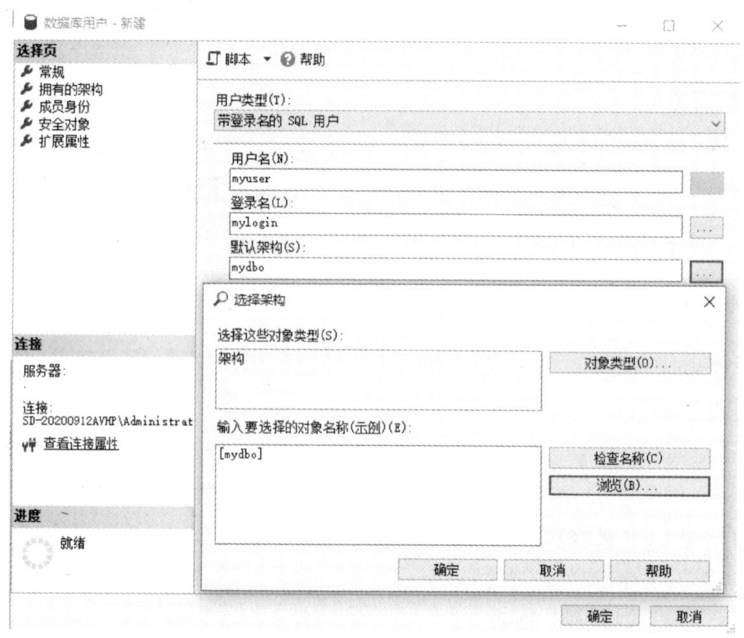

图 2.3.57 为新建数据库用户设置架构

③登录名、默认架构可以直接输入也可以点击右边的【…】按钮,在当前的数据库服务器中选择相应的登录名和架构(见图 2.3.58)。对象选择结束后按【确定】返回【数据库用户-新建】页面,所有信息都设置好后按【确定】按钮完成用户创建。

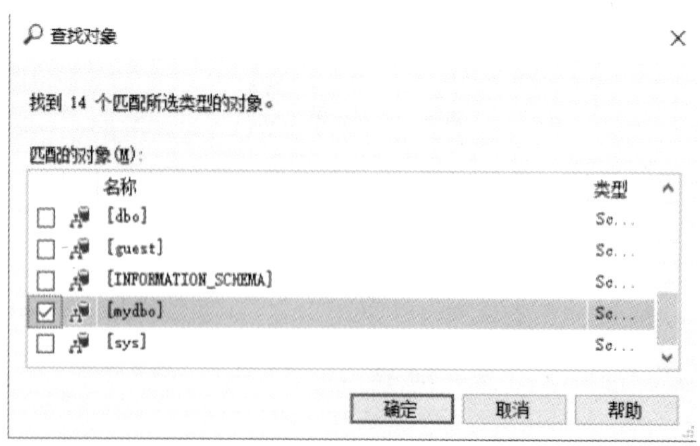

图 2.3.58 查找数据库架构页面

(2)用户修改

数据库用户创建成功后就可以在【数据库】树状结构的【安全性】下的【用户】中看到新建的用户。选中相应的用户后点击右键，从弹出的快捷菜单中选择【重命名】命令进行用户名称的修改；选择【属性】命令，进入数据用户属性页面进行用户信息的查看和修改。

(3)用户删除

数据库用户确定不需要，可以删除。删除时先选中相应的用户后，点击右键，从弹出来的快捷菜单中选择【删除】命令，进入【删除对象】对话框进行用户删除确认，按【确定】后，用户就被删除了。

5. 服务器连接

创建好用户，登录后就可以连接数据库服务器。启动 SSMS，系统会自动弹出登录对话框用于连接数据库服务器。如果在已登录的 SSMS 界面中需要用新用户连接数据库，则可以在对象资源管理器(见图 2.3.59)中打开【连接】，选择【数据库引擎】，系统会弹出登录对话框。

图 2.3.59　对象资源管理器页面

例子中输入本地服务器名称为“.”，选择“SQL Server 身份验证”，登录名为前面创建的登录“mylogin”(见图 2.3.60)，密码为“123456”，按【连接】接入本地数据库服务器。

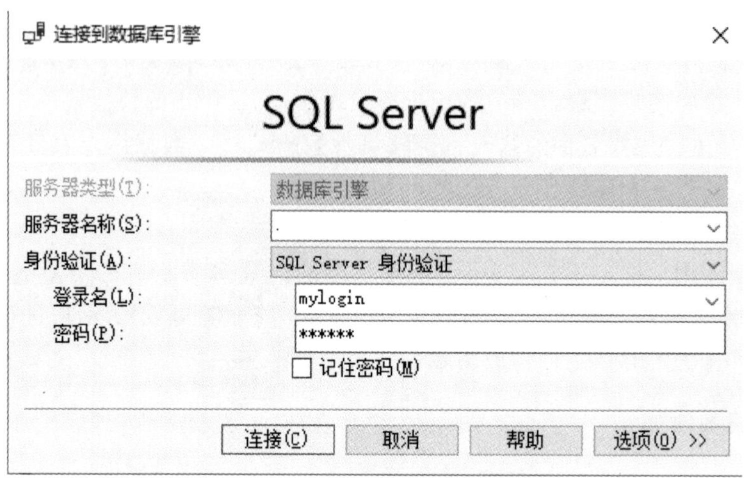

图 2.3.60 连接到数据库服务器

数据库服务器成功连接后,对象资源管理器中会增加一个连接。可以看到连接的登录,以及该连接下包含的各种对象,包括系统数据库、用户创建号的数据库等内容,如图 2.3.61 所示。接下来用户就可以进行相关的数据库处理和操作了。

图 2.3.61 mylogin 连接成功后的对象资源管理器

下面通过登录 mylogin(对应用户 myuser)连接数据库服务器来创建表。

首先点开对象资源管理器中的 mydb 数据库，然后单击右键，在弹出菜单中选择【创建表】。如果用户 myuser 有创建数据表的权限，则 SSMS 会进入数据表设计页面，进行表的内容设计，完成后保存创建。例子中的用户 myuser 目前没有这个权限，因此系统会弹出信息提示对话框（见图 2.3.62），提示用户无法创建数据表。

图 2.3.62　SSMS 信息提示对话框

按【确定】后继续，系统进入数据表设计界面，用户可以正常输入字段列名、数据类型和设置相应信息。表设计完毕后保存，这时系统又会弹出警告对话框（见图 2.3.63），提示登录 mylogin 对应的用户 myuser 不是表的拥有者，没有创建表的权限。

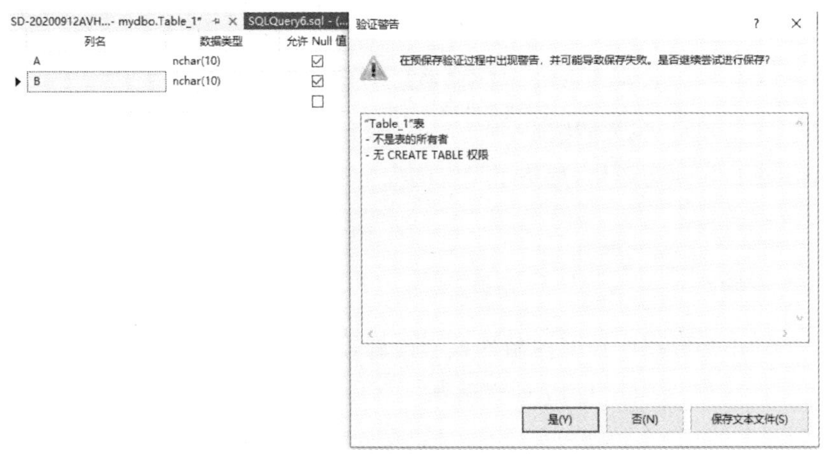

图 2.3.63　数据表创建及保存的警告信息

按【是】后继续，系统继续弹出对话框（见图 2.3.64），提示保存失败，无法创建表。

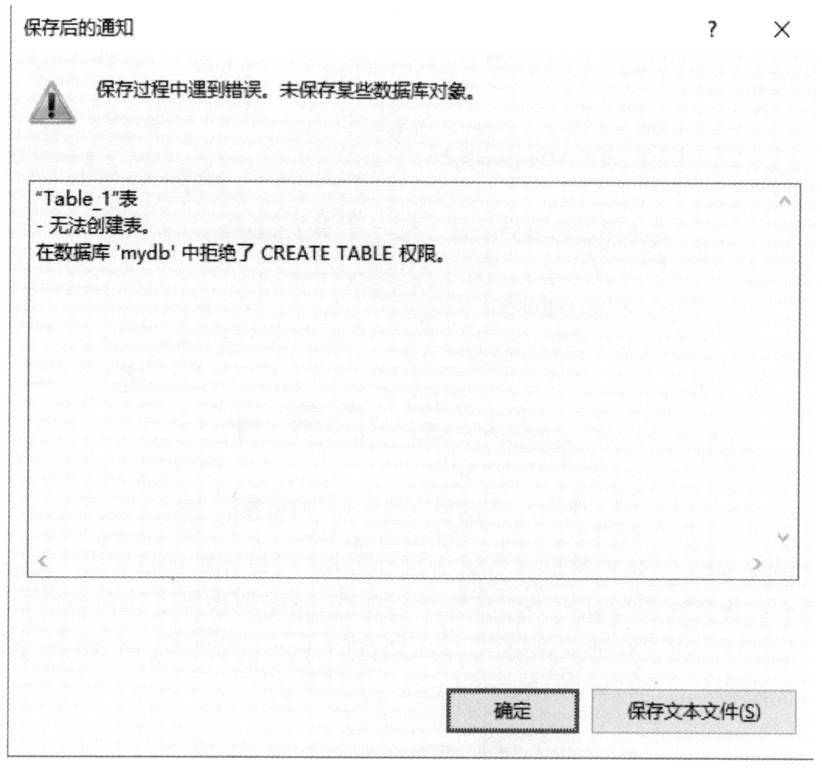

图 2.3.64　无法创建表的信息提示对话框

例子中的用户可以连接到相应的数据库上，但没有创建表的权限，数据库系统就拒绝进行相应的操作，保护了系统的安全使用。因此，权限管理是数据库安全性的关键内容。

6. 权限管理

权限管理是数据库存取控制的核心内容，通过用户权限定义与合法权检查确保只有合法权限的用户访问数据库。权限管理主要包括权限授予和回收权限。

(1)权限授予

权限授予就是授予用户或角色操作和使用数据库中各种对象的权限。下面以实例来说明授权的操作过程。

【例 2-1】赋予数据库用户 myuser 在数据库 mydb 中创建表、创建函数、创建存储过程的权限。

操作步骤如下。

①在【对象资源管理器】窗口中展开对应的数据库服务器(也叫数据库实例),找到创建用户所在的数据库【mydb】,在【安全性】中点开【用户】,选中【myuser】,点击右键,从弹出的快捷菜单中选择【属性】命令(见图 2.3.65),进入【数据库用户-myuser】页面。

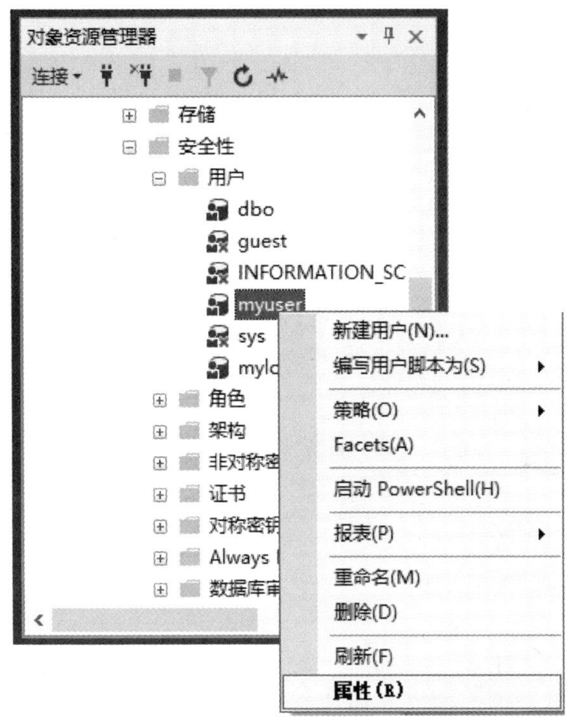

图 2.3.65 数据库用户 myuser 的属性命令

②在【数据库用户-myuser】页面(见图 2.3.66)中选择【选择页】中的【安全对象】。点击右边的【搜索】按钮进入【添加对象】对话框,添加安全对象。

③在【添加对象】页面(见图 2.3.67)中选择要添加的对象,选择【特定对象】后按【确定】按钮,进入【选择对象】页面。

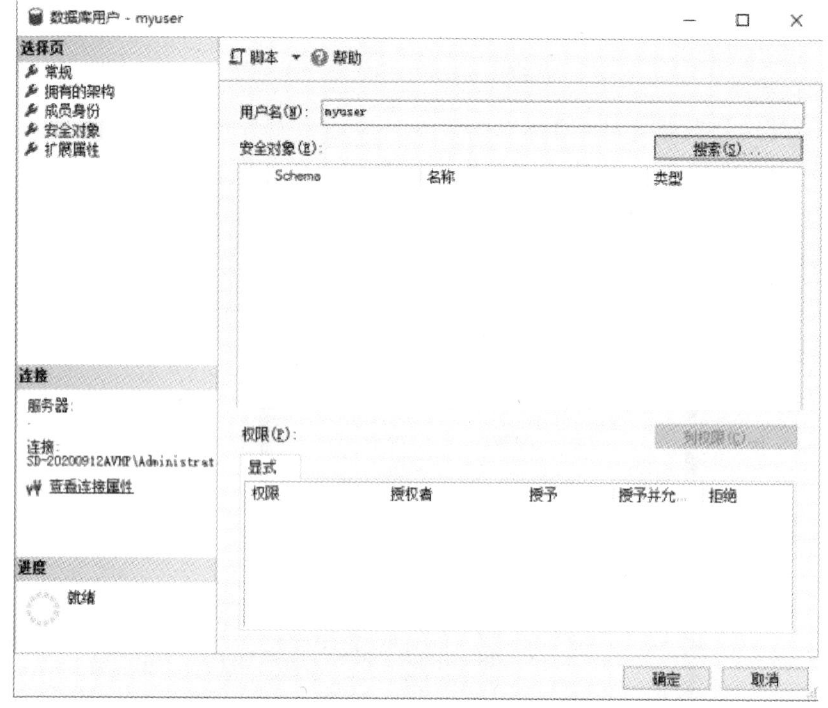

图 2.3.66　给数据库用户设置权限

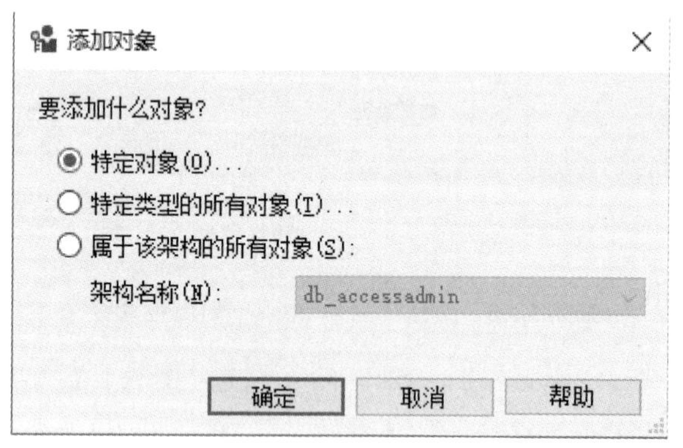

图 2.3.67　添加对象页面

④在【选择对象】页面(见图 2.3.68)中点击右边的【对象类型】按钮,进入【选择对象类型】页面。

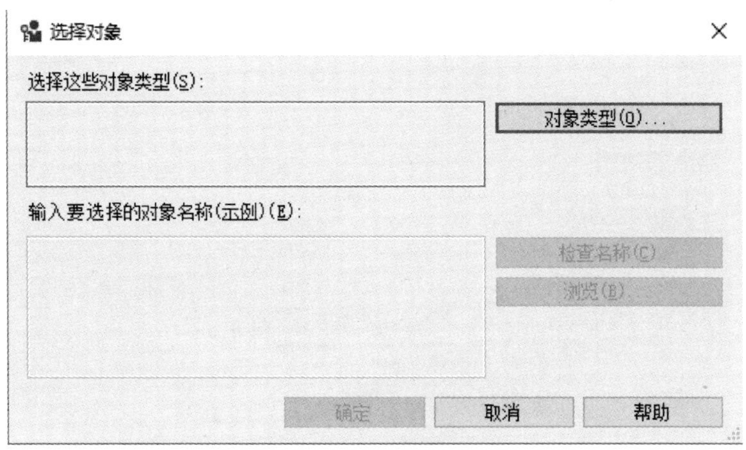

图 2.3.68　选择对象页面

⑤在【选择对象类型】页面(见图 2.3.69)中选择需要的对象类型,本例子中,选择【数据库】对象类型,进入【查找对象】页面。

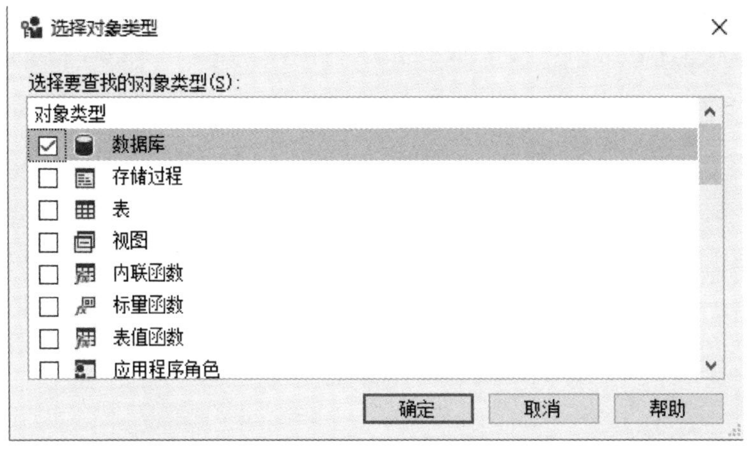

图 2.3.69　选择对象类型页面

⑥在【查找对象】页面(见图 2.3.70)中选择需要的对象,本例子选择【mydb】数据库,按【确定】后返回【数据库用户-myuser】页面。

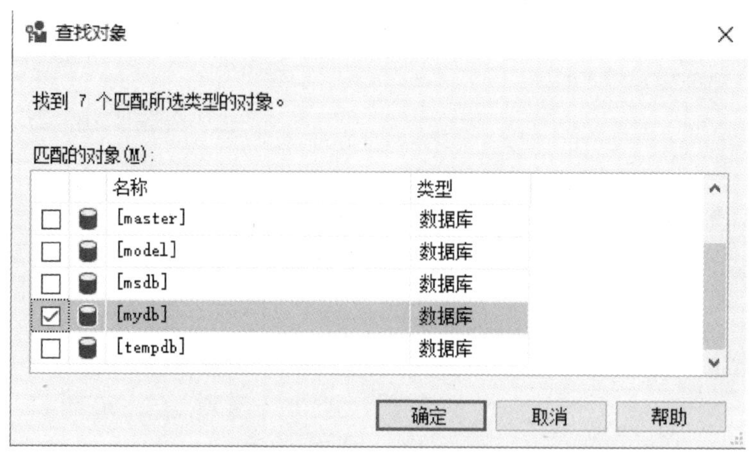

图 2.3.70　查找数据库对象页面

⑦在返回的【数据库用户-myuser】页面(见图 2.3.71)中,右边的安全对象内多了 mydb 数据库对象,右下部分出现了 mydb 数据库的可分配权限。根据例子要求,我们在【创建表】的【授予】处点击左键,选中该选项;同样选中【创建函数】处的【授予】,【创建过程】处的【授予】。权限设置结束后按【确定】按钮关闭该页面。

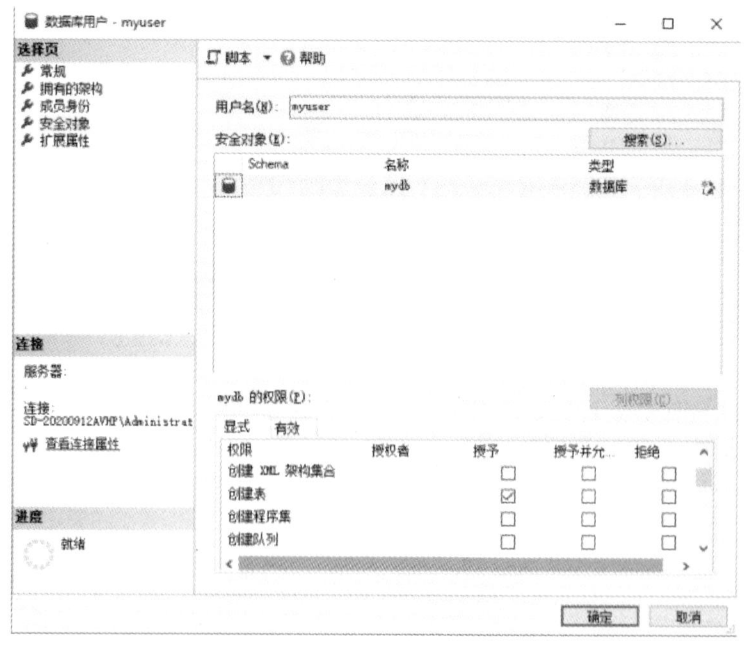

图 2.3.71　对象管理器页面

【例 2-2】数据库用户 myuser 在数据库 mydb 中创建表 tmp(a int)。

操作步骤如下。

①数据库用户 myuser 以登录名 mylogin 连接数据库服务器(具体操作见前面服务器连接的有关内容),连接成功后,服务器后面显示登录名(见图 2.3.72)。

②在【对象资源管理器】窗口中展开对应的数据库服务器,找到数据库 mydb,新建表(见图 2.3.72)。

图 2.3.72 myuser 登录后创建数据表

③系统会弹出一个信息提醒对话框(见图 2.3.73),提示当前用户(myuser)不是系统管理员或数据库拥有者(dbo),无法更改数据表结构。这里,我们在【例 2-1】中赋予了数据库用户 myuser 在数据库 mydb 中创建表的权限,因此按【确定】,进入创建数据表页面。

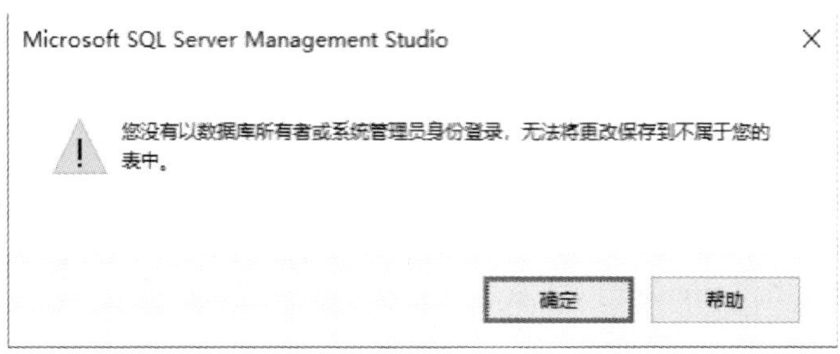

图 2.3.73 系统信息提示

④设计好数据表的字段、数据类型和约束后按【保存】,弹出【选择名称】对话

框（见图 2.3.74），输入表名“tmp”，按【确定】后关闭页面，数据表创建完毕。

图 2.3.74　新建 tmp 表

⑤在【对象资源管理器】页面中刷新表，就可以在数据库的数据表中看到新建的 mydbo.tmp 表（见图 2.3.75）。

图 2.3.75　数据库 mydb 中的 tmp 表

【例 2-3】数据库用户 myuser 登录数据库后，查询数据库 mydb 中 student 表的所有学生信息。

操作步骤如下。

①数据库用户 myuser 以登录名 mylogin 连接数据库服务器（具体操作见前面服务器连接的有关内容）。

②连接成功后，在【对象资源管理器】窗口中的数据库【mydb】的【表】中找到 student 表查看数据，但实际上，【mydb】的【表】中根本就没有 student 表。

分析原因：【mydb】中的 student 表的架构是 dbo（之前是由操作系统用户连

接数据库服务器后创建的 student 等数据库对象)，用户 myuser 没有查询 student 表的权限。因此，要查看该表数据，需要赋予数据库用户 myuser 查询表 student 的权限。

如果用户 myuser 已经拥有查询表 student 的权限，以下操作步骤省略。

③将对象资源管理器中连接的数据库服务器切换到 DBA(操作系统用户或数据库管理员)连接的数据库服务器。展开【mydb】数据库的【安全性】，选中用户 myuser，设置属性中的安全对象[具体操作步骤请参考【例 2-1】中的操作步骤①～⑤]，在【选择对象类型】对话框中选择【表】(见图 2.3.76)。

图 2.3.76　设置权限时选择对象类型为表

④在返回的【数据库用户-myuser】页面中(见图 2.3.77)，右边的【安全对象】里增加了 dbo 架构下的 student 对象。选择 student，在下方的【dbo. student 的权限】中的【授予】处勾选【选择】项，赋予用户 myuser 选择(select) dbo. student 的权限。按【确定】按钮关闭当前页面。

⑤将对象资源管理器中连接的数据库服务器切换到 myuser 用户(以 mylogin 登录名)连接的数据库服务器。展开【mydb】数据库的【表】，可以看到多了【dbo. student】数据表，选中该表，打开后就可以查看 student 表中的数据(见图 2.3.78)。

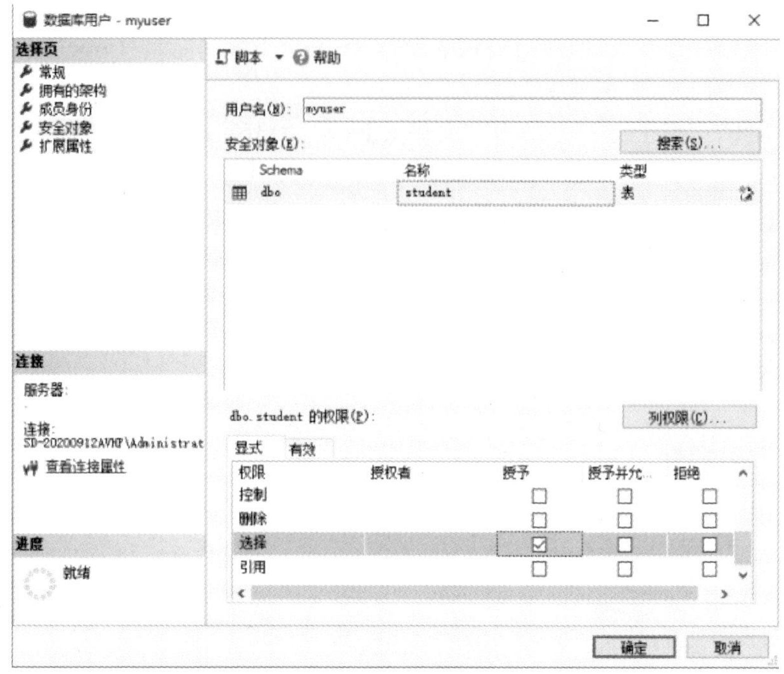

图 2.3.77　设置 myuser 用户查看 dbo.student 表的权限

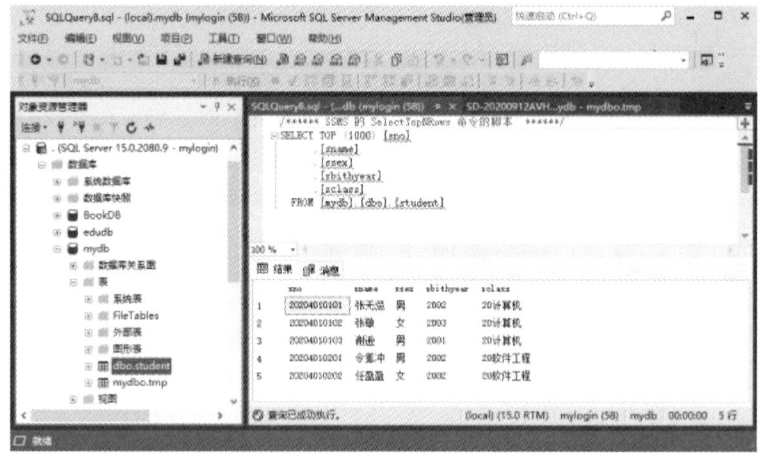

图 2.3.78　myuser 用户查看 dbo.student 的数据

(2)权限回收

权限回收正好和权限授予相反,SQL Server 2019 中两者的操作方法一样,回收权限就是将【授予】处的选项去掉,具体操作可见【例 2-1】和【例 2-2】的操作步骤。

2.3.5 视图处理

数据库中的视图 View 是一个虚拟表，其内容由查询定义，同真实的表一样，视图包含一系列带有名称的列数据和行数据。但是，在数据库中，视图只存储结构，不存储数据，数据来自由定义视图的查询所引用的表，并且在引用视图时动态生成。

从用户角度来看，一个视图从一个特定的角度来查看数据库中的数据。从数据库系统内部来看，一个视图是由 SELECT 语句组成的查询定义的虚拟表，视图是由一张或多张表中的数据组成的；从数据库系统外部来看，视图就如同一张表。

数据库使用视图能够带来以下好处：①能够简化用户的操作；②能够使不同用户以不同角度看待同一数据；③能够为重构数据库提供一定程度的逻辑独立性；④能够为机密数据提供一定程度的安全保护。

视图的缺点主要表现在查询性能和修改限制上。SQL Server 必须把视图查询转化成对基本表的查询，如果这个视图是由一个复杂的多表查询所定义的，那么即使是视图的一个简单查询，SQL Server 也要把它变成一个复杂的结合体，需要花费一定的时间。修改限制较大，当用户修改视图时，数据库必须把它转化为对基本表的修改，对于简单的视图来说不难实现，但对于比较复杂的视图，这可能无法实现。视图一般分成行列子集视图、带虚拟列视图和分组视图三类。

1. 视图创建

①在【对象资源管理器】窗口中展开对应的数据库服务器（也叫数据库实例），找到创建用户所在的数据库（例子中是 mydb 数据库），在【mydb】下选中【视图】，点击右键，从弹出的快捷菜单中选择【新建视图】命令（见图 2.3.79）建立新视图。

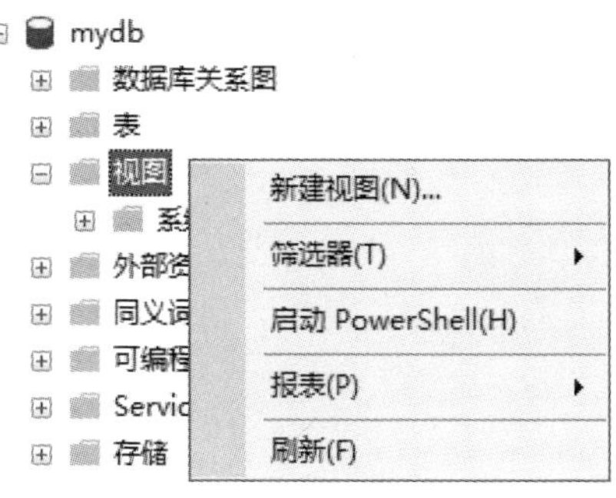

图 2.3.79 新建视图命令

②在弹出的【添加表】对话框中逐一添加新建视图要用到的数据表(见图2.3.80),添加完成后点击【关闭】,系统进入视图设计页面(见图2.3.81)。

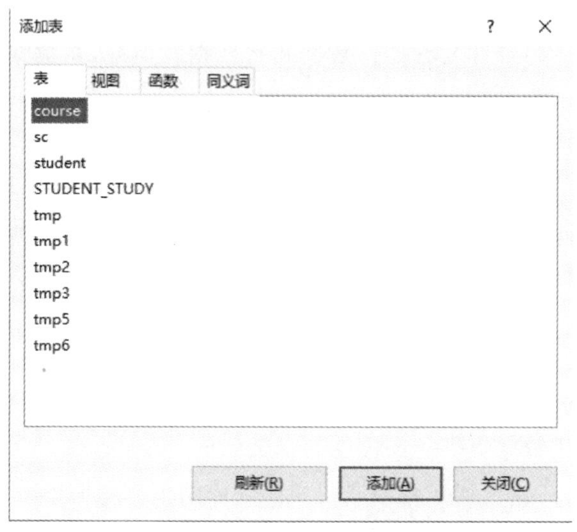

图 2.3.80　添加视图所用到的数据表

③在视图设计页面(见图2.3.81)中,设置视图的详细信息,如输出哪些字段、以什么别名显示、视图选择的条件等。

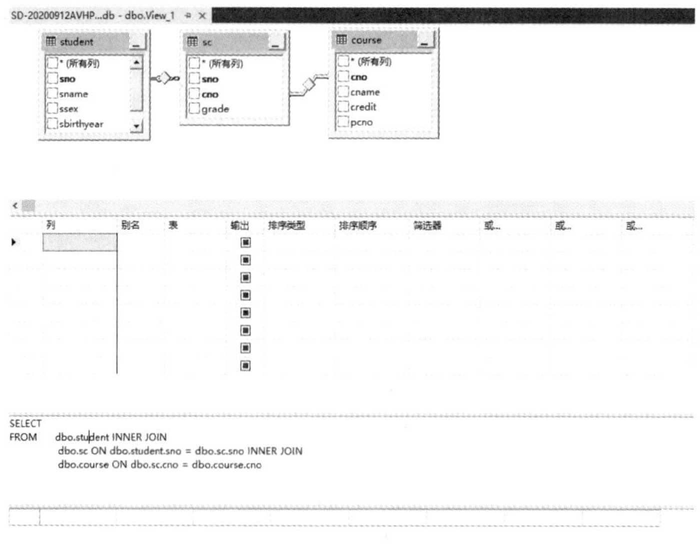

图 2.3.81　添加数据表后的视图设计页面

④视图的详细内容设置好后点击右键，选择【执行 SQL】命令(见图 2.3.82)，页面上就会显示查询结果(见图 2.3.83)。

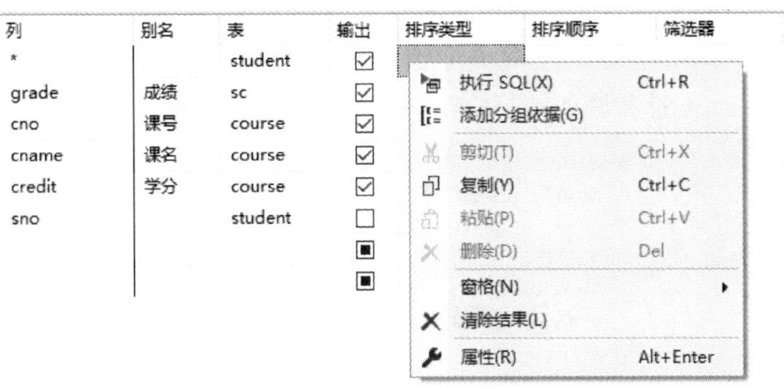

图 2.3.82　设置视图的详细信息

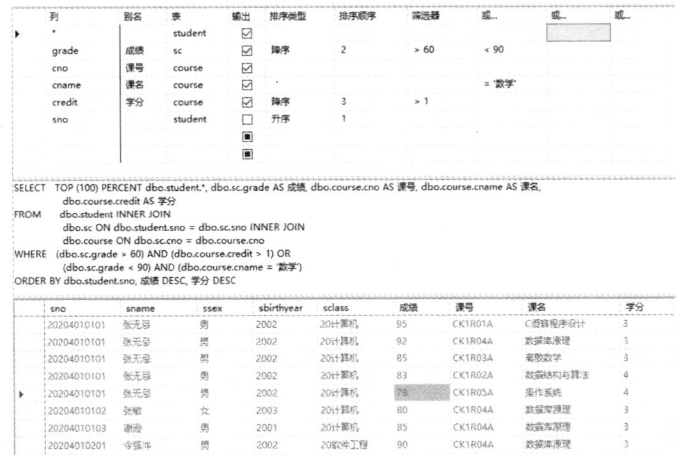

```
SELECT  TOP (100) PERCENT dbo.student.*, dbo.sc.grade AS 成绩, dbo.course.cno AS 课号, dbo.course.cname AS 课名,
        dbo.course.credit AS 学分
FROM    dbo.student INNER JOIN
        dbo.sc ON dbo.student.sno = dbo.sc.sno INNER JOIN
        dbo.course ON dbo.sc.cno = dbo.course.cno
WHERE   (dbo.sc.grade > 60) AND (dbo.course.credit > 1) OR
        (dbo.sc.grade < 90) AND (dbo.course.cname = '数学')
ORDER BY dbo.student.sno, 成绩 DESC, 学分 DESC
```

图 2.3.83　视图详细信息及查询结果显示

⑤确认视图的详细信息和结果后就可以保存视图，在保存对话框中输入视图名称(见图 2.3.84)，按【确定】后视图就保存到当前数据库中，下次就可以直接使用了。

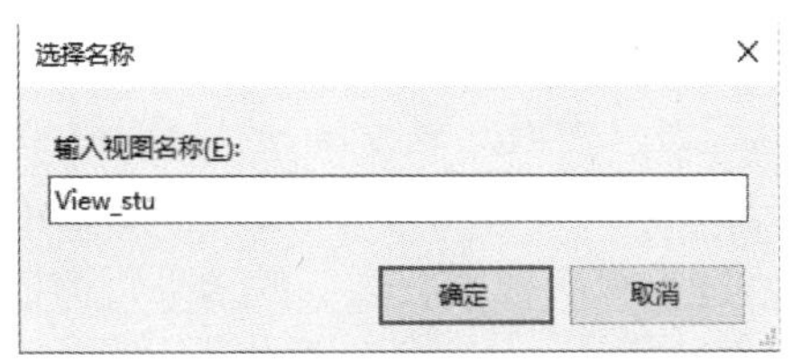

图 2.3.84　保存视图对话框

2. 视图修改

视图创建成功后，就可以在所属数据库中看到新建的视图，选中相应的视图后点击右键，从弹出来的快捷菜单中选择【设计】命令（见图 2.3.85），进入视图的设计页面进行查看和修改，具体的修改过程和新建视图的过程一样。

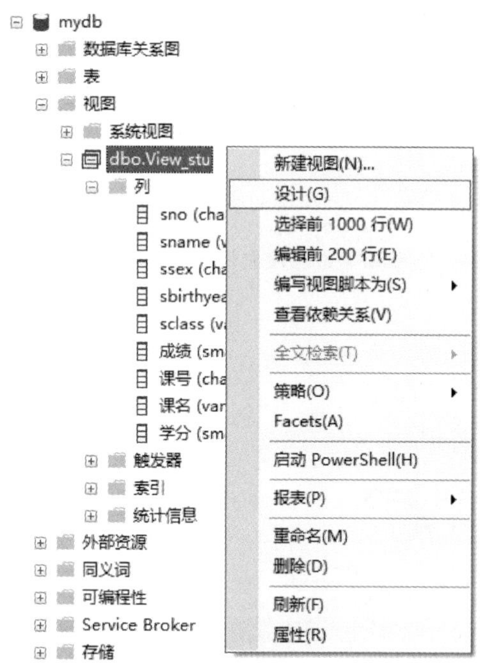

图 2.3.85　视图的设计命令

3. 视图删除

视图的删除和数据表的删除一样，先选中要删除的视图，点击右键，从弹出的快捷菜单中选择【删除】命令，进入【删除对象】对话框（见图 2.3.86）进行视图删除确认，按【确定】后视图就被删除了。

4. 视图查询

在【对象资源管理器】窗口中展开服务器，然后选择【数据库】中【mydb】数据库下的【dbo. View_stu】视图，点击右键，从弹出的快捷菜单中选择【选择前 1000 行】命令（见图 2.3.87），进入视图数据查询后的结果页面（见图 2.3.88）。

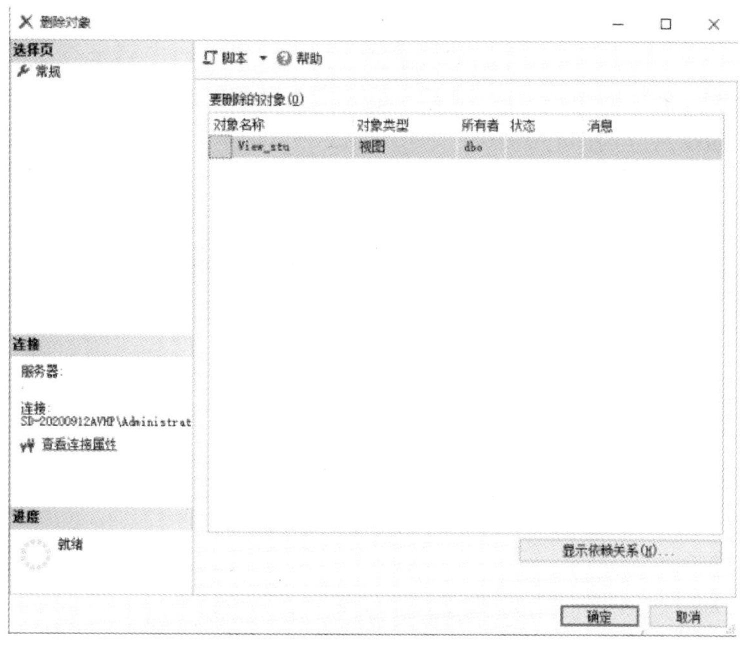

图 2.3.86 删除视图对话框

图 2.3.87 视图查询命令

数据查看页面中，右上部分是数据库的 SQL 语句，右下部分是数据返回的结果(见图 2.3.88)。我们可以通过修改 SQL 语句中的内容来查看不同的结果，关于 SQL 语句的相关内容，请参考第 3 章关系数据库标准语言 SQL 和第 10 章数据库编程及应用的有关内容。

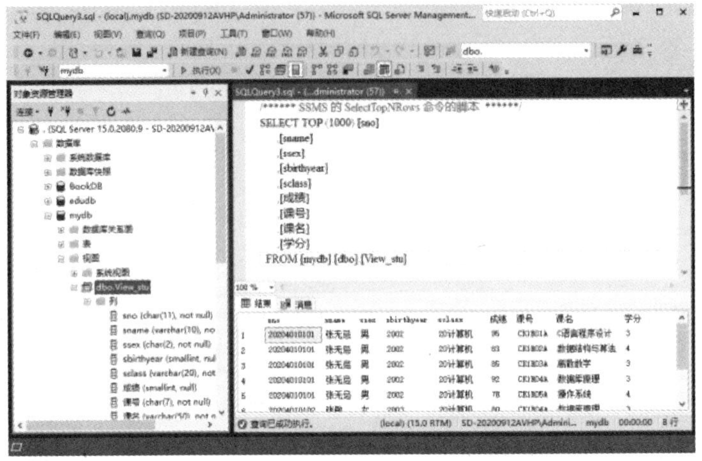

图 2.3.88　视图查询的 SQL 语句及结果

5. 视图更新

(1)视图数据输入

①在【对象资源管理器】窗口中展开服务器，然后选择【数据库】中【mydb】数据库下的【dbo. View_stu】视图，点击右键，从弹出的快捷菜单中选择【编辑前 200 行】命令(见图 2.3.89)，进入数据表数据编辑页面(见图 2.3.90)。

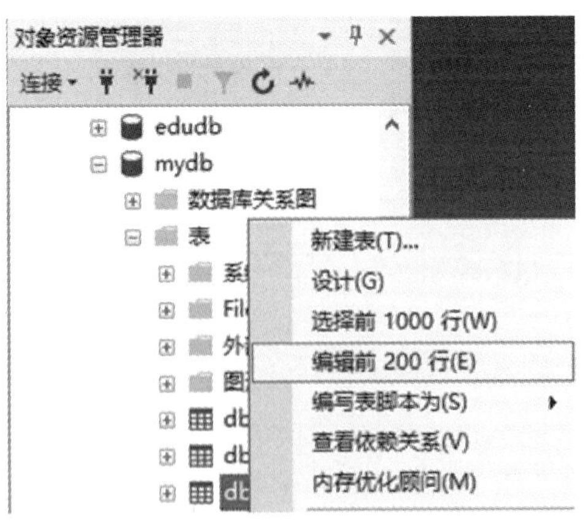

图 2.3.89　数据表中数据编辑命令

②在数据编辑页面(见图 2.3.90)中逐一输入数据,数据输入结束后,关闭该页面即可。

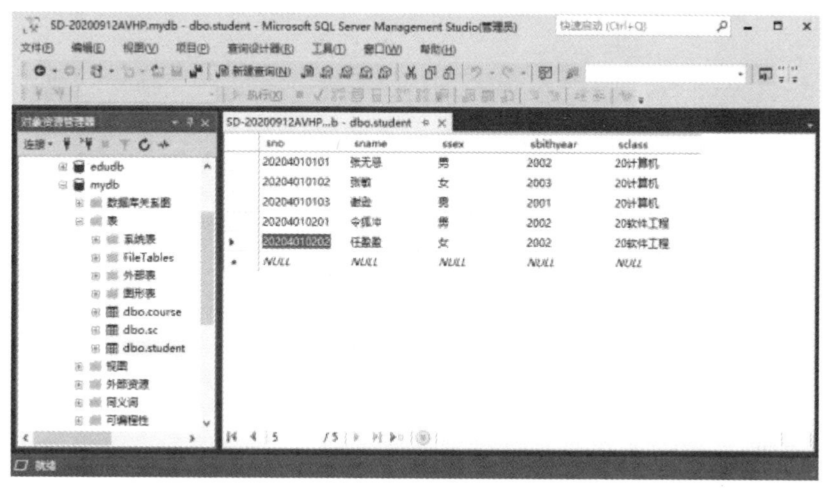

图 2.3.90 在数据表中输入数据

(2)视图数据修改

视图中数据修改的步骤和数据输入一样,首先通过【编辑前 200 行】命令(见图 2.3.89)进入数据表数据编辑页面(见图 2.3.90),然后选择需要修改的数据,修改完毕后关闭页面。

(3)视图数据删除

视图中数据删除首先通过【编辑前 200 行】命令(见图 2.3.89)进入数据表数据编辑页面(见图 2.3.90),然后选择需要删除的数据,点击右键,在弹出的快捷菜单中选择【删除】命令(见图 2.3.91),系统会提示是否确认删除(见图 2.3.92),确认删除后,数据就被删除了,如果发生错误,系统会提示错误信息(见图 2.3.93)。

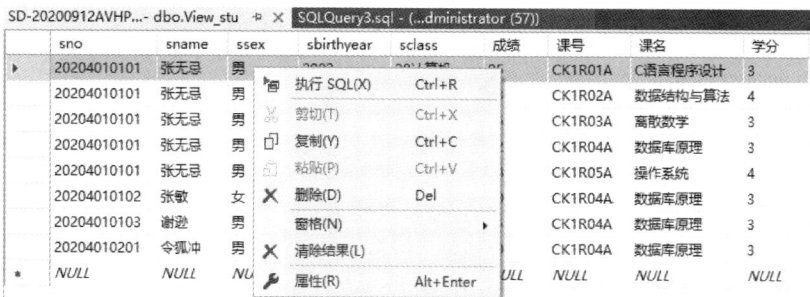

SD-20200912AVHP...- dbo.View_stu　SQLQuery3.sql - (...dministrator (57))

sno	sname	ssex	sbirthyear	sclass	成绩	课号	课名	学分
20204010101	张无忌	男				CK1R01A	C语言程序设计	3
20204010101	张无忌	男				CK1R02A	数据结构与算法	4
20204010101	张无忌	男				CK1R03A	离散数学	3
20204010101	张无忌	男				CK1R04A	数据库原理	3
20204010101	张无忌	男				CK1R05A	操作系统	4
20204010102	张敏	女				CK1R04A	数据库原理	3
20204010103	谢逊	男				CK1R04A	数据库原理	3
20204010201	令狐冲	男				CK1R04A	数据库原理	3
NULL	NULL	NU				NULL	NULL	NULL

执行 SQL(X)　Ctrl+R
剪切(T)　Ctrl+X
复制(Y)　Ctrl+C
粘贴(P)　Ctrl+V
删除(D)　Del
窗格(N)
清除结果(L)
属性(R)　Alt+Enter

图 2.3.91 删除数据命令

图 2.3.92　删除数据确认对话框

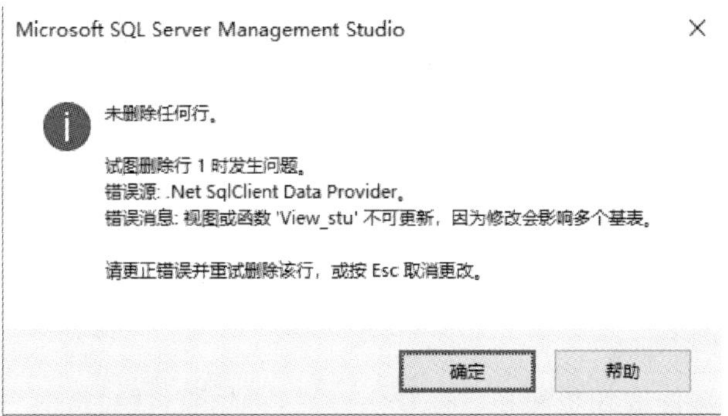

图 2.3.93　删除数据错误信息提示

2.3.6　备份与还原

在数据库的使用过程中，不可避免会遇到故障。当发生故障时，数据库要能够及时恢复，从而保障数据的完整性、一致性和正确性。

数据库恢复使用冗余来解决恢复问题，关键的两个问题是如何建立冗余与如何使用冗余恢复。日志和数据转储是建立冗余的两种手段，其中数据备份是数据转储最重要的手段和技术。

因此，定期备份数据库是保证数据库系统安全有效运行的重要手段。当意外发生时，可以依靠备份数据来恢复数据库。

1. 备份

数据备份就是将数据以某种方式加以保存，以便在系统遭受破坏或其他特定情况下，重新加以利用的一个过程。数据备份的根本目的是重新利用，也就是说，备份工作的核心是恢复。

在 SQL Server 2019 中，数据备份的操作步骤如下。

①在【对象资源管理器】窗口中展开对应的数据库服务器(实例),选中【数据库】中的【mydb】(目标数据库),点击右键,从弹出的快捷菜单中选择【任务】命令中的【备份】(见图 2.3.94),进入备份数据库页面。

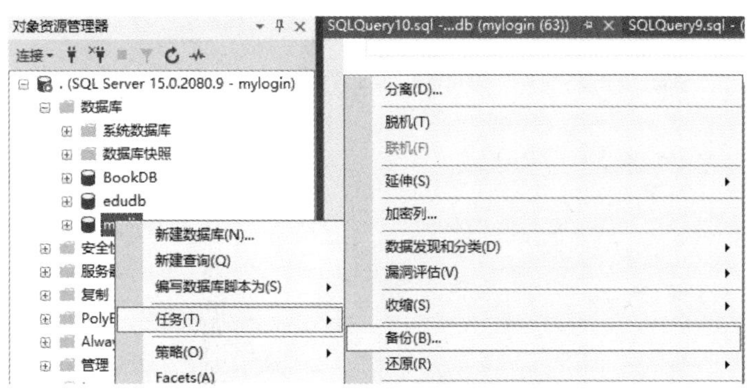

图 2.3.94　备份数据库命令

②在【备份数据库-mydb】的【选择页】中,选择【常规】(系统默认就是常规项),页面右边会出现数据库备份的设置信息(见图 2.3.95)。用户需要设置备份的数据库源信息(包括数据库名称、备份类型、备份组件)和备份目标信息(包括目标设备类型、备份详细信息)。图例中,我们选择的源数据库为“mydb”,备份类型为“完整”,备份组件为“数据库”,目标备份到“磁盘”,点击【添加】按钮添加备份文件,要确认文本框中的文件是否为你需要的备份文件,如果不是,点击【删除】按钮后再添加需要备份的文件。

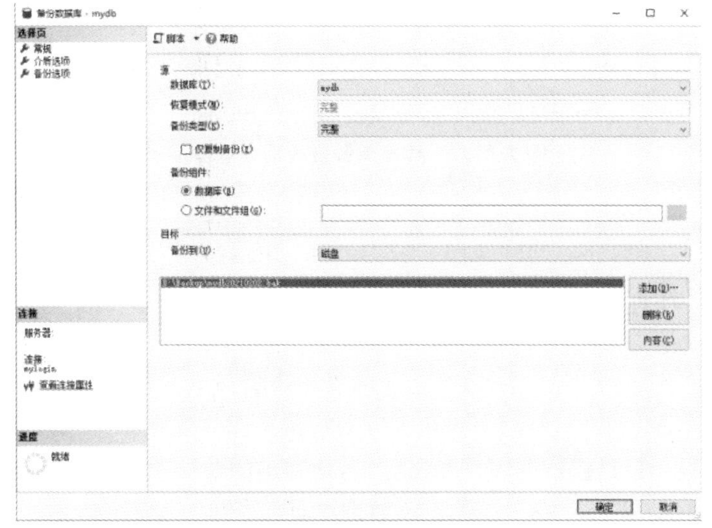

图 2.3.95　备份数据库命令

③在【选择备份目标】对话框中选择【文件名】，输入完整的操作系统文件名或通过右边的【…】按钮选取相应的文件目录和文件名(见图 2.3.96)。点击【确定】按钮关闭对话框。

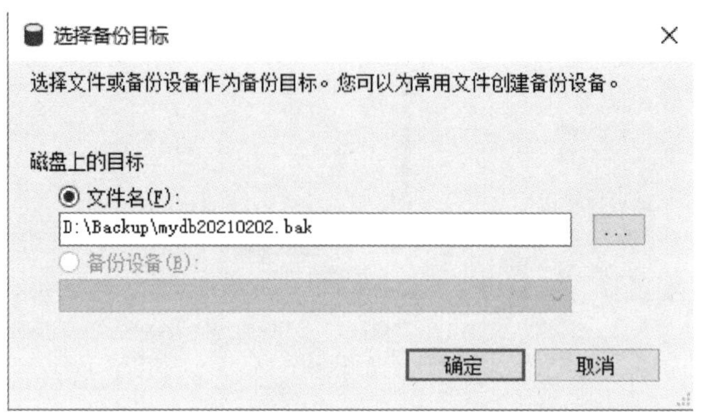

图 2.3.96 备份数据库的备份文件设置

④在【备份数据库-mydb】对话框中，在右下方的备份文件文本框中会出现步骤②中刚刚设置的目标文件(见图 2.3.95)。确认无误后，点击【确定】按钮开始备份数据库。

⑤数据库备份完成后，系统会弹出数据库备份完成的信息提示框，按【确定】关闭信息框(见图 2.3.97)，数据库备份结束。

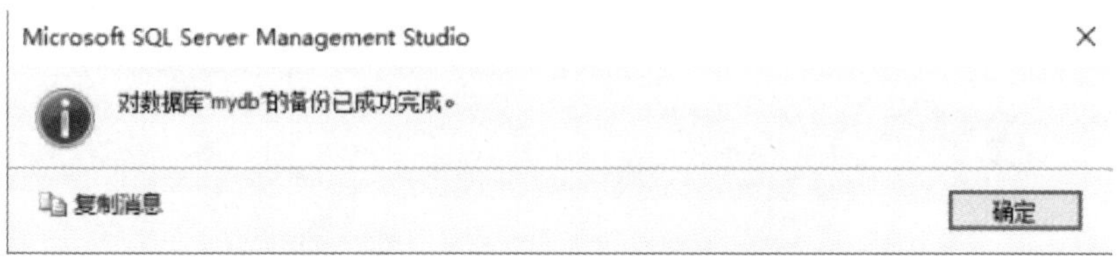

图 2.3.97 数据库备份成功信息提示

2. 还原

数据库的备份是一个长期的过程，而恢复只在发生事故后进行，恢复可以看作是备份的逆过程。

在 SQL Server 2019 中，数据还原的操作步骤如下。

①在【对象资源管理器】窗口中展开对应的数据库服务器(实例)，选中【数据库】中的【mydb】(目标数据库)，点击右键，从弹出的快捷菜单中选择【任务】命令中的【还原】(见图 2.3.98)，进入还原数据库页面。

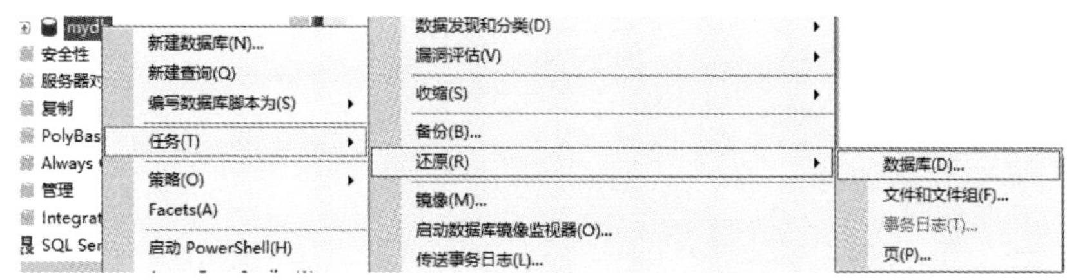

图 2.3.98　还原数据库命令

②在【还原数据库-mydb】的【选择页】中选择【常规】(系统默认就是常规项),页面右边会出现数据库还原的设置信息(见图 2.3.99)。用户需要设置需要还原的数据库来源信息(包括数据库、设备两种类型)和还原的目标数据库信息与还原计划。图例中,我们选择的数据源为备份在磁盘上的文件,因此选择【设备】;目标数据库为“mydb”,也可以还原到新命名的数据库;然后点击【设备】后面的【…】按钮,添加具体的信息。

图 2.3.99　还原数据库过程中的常规设置页面

③在【选择备份设备】对话框中(见图 2.3.101)选择【备份介质类型】为“文件”,点击【添加】按钮添加具体文件。

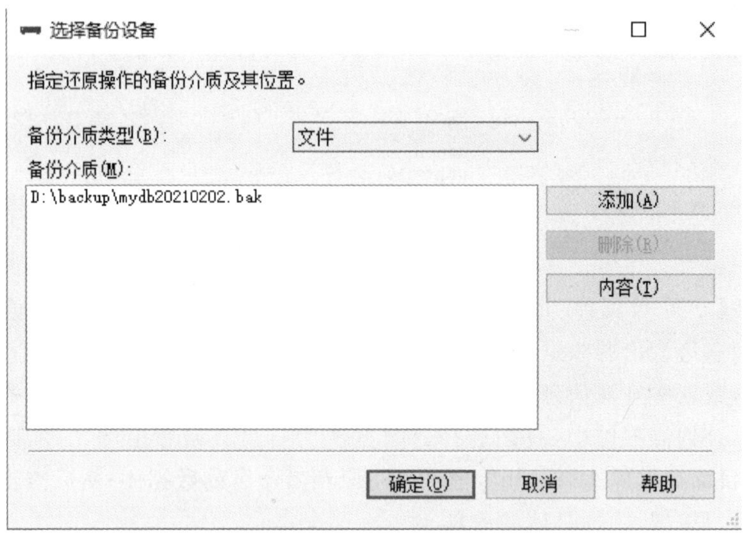

图 2.3.100　还原数据库的过程中选择备份设备

④在弹出的【定位备份文件】对话框中选取相应的文件目录和文件名(见图 2.3.101),点击【确定】按钮关闭对话框,返回上层对话框。

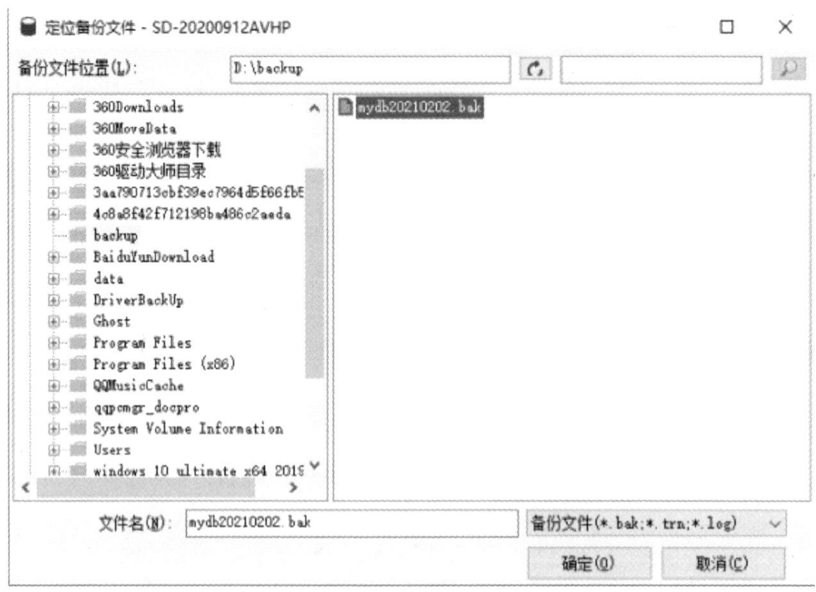

图 2.3.101　还原数据库的过程中定位备份文件

⑤回到【还原数据库-mydb】页面(见图 2.3.102),这时可以在【还原计划】中看到刚刚添加的备份文件,勾选【还原】后按【确定】按钮执行还原工作。如果需要设置还原的其他信息,可以选择左边的【选择页】中的【常规】、【文件】和【选项】设置其他信息。

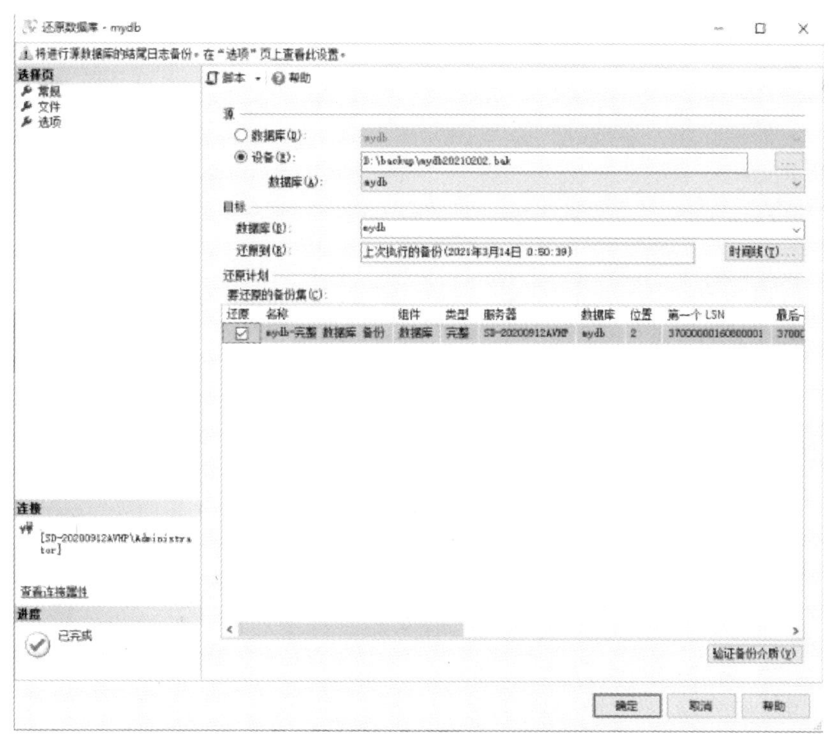

图 2.3.102　还原数据库过程中设置好的常规页面

⑥在【还原数据库】对话框的【选择页】中选定【文件】页,设置数据文件和日志文件的相关信息(见图 2.3.103)。

图 2.3.103 还原数据库过程中的文件设置页面

⑦在【还原数据库】对话框的【选择页】中选定【选项】页，设置数据库还原选项、结尾日志备份、服务器连接、提示等信息（见图 2.3.104）。要注意的是，如果还原的目标数据库是从已存在的数据库中选出的，如例子中的 mydb 数据库，则需要勾选【覆盖现有数据库】；如果还原的目标是新命名的数据库，可以不做设置，保持默认就可以。所有信息设置好后，按【确认】开始进行数据库的还原工作。

⑧还原结束后，系统会弹出还原完成的信息提示框（见图 2.3.105），代表数据库还原工作顺利完成，按【确定】后结束还原工作。如果还原失败，系统会弹出错误信息提示框，告诉我们数据库还原工作失败；失败的原因很多，因此系统也会出现各种信息的提示框，提示出错的原因。

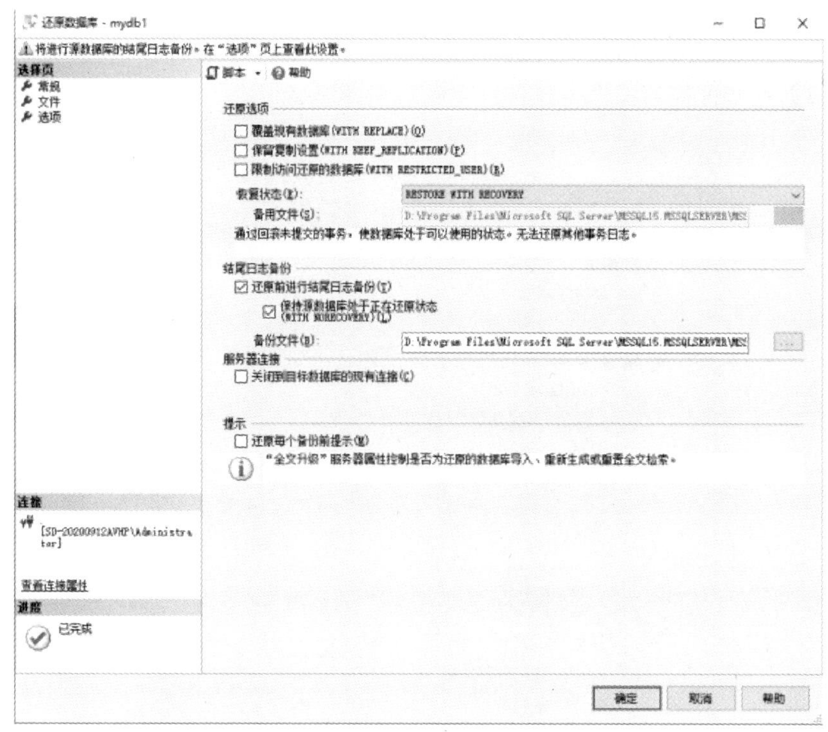

图 2.3.104　还原数据库过程中的选项设置页面

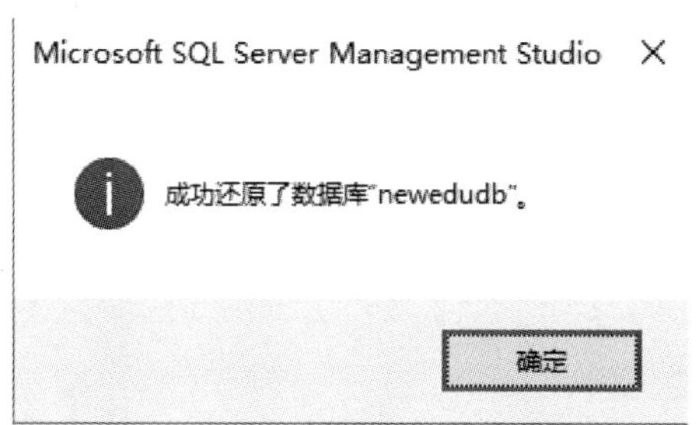

图 2.3.105　还原数据库成功信息提示

2.3.7　其他操作

SQL Server 2019 还提供了其他数据库对象的处理，如存储过程、函数、数据库触发器等（见图 2.3.106）的操作和处理，主要包括对象的创建、修改和删除，具体操作的流程和步骤几乎一样。这些对象的操作涉及数据库查询语句 SQL 和后台数据库编程的内容，这里不再详细展开，大家可以参考后面数据库编程章节的相关内容。

下面以数据库存储过程为例，介绍存储过程的操作处理过程，其他对象的操作请根据存储过程的操作步骤自行完成。

图 2.3.106 对象管理器中可操作的数据库对象

1. 存储过程

(1)存储过程创建

①在【对象资源管理器】窗口中依次展开对应的数据库服务器(实例)，在【数据库】中的【mydb】(目标数据库)选择【可编程性】的【存储过程】，单击右键，从弹出的快捷菜单中选择【新建】命令中的【存储过程】(见图 2.3.107)，进入存储过程创建页面。

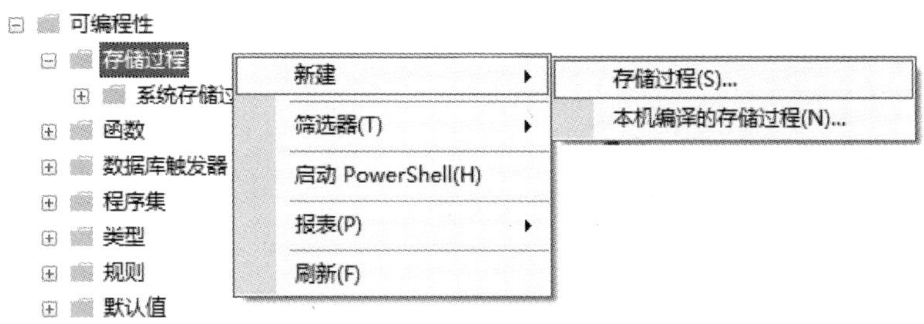

图 2.3.107　创建存储过程命令

②在弹出的查询窗口(见图 2.3.108)中，系统自动填写好了部分 T-SQL 语句，我们需要根据实际需求确定存储过程名称，设置相应的输入、输出参数(见图 2.3.108 第一个方框处的代码)、添加相应的过程代码(见图 2.3.108 第二个方框处的代码)。

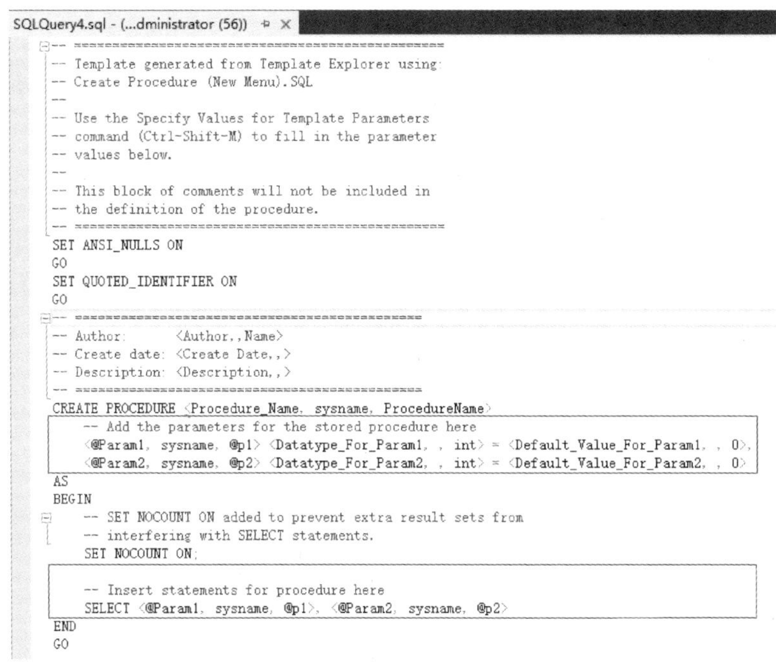

```
SQLQuery4.sql - (...dministrator (56))
-- ================================================
-- Template generated from Template Explorer using:
-- Create Procedure (New Menu).SQL
--
-- Use the Specify Values for Template Parameters
-- command (Ctrl-Shift-M) to fill in the parameter
-- values below.
--
-- This block of comments will not be included in
-- the definition of the procedure.
-- ================================================
SET ANSI_NULLS ON
GO
SET QUOTED_IDENTIFIER ON
GO
-- =============================================
-- Author:      <Author,,Name>
-- Create date: <Create Date,,>
-- Description: <Description,,>
-- =============================================
CREATE PROCEDURE <Procedure_Name, sysname, ProcedureName>
    -- Add the parameters for the stored procedure here
    <@Param1, sysname, @p1> <Datatype_For_Param1, , int> = <Default_Value_For_Param1, , 0>,
    <@Param2, sysname, @p2> <Datatype_For_Param2, , int> = <Default_Value_For_Param2, , 0>
AS
BEGIN
    -- SET NOCOUNT ON added to prevent extra result sets from
    -- interfering with SELECT statements.
    SET NOCOUNT ON;

    -- Insert statements for procedure here
    SELECT <@Param1, sysname, @p1>, <@Param2, sysname, @p2>
END
GO
```

图 2.3.108　创建存储过程时的代码

③修改存储过程代码(见图 2.3.109)，确定存储过程名称、设置相应的输入输出参数、添加相应的过程代码。这里我们创建一个简单的存储过程 MyProcedure，有一个名为@Param1、默认值为“yingxinyang”的 varchar(20)类型的输入参数，存储过程要求打印“hello,dear”+@Param1 的结果。

```
CREATE PROCEDURE MyProcedure
    -- Add the parameters for the stored procedure here
    @Param1 varchar(20) = 'yingxinyang'
AS
BEGIN
    -- SET NOCOUNT ON added to prevent extra result sets from
    -- interfering with SELECT statements.
    SET NOCOUNT ON;
    print 'hello, dear '+@Param1
    -- Insert statements for procedure here
    SELECT @Param1
END
GO
```

图 2.3.109　存储过程例子

④修改好存储过程代码后按执行按钮（▷ 执行(X)），将存储过程编译后存在 SQL Server 数据库中。刷新对象资源管理器中数据库的存储过程，会发现新增了一个名为 MyProcedure 的存储过程，如图 2.3.110 所示。

```
⊟ 可编程性
    ⊟ 存储过程
        ⊞ 系统存储过程
        ⊞ dbo.MyProcedure
```

图 2.3.110　存储过程 Myprocedure

(2)存储过程执行

①在【对象资源管理器】窗口的【存储过程】中右键点击【MyProcedure】存储过程，从弹出的快捷菜单中选择【执行存储过程】命令（见图 2.3.111），进入执行存储过程页面。

图 2.3.111　执行存储过程命令

②在【执行过程】页面中设置存储过程的参数，可以勾选“传递 Null 值”，也可以输入“值”，图例中我们输入“SQL Server 2019”，按【确定】按钮执行（见图 2.3.112）。

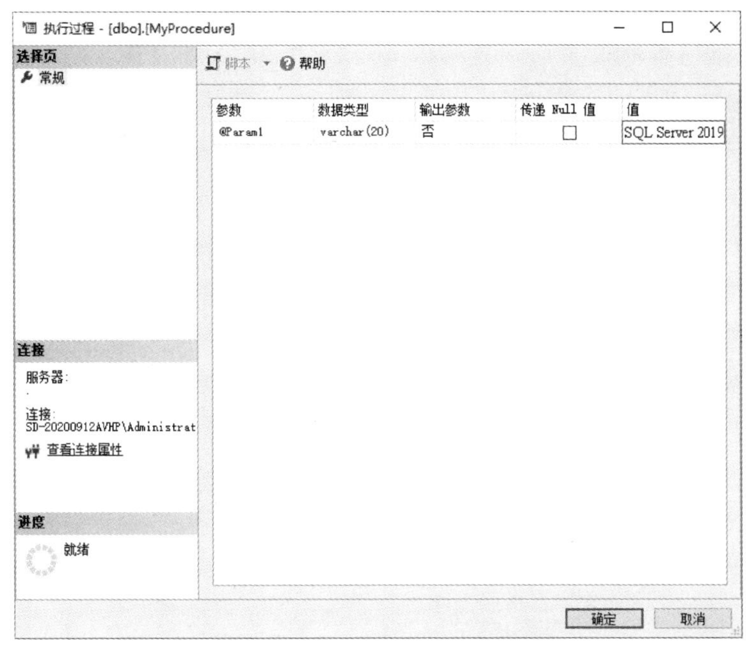

图 2.3.112　执行存储过程参数设置

③SQL Server 2019 弹出查询窗口显示存储过程执行结果[见图 2.3.113(a)]，窗口的上半部分显示执行存储过程的 T-SQL 语句，下半部分显示执行存储过程的结果，【结果】中显示存储过程返回的结果，【消息】中显示执行的情况和打印输出的结果[见图 2.3.113(b)]。

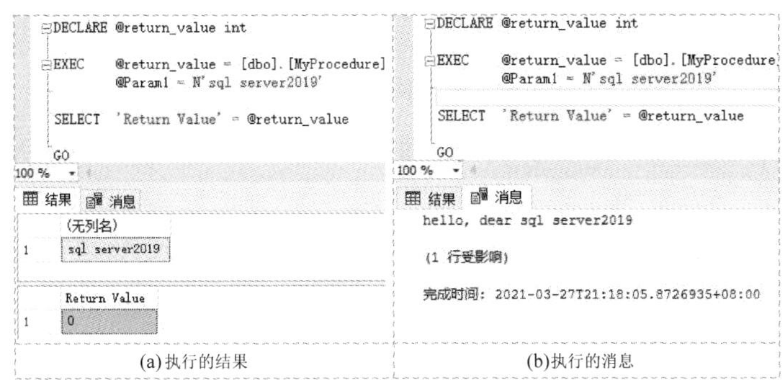

(a)执行的结果　　(b)执行的消息

图 2.3.113　执行存储过程 myprocedure 结果

(3)存储过程修改

若在使用的过程中需要修改存储过程，则可以在【对象资源管理器】窗口中找到与数据库相应的存储过程。如例子中创建的 MyProcedure 存储过程，点击右键，从弹出的快捷菜单中选择【修改】命令(见图 2.3.114)，进入存储过程修改页面。存储过程修改页面和代码中，除了将“CREATE PROCEDURE”改成“ALTER PROCEDURE”外，其他没有区别，我们根据需要修改相应的过程代码，完成后执行，系统会重新编译后存储在数据库中。

图 2.3.114　修改存储过程命令

(4)存储过程删除

存储过程确定不需要时，我们可以修改。在【对象资源管理器】窗口中找到与数据库相应的存储过程，如例子中创建的 MyProcedure 存储过程，点击右键，从弹出的快捷菜单中选择【删除】命令，进入存储过程删除页面。在【删除对象】页面中(见图 2.3.115)确认要删除选择的存储过程，按【确定】按钮后，存储过程就被删除了。

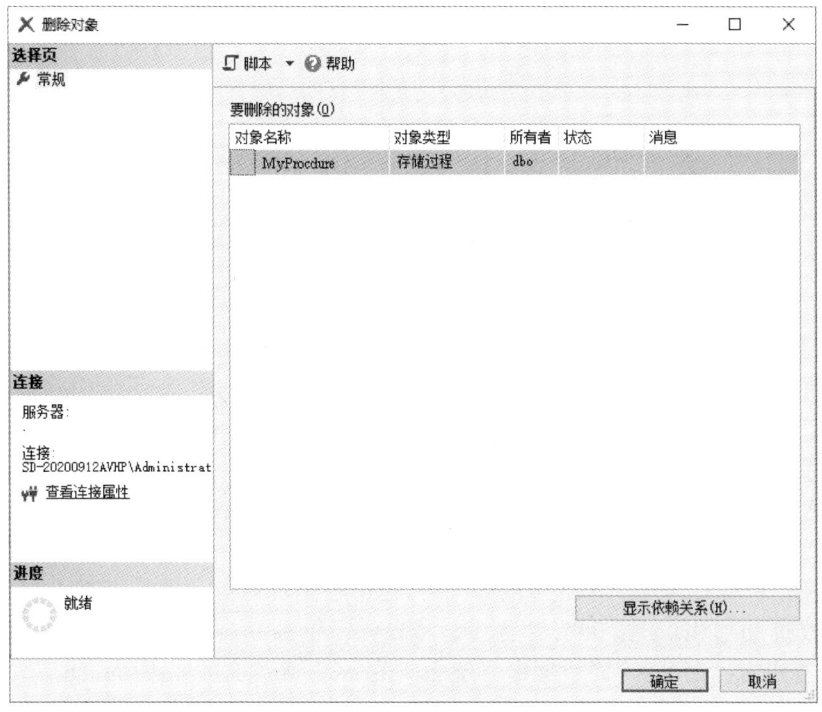

图 2.3.115 删除存储过程

2. 其他

除了上述数据库对象的操作处理处,SQL Server 2019 还提供了有关网络、服务器等方面的设置和处理功能,以及上面提到的基础操作外的很多数据处理功能。读者可以根据需要参阅相关资料,完成相应的数据库管理和数据处理工作。

3　关系数据库标准语言 SQL

SQL 的全名为 Structed Query Language，即结构化查询语言，是用于关系数据库的标准数据查询语言，IBM 公司在其开发的数据库系统中最先使用 SQL。1986 年 10 月，美国国家标准学会（ANSI）对 SQL 进行规范后，SQL 成为关系数据库管理系统的标准语言（即 SQL 86 版），并在 1987 年成为国际标准。ANSI 分别在 1989 年、1992 年、1999 年、2003 年、2006 年、2010 年发布了 SQL 89 版、SQL 92 版、SQL 99 版、SQL 2003 版、SQL 2006 版、SQL 2008 版。数据库生产商在遵循 ANSI 标准的同时，也会根据自己产品的特点对 SQL 进行一些改进和增强，于是也就有了 SQL Server 的 Transact-SQL、Oracle 的 PL/SQL 等语言。因此，不同数据库系统之间的 SQL 不是完全相同的，使用时应根据实际情况，参考所使用数据库的语法规范。

SQL 集数据定义（DDL）、数据查询（DQL）、数据操纵（DML）、数据控制（DCL）为一体。数据定义包括 ALTER、DROP，数据查询包括 SELECT，数据操纵包括 DELETE、UPDATE、INSERT，数据控制包括 GRANT、REVOKE。

本书结合 SQL Server 2019 的使用规则，通过例子介绍 SQL 的常用格式和使用情况。

SQL 不区分大小写，语法描述中的常用符号说明如下。

- ‘[ ]’表示内容是可选的。
- ‘＜ ＞’表示内容是必填的。
- ‘[ ]’与‘...’一起表示可以出现零次或者多次。
- ‘|’表示在多个短语中选择一个。

3.1　数据定义

关系数据库支持数据库、模式、基本表、视图、索引等定义。数据定义包括创建（CREATE）、修改（ALTER）、删除（DROP）三种类型。

3.1.1 创建(CREATE)

创建对象的 SQL 语句如下。

```
CREATE <对象类型> <对象名> [对象描述]
```

• 对象类型:包括数据库、数据表等基本类型和模式、视图、索引、用户、函数、存储过程等其他类型。

• 对象名:所创建的对象名称,要符合计算机系统的命名规范。

• 对象描述:所创建对象的具体定义和说明,主要由各种参数组成,对象类型不同,所描述的内容也随之不同;部分对象描述可省略,省略情况下数据库系统以默认值输入。

1. 模式创建

模式在 SQL Server 中也称为架构,它是一个包含一系列数据对象的空间。

创建模式的 SQL 语句如下。

```
CREATE SCHEMA <模式名 > AUTHORIZATION <用户名>
```

模式名可省略,省略情况下模式名默认为用户名。要创建模式,必须拥有创建模式的权限。

【例 3-1】给用户 yxy 创建一个学生选课的模式 Stu_Cou。

```
CREATE SCHEMA Stu_Cou AUTHORIZATION yxy
```

【例 3-2】给用户 yxy 创建一个同名的模式。

```
CREATE SCHEMA yxy AUTHORIZATION yxy
或 CREATE SCHEMA  AUTHORIZATION yxy
```

创建模式实际上是创建了一个命名的空间,该空间里可以定义该模式包含的数据库对象,如基本表、索引、视图、函数、存储过程等。

2. 数据表创建

创建表的 SQL 语句如下。

```
CREATE TABLE <表名>
( <列名> 数据类型 [列级完整性约束定义]
[,<列名> 数据类型 [列级完整性约束定义]...]
[,表级完整性约束定义]
)
```

大部分完整性约束既可以在列级完整性约束定义中定义，也可以在表级完整性约束中定义，但涉及多个列的完整性约束则必须在表级完整性约束中定义。

列级完整性约束可以定义如下。

- NOT NULL：限制列的取值为非空。
- DEFAULT：指定列的默认值。
- UNIQUE：限制列的取值不能重复。
- CHECK：限制列的取值范围。
- PRIMARY KEY：指定本列为主码。
- FOREIGN KEY：指定本列为外码。

在表级完整性约束中，除了 NOT NULL 和 DEFAULT 不能定义外，其他约束都可以定义。

在定义完整性约束时需要注意：由多个列组成的约束只能定义在表级完整性约束定义中；如在表级完整性约束定义中定义主码，则主码列要用括号括起来，如 PRIMARY KEY(列 1 [，列 2 …])；如在表级完整性约束定义中定义外码，则 FOREIGN KEY 和<列名>均不能省略。

(1)定义主码的约束

如果是在列级完整性约束处定义主码，则语法格式如下。

```
<列名> 数据类型 PRIMARY KEY[(<列名> [,... n])]
```

如果是在表级完整性约束处定义主码，则语法格式如下。

```
PRIMARY KEY(<列名> [,... n])
```

(2)定义外码的约束

一般情况下外码是单列的，它可以定义在列级完整性约束处，也可以定义在表级完整性约束处。定义外码的语法格式如下。

```
[FOREIGN KEY(<列名>)] REFERENCES <外表名>(<外表列名>)
[ON DELETE [ CASCADE |NO ACTION ]]
[ON UPDATE [ CASCADE |NO ACTION ]]
```

其中，各项含义如下。

• ON DELETE CASCADE：级联删除。表示当删除主表中的记录时，如果在子表之中有对这些记录的主码值的引用，则一起删除这些记录。

• ON DELETE NO ACTION：限制删除。表示当删除主表的记录时，如果在子表中有对这些记录的主码值的引用，则不删除主表中的记录。

• ON UPDATE CASCADE：级联更新。表示当更新主表中有子表引用的列值时，如果在子表中有对这个列值的引用，则一起更改。

• ON UPDATE NO ACTION：限制更新。表示当更新主表中的有子表引用的列值时，如果在子表中有对这个列值的引用，则不更改主表的值。

【例 3-3】创建 student、course、sc 三张表（见表 3.1.1）。

表 3.1.1 基本表的结构

表名	列名	类型	含义	约束
student	sno	char(11)	学号	主码（键）
	sname	varchar(10)	姓名	not null
	ssex	char(2)	性别	取“男”或“女”
	sbirthyear	smallint	出生年	
	sclass	varchar(20)	班级	
course	cno	char(6)	课号	主码（键）
	cname	varchar(50)	课名	not null
	credit	smallint	学分	
	pcno	char(6)	先修课	
sc	sno	char(11)	学号	外码，(sno,cno)为主码
	cno	char(6)	课号	外码，(sno,cno)为主码
	grade	smallint	成绩	

创建表的 SQL 语句如下。

```
CREATE TABLE student
( sno   char(11)   PRIMARY KEY,
—在列级完整性约束处定义主码的约束
sname varchar(10)   NOT NULL,
—在列级完整性约束处定义用户自定义(检查)的约束
ssex char(2)   CHECK (ssex='男' OR ssex='女'),
sage tinyint,
sclass varchar(20)
)
CREATE TABLE course
( cno   char(6)      NOT NULL,
cname varchar(50)   NOT NULL,
```

```
credit tinyint,
pcno char(6),
PRIMARY KEY(cno)
—在表级完整性约束处定义主码的约束
)
CREATE TABLE sc
( sno char(11) NOT NULL REFERENCES student(sno),
—在列级完整性约束处定义外码的约束
cno char(6) NOT NULL,
grade tinyint,
PRIMARY KEY(sno,cno),
—主码由两个属性组成,必须在表级完整性约束处定义主码的约束
FOREIGN KEY (cno) REFERENCES course(cno)
—在表级完整性约束处定义外码的约束
)
```

3. 视图创建

视图是从一张或几张基本表(或视图)导出的表,是一张虚表,数据库中只存放视图的结构,不存放视图的数据,数据从基本表中查找出来。

创建视图的 SQL 语句如下。

```
CREATE VIEW <视图名>[ <列名 1> [,<列名 2>]…]
AS <子查询>
[WITH CHECK OPTION]
```

其中,子查询可以是任意的复杂查询(SELECT)语句。WITH CHECK OPTION 指对视图进行数据更新时的行必须满足子查询中的条件表达式。

视图中的属性列名要么全部指定、要么全部省略,如果省略,则默认视图的类型就是子查询返回的各字段列名。

【例 3-4】创建一个 20 软件工程班学生的视图。

```
CREATE VIEW V_RgStudent
AS
SELECT *
FROM student
WHERE sclass='20 软件工程班'
```

4. 索引创建

索引好比是一本书的目录,能帮助我们快速查找所要信息,一张基本表上可以建立一个或多个索引。

索引分唯一索引和聚簇索引两种。

唯一索引(UNIQUE)表示每一个索引值只对应唯一的数据记录。

聚簇索引(CLUSTER)表示索引项的顺序和表中数据记录的物理顺序一致。

创建索引的 SQL 语句如下。

```
CREATE [UNIQUE][ CLUSTER] INDEX<索引名>
ON  <表名>(<列名 1> [<次序>][,<列名 2> [<次序>]]…)
```

【例 3-5】在学生表 student 的姓名 sname 上创建一个聚簇索引。

```
CREATE CLUSTER INDEX Ind_sname
ON student(sname)
```

【例 3-6】在选课表 sc 上创建按学号 sno 升序、课号 cno 降序的唯一索引。

```
CREATE UNIQUE INDEX Ind_sno_cno
ON sc(sno ASC,cno DESC)
```

3.1.2 删除(DROP)

删除对象的 SQL 语句如下。

```
DROP <对象类型> <对象名>
```

- 对象类型:数据库、数据表、视图、索引、用户、函数、存储过程等。
- 对象名:数据库中的对象名称。

1. 模式删除

删除模式的 SQL 语句如下。

```
DROP SCHEMA <模式名 > [RESTRICT | CASCADE]
```

CASCADE 和 RESTRICT 二选一,可省略,默认为 RESTRICT。

CASCADE 级联表示在删除模式的同时,把该模式上的所有数据库对象一起删除。

RESTRICT 限制表示只有该模式上没有任何数据库对象时,才能删除模式;当该模式上存在数据库对象时,则拒绝删除该模式。

【例 3-7】删除数据库中的模式 Stu_Cou。

```
DROP SCHEMA Stu_Cou CASCADE
```

2. 数据表删除

删除数据表的 SQL 语句如下。

```
DROP TABLE<表名>[RESTRICT | CASCADE]
```

RESTRICT 和 CASCADE 二选一,可省略,默认为 RESTRICT。

CASCADE 级联表示在删除基本表的同时,把该表上的所有数据库对象一起删除,如在该表上定义的视图、触发器等。

RESTRICT 限制表示只有不存在依赖该基本表上的数据库对象时,才能删除该表;当该表存在依赖于它的约束(比如外键等)、视图、触发器、存储过程、函数等数据库对象时,则拒绝删除该表。

【例 3-8】删除 sc 表。

```
DROP TABLE sc
```

3. 视图删除

删除视图的 SQL 语句如下。

```
DROP VIEW <视图名> [CASCADE]
```

CASCADE 可省略,默认为 CASCADE。

CASCADE 级联表示在删除视图的同时,把该视图上导出的视图一起删除。

【例 3-9】删除视图 V_Rgstudent。

```
DROP VIEW V_Rgstudent
```

4. 索引删除

索引删除的 SQL 语句如下。

```
DROP INDEX<索引名>
```

【例 3-10】删除学生表 student 上的索引 Ind_sname。

```
DROP INDEX Ind_sname
```

3.1.3 修改(ALTER)

修改对象的 SQL 语句如下。

```
ALTER <对象类型> <对象名> <具体描述>
```

• 对象类型:数据库、数据表、视图、索引、用户、函数、存储过程等。

• 对象名:数据库中的对象名称。

数据库 SQL 的修改语句主要用来修改基本表。

SQL 通常不提供模式、视图、索引的修改操作,如果要修改这些对象,可以将它们先删除,然后重建。

修改基本表的 SQL 语句如下。

```
ALTER TABLE<表名>
[ ALTER COLUMN <列名> <新数据类型>]               —修改列的定义
|[ADD <列名> <数据类型> [约束定义]]                —添加新的列
|[DROP COLUMN<列名>]                              —删除列
|[ADD [CONSTRAINT <约束名>] 约束定义]             —添加约束
|[DROP [CONSTRAINT] <约束名>]                     —删除约束
```

从 ALTER TABLE 的 SQL 语句中可以看出,对表结构的修改有属性列(也称字段)和完整性约束两类。

1. 属性列修改

(1)属性列添加

【例 3-11】在学生表 student 中添加学院(sdept)新列。

```
ALTER TABLE student
ADD sdept CHAR(10) NULL
```

(2)属性列删除

【例 3-12】删除 student 表中的 sdept 列。

```
ALTER TABLE student
DROP COLUMN sdept
```

(3)属性列修改

【例 3-13】修改 student 表中 sdept 列类型为 VARCHAR(20)。

```
ALTER TABLE student
ALTER COLUMN sdept VARCHAR(20)
```

2. 约束修改

(1)约束添加

①主码约束 PRIMARY KEY

添加主码约束(即主键)要注意以下两点。

- 每个表只能有一个 PRIMARY KEY 约束。
- 用 PRIMARY KEY 约束的列取值不能有重复,而且不允许有空值。

添加主码约束的 SQL 语句如下。

```
ALTER TABLE 表名
ADD [ CONSTRAINT <约束名>]  PRIMARY KEY (<列名> [,... n])
```

【例 3-14】对 student 表和 sc 表分别添加主码约束。

```
ALTER TABLE student
ADD CONSTRAINT Pk_student PRIMARY KEY(sno)
ALTER TABLE sc
ADD CONSTRAINT Pk_sc PRIMARY KEY(sno,cno)
```

②唯一约束 UNIQUE

添加 UNIQUE 约束用来限制一个列中不能有重复的值,也要注意以下几点。

- UNIQUE 约束的列允许有一个空值(主码约束不允许)。
- 一个表中可以定义多个 UNIQUE 约束(主码只能定义一个)。
- 可以在多个列上定义一个 UNIQUE 约束,表示这些列的组合不能有重复值。

语法格式如下。

```
ALTER TABLE 表名
ADD [CONSTRAINT <约束名>]  UNIQUE(<列名> [, .... n])
```

【例 3-15】为 course 表的 cname 列添加 UNIQUE 约束。

```
ALTER TABLE course
ADD CONSTRAINT UK_cname UNIQUE (cname)
```

③外码约束 FOREIGN KEY

添加外码约束时要注意外码所引用的列必须是有 primary key 约束或者unique 约束定义的列。

语法格式如下。

```
ALTER TABLE 表名
ADD [CONSTRIANT <约束名>]
FOREIGN KEY(<列名>) REFERENCES 引用表名(<列名>)
```

【例 3-16】为课程表 course 中的先修课程 pcno 添加外码引用约束，此列引用本表的课程编号 cno。

```
ALTER TABLE course
ADD CONSTRAINT Fk_pcno_cno FOREIGN KEY (pcno)
REFERENCES course(cno)
```

④默认值约束 DEFAULT

添加 DEFAULT 约束，用于初始化数据。

语法格式如下。

```
ALTER TABLE  表名
ADD [CONSTRAINT <约束名>] DEFAULT 默认值 FOR 列名
```

【例 3-17】选课表 sc 中，成绩 grade 设置默认值为 0。

```
ALTER TABLE sc
ADD CONSTRAINT DEFAULT 0 FOR grade
```

⑤检查约束 CHECK

添加 CHECK 约束，用于限制值的取值范围。

语法格式如下。

```
ALTER TABLE 表名
ADD [CONSTRAINT<约束名>] CHECK (逻辑表达式)
```

【例 3-18】选课表 sc 中，成绩 grade 的取值在 0 到 100 之间。

```
ALTER TABLE sc
ADD CONSTRAINT CK_grade CHECK(grade>=0 and grade<=100)
```

(2)约束删除

删除约束的 SQL 语句语法格式如下。

```
ALTER TABLE 表名
DROP [CONSTRAINT] <约束名>
```

【例 3-19】删除学生表 student 上主键约束 Pk_student。

```
ALTER TABLE student
DROP CONSTRAINT Pk_student
```

修改约束可以先删除约束，再添加新的约束方式处理。

3.2 数据查询

数据库 SQL 提供了 SELECT 语句进行数据库的查询工作。

查询的 SQL 语句格式如下。

```
SELECT [ALL|DISTINCT] <目标列表达式> [,<目标列表达式>…]
FROM<表名或视图名> [[AS] <别名>] [,<表名或视图名>
[[AS] <别名>]…]
[WHERE<条件表达式>]
[GROUP BY <列名>[,<列名>…][HAVING <条件表达式>]]
[ORDER BY <列名>[ASC | DESC],[ <列名>[ASC | DESC]]]
```

• 整个 SELECT 语句，根据 WHERE 的条件表达式，从 FROM 指定的基本表或视图中找出满足条件的元组，按照 SELECT 后面的目标列表达式生成结果集。

• 如果有 GROUP BY，则将结果按照后面的列的取值进行分组，值相同的为一组，通常和聚集函数一起使用。如果后面还有 HAVING，则只有满足表达式条件的组才能输出。

• 如果有 ORDER BY，则将结果按照后面的列的值大小进行升序或降序排列，然后输出。

3.2.1 简单查询

简单查询指涉及一张表的基本查询，主要完成投影工作，如查询某张表中的某些字段。

简单查询的 SQL 语法格式如下。

```
SELECT [ALL|DISTINCT] <目标列表达式> [,<目标列表达式>]…
FROM  <表名或视图名>
```

1. 指定列查询

查询时，如用户只需要得到一部分属性，就可以在 SELECT 后面指定自己想要的列。

【例 3-20】查询所有学生的姓名、学号、性别。

```
SELECT sno, sname, ssex
FROM student
```

【例 3-21】查询学生表 student 上的所有信息。

```
SELECT sno, sname, ssex, sbirthyear, scalss
FROM student
```

2. 所有列查询

查询时,如用户需要得到所有属性信息,可以用“*”表示所有的列,结果按照表中属性的顺序排列。

【例 3-22】查询学生表 student 上的所有信息。

```
SELECT *
FROM student
```

例 3-22 中的结果和例 3-21 中的数据是一样的,但输出的属性顺序不同,例 3-22 中的属性顺序和 student 表中的属性顺序一致,按“sno,sname,ssex,sbityear,sclass”的顺序输出。

3. 计算列查询

查询时,如用户需要得到的信息没法从表中直接得到,但可以通过对表中的属性值进行计算得到,那么在 SELECT 后面的目标列表达式中,就可以用常量、变量、函数、列名等组成的表达式来完成。

【例 3-23】查询学生表 student 上的学号、姓名和年龄。

```
SELECT sno, sname, 2021-sbirthyear
FROM student
```

例 3-23 中,年龄无法直接得到,但可以通过计算“今年-出生年份”得到,查询结果见图 3.2.1。

	sno	sname	(无列名)
1	20204010101	张无忌	18
2	20204010102	张敏	17
3	20204010103	谢逊	19
4	20204010201	令狐冲	18
5	20204010202	任盈盈	18

图 3.2.1 例 3-23 的查询结果

4. 列取别名

在查询结果中,我们可以看到表达式这一列是没有列名的(统一输出express或无列名),为准确表达数据的含义,建议给它取个名字(别名),为列取别名的语句格式如下。

```
<目标列表达式>[AS]<别名>
```

【例 3-24】查询学生表 student 上的学号、姓名和年龄,要求用中文显示。

```
SELECT sno AS 学号,sname 姓名,
2021-sbirthyear 年龄
FROM student
```

查询结果见图 3.2.2。如果取的别名中有特殊符号或有要求(比如中间有空格、加减号、系统关键字等),系统可能无法识别,这时可以给别名加单引号。

	学号	姓名	年龄
1	20204010101	张无忌	18
2	20204010102	张敏	17
3	20204010103	谢逊	19
4	20204010201	令狐冲	18
5	20204010202	任盈盈	18

图 3.2.2　例 3-24 的查询结果

【例 3-25】查询学生表 student 上的学号、姓名和年龄,要求列名显示为"学号 sno""姓名:sname"和"年龄=sage"。

```
SELECT sno 学号 sno ,sname 姓名:sname, 2020-sbirthyear 年龄=sage
FROM student
```

查询出错,结果显示"sno 附近有语法错误"。修改为:

```
SELECT sno '学号 sno',sname '姓名:sname', 2020-sbirthyear '年龄=sage'
FROM student
```

查询结果见图 3.2.3。

	学号 sno	姓名: sname	年龄=sage
1	20204010101	张无忌	18
2	20204010102	张敏	17
3	20204010103	谢逊	19
4	20204010201	令狐冲	18
5	20204010202	任盈盈	18

图 3.2.3 例 3-25 的查询结果

在 SQL Server 中，别名的使用也可以用＜别名＞＝＜目标列表达式＞格式，同时特殊的名字或列名也可以用中括号“[ ]”来代替单引号“‘ ’”，因此例 3-22 也可以改成如下。

```
SELECT sno AS [学号 sno] ,[sname] [姓名:sname], [年龄＝sage]＝
2020-sbirthyear
FROM student
```

查询结果见图 3.2.3。

5. 重复行消除

几个本来并不完全相同的元组记录，在只显示其中几个属性的时候，结果可能是完全相同的，这时可以用 DISTINCT 来消除取值重复的行。

【例 3-26】查询所有的班级。

```
SELECT sclass
FROM student
```

查询结果见图 3.2.4。

	sclass
1	20计算机
2	20计算机
3	20计算机
4	20软件工程
5	20软件工程

图 3.2.4 例 3-26 的查询结果 1

查询结果里存在许多重复的行，不符合我们想要的结果，我们希望结果中不要有重复的行，因此，可以通过使用 DISTINCT 来消除重复行。例 3-26 的 SQL 语句修改如下。

```
SELECT DISTINCT sclass
FROM student
```

查询结果见图 3.2.5,重复行被消除了。

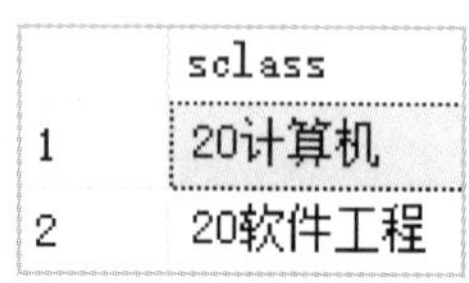

	sclass
1	20计算机
2	20软件工程

图 3.2.5 例 3-26 的查询结果 2

3.2.2 条件查询

条件查询即查询满足条件的元组(也称记录),通过 WHERE 后面指定的条件表达式实现。查询条件通过多种运算符实现,这些处理主要包括比较运算、逻辑运算、模糊查询、范围查询、集合判断、空值判断。

1. 比较运算

比较运算符主要包括:等于(＝)、大于(＞)、大于等于(＞＝)、小于(＜)、小于等于(＜＝)、不等于(! ＝或 ＜＞)。

【例 3-27】查询“20 计算机”班的学生,输出学号、姓名和性别。

```
SELECT sno, sname, ssex
FROM student
WHERE sclass='20计算机'
```

【例 3-28】查询不属于“20 计算机”班的学生的学号、姓名和性别。

```
SELECT sno, sname, ssex
FROM student
WHERE sclass!='20计算机'
```

【例 3-29】查询学分超过 3 分的课程的课号、课名和学分。

```
SELECT cno, cname, credit
FROM course
WHERE credit>3
```

2. 范围查询

用 BETWEEN…AND… 和 NOT BETWEEN…AND… 来判断目标是否在

某范围里，BETWEEN 后面是范围的下限，AND 后面则是范围的上限。

【例 3-30】查询在“1999～2003”年出生的学生，输出学号、姓名和性别。

```
SELECT sno, sname, ssex
FROM student
WHERE sbirthyear BETWEEN 1999 AND 2003
```

【例 3-31】查询姓名在“邢”和“张”间的学生学号和姓名。

```
SELECT sno, sname
FROM student
WHERE sname BETWEEN '邢' AND '张'
```

查询结果见图 3.2.6。一般字符串范围是根据字符串的首字符的字符编码顺序来确定的。

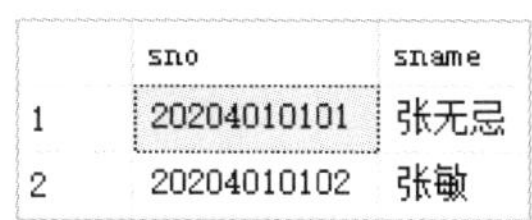

	sno	sname
1	20204010101	张无忌
2	20204010102	张敏

图 3.2.6 例 3-31 的查询结果

【例 3-32】查询年龄不在 20～23 岁的学生，输出学号、姓名和性别。

```
SELECT sno, sname, ssex
FROM student
WHERE 2021-sbirthyear NOT BETWEEN 20 AND 23
```

3. 集合判断

数据库查询用 IN 和 NOT IN 来判断目标表达式是否在集合中。

【例 3-33】查询不是“20 计算机”和“20 软件工程”班的学生，输出学号、姓名和性别。

```
SELECT sno, sname, ssex
FROM student
WHERE sclass NOT IN('20 计算机', '20 软件工程')
```

【例 3-34】查询学号最后 2 位是“01,03,28”的学生，输出学号、姓名和性别。

```
SELECT sno, sname, ssex
FROM student
WHERE SUBSTRING (sno, 10, 2) IN ('01', '03','28')
```

查询结果见图 3.2.7。这里用了 SQL Server 自带的系统函数 SUBSTRING (sno,10,2),作用是从字符串 sno 从第 10 位开始提取 2 位字符。不同的数据库平台提供了很多不同的系统函数,这些函数可以帮助更好地完成工作,需要的话可以参考所使用数据库产品的函数库和帮助文档。

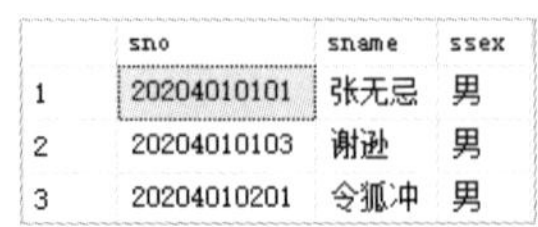

	sno	sname	ssex
1	20204010101	张无忌	男
2	20204010103	谢逊	男
3	20204010201	令狐冲	男

图 3.2.7　例 3-34 的查询结果

4. 模糊查询

模糊查询也叫字符串匹配查询,用 LIKE 和 NOT LIKE 完成,语法格式如下。

```
<字符串> [NOT] LIKE '<匹配串>' [ESCAPE '换码字符']
```

匹配串中通常包含通配符,用于表示任何字符。

```
%(百分号)代表任意长度的字符串,也包括 0 个字符。
_(下划线)代表任意一个字符。
```

【例 3-35】查询不姓张的学生,输出学号、姓名和性别。

```
SELECT sno, sname, ssex
FROM student
WHERE sname NOT LIKE '张%'
```

【例 3-36】查询姓名 3 个字以上且第 2 个字是“盈”的学生,输出学号、姓名和性别。

```
SELECT sno, sname, ssex
FROM student
WHERE sname LIKE '_盈_%'
```

如果匹配串中不包含通配符,就变成精确查询了,可以用=(等于)来代替 LIKE,用!=或<>(不等于)来代替 NOT LIKE。

【例 3-37】查询“张无忌”的学号、姓名和性别。

```
SELECT sno, sname, ssex
FROM student
WHERE sname LIKE '张无忌'
```

等价于如下格式。

```
SELECT sno, sname, ssex
FROM student
WHERE sname='张无忌'
```

如果把 SQL 语句改成:

```
SELECT sno, sname, ssex
FROM student
WHERE sname='张无忌%'
```

语句就变成查找名为“张无忌%”这个人,查询结果为空,没有这个人。

如果要查询的字符串中存在着通配符%或_,则要用 ESCAPE 来对通配符进行转义。

【例 3-38】查询课名中带有%的课程信息,输出课号、课名、学分。

```
SELECT cno, cname, credit
FROM course
WHERE cname LIKE '%\%%' ESCAPE '\'
```

ESCAPE '\'中的“\”为换码字符,字符串中紧跟在“\”后面的字符“%”不再是通配符,而是转义为普通的“%”字符,仅表示自己本身,不再代替其他字符或字符串。

当然,ESCAPE '\'中的换码字符“\”可以换成其他任意字符,一般采用表中不太会出现的字符作为换码字符,如“#”等,上述【例 3-38】中的 SQL 语句也可以等价写成下面格式。

```
SELECT cno, cname, credit
FROM course
WHERE cname LIKE '%#%%' ESCAPE '#'
```

SQL Server 对模糊查询做了扩充,增加了通配符“[]”,具体使用规则如下。

[]指属于范围([字符 1—字符 2])或集合([字符串])中的任何单个字符。

[^]指不属于指定范围或集合中的任何单个字符。

下面通过例子来看通配符“[]”的使用。

现有学生表 student 及表中数据如表 3.2.1 所示,完成以下查询。

表 3.2.1　学生表 student 及数据

Sno	Sname	Ssex	Sbirthyear	Sclass	Snative	Stelephone	Spwd	Sstatus
20204010101	张无忌	男	2002	20计算机	安徽黄山	13066666661	111111	正常
20204010102	张敏	女	2003	20计算机	内蒙古呼和浩特	13066666662	222222	正常
20204010103	谢逊	男	2001	20计算机	安徽黄山	13123456666	333333	正常
20204010201	令狐冲	男	2002	20软件工程	陕西西安	13588888881	444444	正常
20204010202	任盈盈	女	2002	20软件工程	浙江杭州	13588888882	555555	正常
20204010208	令爱国	男	2001	20软件工程	浙江宁波	13788888881	666666	正常
20204010209	白令德	女	2002	20软件工程	河南郑州	13988888882	777777	正常
20204010210	狐德华	女	2004	20软件工程	香港九龙	15988888883	888888	正常

【例 3-39】查询姓"赵、钱、孙、李、张、令"的学生的基本信息。

```
SELECT *
FROM student
WHERE sname  LIKE '[赵钱孙李张令]%'
```

查询结果见图 3.2.8。

	Sno	Sname	Ssex	Sbirthyear	Sclass	Snative	Stelephone	Spwd	Sstatus
1	20204010101	张无忌	男	2002	20计算机	安徽黄山	13066666661	111111	正常
2	20204010102	张敏	女	2003	20计算机	内蒙古呼和浩特	13066666662	222222	正常
3	20204010201	令狐冲	男	2002	20软件工程	陕西西安	13588888881	444444	正常
4	20204010208	令爱国	男	2001	20软件工程	浙江宁波	13788888881	666666	正常

图 3.2.8　例 3-39 的查询结果

【例 3-40】查询不姓"赵、钱、孙、李、张、令"的学生基本信息。

```
SELECT *
FROM student
WHERE sname  LIKE '[^赵钱孙李张令]%'
```

查询结果见图 3.2.9。

	Sno	Sname	Ssex	Sbirthyear	Sclass	Snative	Stelephone	Spwd	Sstatus
1	20204010103	谢逊	男	2001	20计算机	安徽黄山	13123456666	333333	正常
2	20204010202	任盈盈	女	2002	20软件工程	浙江杭州	13588888882	555555	正常
3	20204010209	白令德	女	2002	20软件工程	河南郑州	13988888882	777777	正常
4	20204010210	狐德华	女	2004	20软件工程	香港九龙	15988888883	888888	正常

图 3.2.9　例 3-40 的查询结果

【例 3-41】查询姓"令狐"的学生基本信息。

```
SELECT *
FROM student
WHERE sname  LIKE '[令狐]%'
```

查询结果见图 3.2.10。

	Sno	Sname	Ssex	Sbirthyear	Sclass	Snative	Stelephone	Spwd	Sstatus
1	20204010201	令狐冲	男	2002	20软件工程	陕西西安	13588888881	444444	正常
2	20204010208	令爱国	男	2001	20软件工程	浙江宁波	13788888881	666666	正常
3	20204010210	狐德华	女	2004	20软件工程	香港九龙	15988888883	888888	正常

图 3.2.10　例 3-41 的查询结果

从查询结果中可以看到,“狐德华”同学也被选出来了,并不满足题目的要求,因此使用时要注意,可以将上述语句改成如下。

```
SELECT *
FROM student
WHERE sname  LIKE '[令][狐]%'
```

或

```
SELECT *
FROM student
WHERE sname  LIKE '令狐%'
```

【例 3-42】 查询不姓“令狐”的学生基本信息。

```
SELECT *
FROM student
WHERE sname  LIKE '[^令狐]%'
```

或

```
SELECT *
FROM student
WHERE sname  LIKE '[^令^狐]%'
```

上述语句查询结果一样,具体数据见图 3.2.11。

	Sno	Sname	Ssex	Sbirthyear	Sclass	Snative	Stelephone	Spwd	Sstatus
1	20204010101	张无忌	男	2002	20计算机	安徽黄山	13066666661	111111	正常
2	20204010102	张敏	女	2003	20计算机	内蒙古呼和浩特	13066666662	222222	正常
3	20204010103	谢逊	男	2001	20计算机	安徽黄山	13123456666	333333	正常
4	20204010202	任盈盈	女	2002	20软件工程	浙江杭州	13588888882	555555	正常
5	20204010209	白令德	女	2002	20软件工程	河南郑州	13988888882	777777	正常

图 3.2.11　例 3-42 的查询结果

从查询结果中可以看到,“狐德华”“令爱国”两位同学没有被选出来,并不满足题目的要求,因此使用时要注意,我们可以将上述语句改成如下格式。

```
SELECT *
FROM student
WHERE sname NOT LIKE '令狐%'
```

【例 3-43】查询手机号为 135、136、137、138、139、159、157 开头的学生基本信息。

```
SELECT *
FROM student
WHERE stelephone
LIKE '1[35][5-9][0-9][0-9][0-9][0-9][0-9][0-9][0-9]
[0-9]%'
```

查询结果见图 3.2.12。

	Sno	Sname	Ssex	Sbirthyear	Sclass	Snative	Stelephone	Spwd	Sstatus
1	20204010201	令狐冲	男	2002	20软件工程	陕西西安	13588888881	444444	正常
2	20204010202	任盈盈	女	2002	20软件工程	浙江杭州	13588888882	555555	正常
3	20204010208	令爱国	男	2001	20软件工程	浙江宁波	13788888881	666666	正常
4	20204010209	白令德	女	2002	20软件工程	河南郑州	13988888882	777777	正常
5	20204010210	狐德华	女	2004	20软件工程	香港九龙	15988888883	888888	正常

图 3.2.12　例 3-43 的查询结果

5. 空值判断

在比较运算“<表达式 1> 比较运算符 <表达式 2>”中，表达式 1 和表达式 2 的值都是非空的且可比较的。如果其中一个的值是空的(NULL)，那两个表达式就无法比较大小了，如我们无法判断“1>NULL”的结果是对还是错，也无法判断“1=NULL”或者“1< NULL”是对还是错。

因此，SQL 中用 IS NULL 或 IS NOT NULL 来判断表达式的结果是否为空。

【例 3-44】查询没有填写出生年份的学生的基本信息。

```
SELECT *
FROM student
WHERE sbirthyear IS NULL
```

【例 3-45】查询存在先修课的课程的信息，输出课号、课名、先修课。

```
SELECT cno, cname, pcno
FROM course
WHERE pcno IS NOT NULL
```

6. 逻辑运算

数据查询中的逻辑运算实质是条件的逻辑组合，一个或几个条件通过逻辑运算符得到真、假的结果，逻辑运算符包括与(AND)、或(OR)、非(NOT)。

通过逻辑运算符和括号将多个逻辑表达式组合起来，形成一个更为复杂的逻辑表达式，作为 WHERE 后面的查询条件，满足实际生活、工作、学习中的需要，因此这种查询也叫多重条件查询。

【例 3-46】查询"20 计算机"班的女学生，输出学号、姓名和性别。

```
SELECT sno, sname, ssex
FROM student
WHERE sclass='20 计算机'
AND ssex='女'
```

【例 3-47】查询年龄不是 18 和 20 岁的"20 计算机"班学生，输出学号、姓名和性别。

```
SELECT sno, sname, ssex
FROM student
WHERE sclass='20 计算机'
AND 2020-sbirthyear NOT IN(18,20)
```

【例 3-48】查询填写了出生年份的"20 计算机"或"20 软件工程"班的男学生的信息，用中文输出学号、姓名、性别和年龄。

```
SELECT sno 学号,sname 姓名,ssex 性别,2020-sbirthyear 年龄
FROM student
WHERE sbirthyear IS NOT NULL
AND (sclass='20 计算机' OR sclass='20 软件工程')
AND ssex='男'
```

逻辑运算使用过程中要注意优先级，优先级由高到低为小括号、NOT、AND、OR 比较运算符、逻辑运算符。

3.2.3 排序

数据查询后，结果输出的顺序是按照 DBMS 默认的最方便的方式排列(一般按照元组在表中的先后顺序)，用户可以用 ORDER BY 子句来指定输出的顺序，语法格式如下。

```
ORDER BY <列 1> [ASC|DESC] [,<列 2> [ASC|DESC]...]
```

语法说明如下。

将元组按照列 1 进行排序，如果元组中列 1 的值相同时，则按照列 2 排序，以此类推。ASC 表示从小到大排列，即升序。DESC 表示从大到小排序，即降序。

若排列方式缺省，则默认按照列值从小到大排列(即 ASC 关键字)。

【例 3-49】查询所有男学生的信息，按年龄从大到小排序。

```
SELECT *
FROM student
WHERE ssex='男'
ORDER BY 2020-sbirthyear DESC
```

【例 3-50】查询选课表 SC 中，所有成绩 90 分以上的记录，按照成绩从高到低排列，成绩相同的情况下，按学号从小到大排。

```
SELECT *
FROM sc
WHERE grade>=90
ORDER BY grade DESC, sno ASC
```

3.2.4 聚集函数

为了进一步有效处理 SQL 查询得到的数据集，数据库会提供一些列的统计函数帮助完成数据集的汇总、求均值等统计工作，最常用的就是聚集函数。主要的聚集函数见表 3.2.2。

表 3.2.2 常用的聚集函数以及功能表

聚集函数格式	聚集函数功能
COUNT([ALL|DISTINCT] *)	统计元组的个数
COUNT([ALL|DISTINCT] <列表达式>)	统计列值的个数
SUM([ALL|DISTINCT] <列表达式>)	计算数值型列表达式值的总和
AVG([ALL|DISTINCT] <列表达式>)	计算数值型列表达式值的平均值
MAX([ALL|DISTINCT] <列表达式>)	计算列表达式值的最大值
MIN([ALL|DISTINCT] <列表达式>)	计算列表达式值的最小值

这些聚集函数通常在 SELECT 子句中直接作为目标列表达式或作为目标

列表达式的一部分，对数据集进行统计运算并最终返回结果。

在使用聚集函数统计时要注意以下两点。

如果指定了 DISTINCT，则计算时指定列表达式中的重复值被取消；如果不指定 DISTINCT 或者指定了 ALL，则计算时重复值被保留。SQL 语句默认为 ALL。

在统计过程中，聚集函数遇到空值(NULL)时，除了 COUNT(*)外，都跳过空值，只处理非空值。

【例 3-51】查询选课表 SC 中“20204010101”同学选课数、总分、平均分、最高分、最低分。

```
SELECT sno, COUNT(grade), SUM(grade), AVG(grade), MAX(grade),MIN(grade)
FROM sc
WHERE sno='20204010101'
```

【例 3-52】查询至少选修了一门课程的学生数。

```
SELECT COUNT(DISTINCT sno)
FROM sc
```

【例 3-53】查询所有名字中带有“数据库”的课程的平均学分。

```
SELECT AVG(credit )
FROM course
WHERE cname LIKE '%数据库%'
```

3.2.5 分组查询

用聚集函数进行统计处理后，一般只返回一个元组(即一行记录，一个聚集函数返回一个值)，它是对满足条件的查询结果集(一个集合，一组元组)做的统计。如果需要分类汇总统计，就需要用到分组 GROUP BY 子句。GROUP BY 子句可以对查询结果按照一列或多列取值相等的原则进行分组(即值相同的为一组)，然后再进一步处理。

GROUP BY 子句语法格式如下。

```
GROUP BY <列表达式 1> [,<列表达式 2> ...]
[HAVING <条件表达式>]
```

语法说明如下。

将查询结果中的元组按照<列表达式>进行分组，值相同的为一组。如

<列表达式>的值有三个，查询结果就分成三组。然后在这三组的基础上，分组查询往往和聚集函数一起使用，进一步对每个组进行统计，每个组得到一个值，这样就可以达到分类汇总(分组统计)的目的。

如果<列表达式>有多个，则多个表达式为一个整体，作为分组依据。例如“GROUP BY 班级，性别”，(班级，性别)作为一个整体，相同的值为一组，即同一个班的男生为一组，同一个班的女生为另外一组。

HAVING 是指对分组统计后的结果做进一步筛选，满足条件的才被允许输出。

【例 3-54】查询所有计算机班的班名和学生人数。

```
SELECT sclass, count ( * )
FROM student
WHERE sclass LIKE '%计算机%'
GROUP BY sclass
```

【例 3-55】 查询每个班的班名和男女生人数。

```
SELECT sclass, ssex, count ( * )
FROM student
GROUP BY sclass, ssex
```

查询结果见图 3.2.13。结果中，当列名无法给出准确的含义时，一般会加上别名来查询输出。可以将 SQL 语句改成下面语句。

```
SELECT sclass 班级, ssex 性别, count( * ) 人数
FROM student
GROUP BY sclass, ssex
```

	sclass	ssex	(无列名)
1	20计算机	男	2
2	20软件工程	男	1
3	20计算机	女	1
4	20软件工程	女	1

图 3.2.13　例 3-55 的查询结果

这里要注意以下几个问题。

(1)GROUP BY 后面的表达式只能是 SELECT 后面的目标列表达式中涉及的内容(主要是表中的列名)，不能是别名。如以下语句是错的。

```
SELECT sclass 班级,ssex 性别,
        count( * ) 人数
FROM student
GROUP BY 班级,性别
```

执行结果见图 3.2.14。

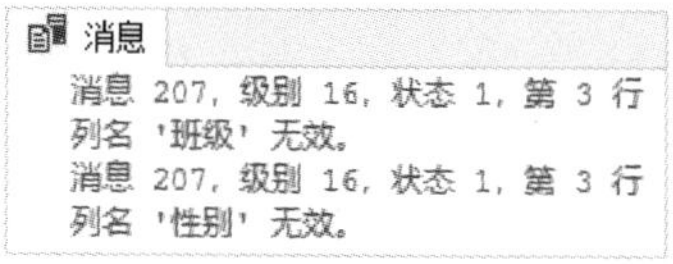

```
消息
消息 207，级别 16，状态 1，第 3 行
列名 '班级' 无效。
消息 207，级别 16，状态 1，第 3 行
列名 '性别' 无效。
```

图 3.2.14 执行查询的错误消息

(2)使用 GROUP BY 后，SELECT 后面的目标列表达式所涉及的列必须满足要么出现在 GROUP BY 之后，要么在聚集函数中，不能直接出现在 SELECT 后面。如以下语句是错的。

```
SELECT sclass, ssex, count( * )
FROM student
GROUP BY sclass
```

执行结果见图 3.2.15。

```
消息
消息 8120，级别 16，状态 1，第 1 行
选择列表中的列 'student.ssex' 无效，因为该列没有包含在聚合函数或 GROUP BY 子句中。
```

图 3.2.15 执行查询的错误消息

【例 3-56】查询女生人数大于 10 人的班级和女生人数。

```
SELECT sclass, count ( * )
FROM student
WHERE ssex='女'
GROUP BY sclass
HAVING COUNT ( * )>10
```

例子中有两个条件：女生且人数大于 10 人，分别用 WHERE 和 HAVING 处理。其中 WHERE 代表分组 GROUP BY 之前的条件筛选，HAVING 则是分组之后的条件筛选，这里要注意区分和理解执行的过程。

本例中，首先通过 WHERE 找到所有的女生记录，然后根据班级来分组，同一个班级的女生为一组，统计每组中的人数，超过 10 人的才允许输出。

3.2.6 连接查询

前面的查询都是在一张表上进行的，如果一个查询需要的信息来自于两张或两张以上的表，则要对多张表进行连接处理，然后在连接的基础上，进一步查询操作。因此，这类查询称为多表查询或连接查询。

连接查询可以分成基于数据的内连接查询、外连接查询两大类。

1. 内连接

内连接，即基于多表内部数据相比较的连接，又可以细分成比较连接和自身连接等。连接查询 WHERE 子句中用来连接两张表的条件称为连接条件，连接条件的一般格式如下。

[＜表1＞.]＜列名1＞ ＜比较运算符＞ [＜表2＞.]＜列名2＞

其中比较运算主要有＞、＜、＞＝、＜＝、＝、！＝(或＜＞)等。

当然，列与列的比较也可以是范围比较，可以用 BETWEEN…AND…来连接，连接条件改成如下格式。

[＜表1＞.]＜列名1＞ BETWEEN [＜表2＞.]＜列名2＞ AND [＜表2＞.]＜列名3＞

(1)比较连接

连接条件中的列为连接字段，这些连接字段名称可以不同，但取值必须是可以比较的。

【例 3-57】查询选修了课程的学生基本信息及所选课程的课号、成绩。

学生的基本信息放在学生表 student 中，而选修课程的课号和成绩在选课表 sc 中，因此，本例中的查询涉及两张表的内容，需要做连接处理，student 和 sc 通过公共属性 sno 来连接，即学生表中的 sno 值和选课表中的 sno 值相等，表示是同一个学生的数据。

```
SELECT student.*, sc.cno, grade
FROM student, sc
WHERE student.sno=sc.sno
```

本例涉及两张表的连接，如果是三张表，则用同样的方法，继续连接新的表就可以了。

【例 3-58】查询选修课程的学生基本信息以及所选课程的课号、课名和成绩。

学生的基本信息放在学生表 student 中，而选修课程的课号和成绩在选课表 sc 中，但课名存放在课程表 course 中。因此，本例中的查询涉及三张表的内容，需要做三表连接处理，student 和 sc 通过公共属性 sno 来连接，同时 course 和 sc 通过公共属性 cno 来连接，这样三张表就连接在一起了。

```
SELECT student. * , sc. cno, cname, grade
FROM student, sc, course
WHERE student. sno=sc. sno AND sc. cno=course. cno
```

(2)自身连接

当内连接查询涉及的两张表是同一张表，也就是说表与自己连接，则称为自身连接。SQL 语法格式如下。

```
SELECT <目标列表达式>
FROM <表 1>,<表 1>
WHERE [<表 1>.]<列名 1> <比较运算符> [<表 1>.]<列名 2>
```

这里可以看到有两张<表 1>，比较运算前后的<表 1>.<列名 1>和<表 1>.<列名 2>无法确定是哪一张<表 1>，因此无法执行。

为解决这个问题，可以引入别名来区分表，自身连接的上述格式修改为：

```
SELECT <目标列表达式>
FROM <表 1> [AS] <别名 1>, <表 1> [AS] <别名 2>
WHERE [<别名 1>.]<列名 1> <比较运算符> [<别名 2>.]<列名 2>
```

【例 3-59】查询和张无忌同一个班的同学的学号、姓名、性别和班级。

```
SELECT S. sno, S. sname, S. ssex, S. sclass
FROM student R, student S
WHERE R. sclass=S. sclass AND R. sname='张无忌' AND S. sname <>'张无忌'
```

【例 3-60】查询“操作系统”课程的间接先修课，并输出这门课的课号、课名及先修课的课名。

```
SELECT R. cno, R. cname, S. pcno
FROM course R, course S
WHERE R. pcno=S. cno AND R. cname='操作系统'
```

【例 3-61】查询“操作系统”课程的间接先修课，并输出这门课的课号、课名及先修课的课号和课名，列名用中文显示。

```
SELECT R.cno 课号，R.cname 课名，
        T.cno 间接先修课课号，T.cname 间接先修课课名
FROM course R，course S，course T
WHERE R.pcno=S.cno AND S.pcno=T.cno AND R.cname='操作系统'
```

例子中涉及三张课程表的自身连接，分别取别名为 R、S、T。通过两个连接字段把它们连接在一起，连接结果见表 3.2.3。在此基础上，选择后投影输出 R 表的课号、课名，T 表的课号和课名。

表 3.2.3　基于 3 张表的自身连接

R				S				T			
cno	cname	credit	pcno	cno	cname	credit	pcno	cno	cname	credit	pcno
CK1R05A	操作系统	4	CK1R02A	CK1R02A	数据结构与算法	4	CK1R01A	CK1R01A	C 语言程序设计	3	

(3)内连接

包括 SQL Server 2019 在内的许多数据库都提供了 INNER JOIN 来完成内连接查询。使用 INNER JOIN…ON…很好地区分了内连接条件和普通的查询条件。内连接的条件写在 JOIN 后的 ON 关键字后面，普通的查询条件则仍然放在 WHERE 子句中。SQL 中使用 INNER JOIN 的格式如下。

```
SELECT <目标列表达式>
FROM <表> [INNER] JOIN <表> ON <连接条件>
          [[INNER] JOIN <表> ON <连接条件>]…
[WHERE <查询条件>]
[其他子句]
```

【例 3-62】用 JOIN 查询“操作系统”课程的间接先修课，并输出这门课的课号、课名及先修课的课名。

```
SELECT R.cno，R.cname，S.pcno
FROM course R
INNER JOIN course S ON R.pcno=S.cno
WHERE R.cname='操作系统'
```

【例 3-63】用 JOIN 查询“操作系统”课程的间接先修课，并输出这门课的课号、课名及先修课的课号和课名，列名用中文显示。

```
SELECT R.cno 课号, R.cname 课名,
        T.cno 间接先修课课号,T.cname 间接先修课课名
FROM course R
INNER JOIN course S ON R.pcno=S.cno
INNER JOIN course T ON S.pcno=T.cno
WHERE R.cname='操作系统'
```

2. 外连接

通常的连接查询只输出满足连接条件的元组,即基于表内数据的连接。如例 3-57 中,我们查询选修了课程的学生基本信息及已选课程的课号和成绩。例子中,选课表 SC 中只有张无忌的选课记录(即只有张无忌选了课程),因此,只输出张无忌的信息而没有其他同学的信息。如果我们需要所有的学生及他们的选课信息,不管有没有选课,这时,就需要在原来内连接的基础上加上没有选课的学生。这个需求可以使用外连接(OUTER JOIN)来实现。

外连接又分左外连接、右外连接和全外连接三种。

左外连接指在连接时将左边关系中没有用到的元组加上空值添加到结果集中,用 LEFT OUTER JOIN 来表示。

右外连接指在连接时将右边关系中没有用到的元组加上空值添加到结果集中,用 RIGHT OUTER JOIN 来表示。

全外连接指在连接时将左边关系和右边关系中没有用到的元组都加上空值添加到结果集中,用 FULL OUTER JOIN 来表示。

SQL 中使用 OUTER JOIN 的格式如下。

```
SELECT <目标列表达式>
FROM <表> <FULL|LEFT|RIGTH> [OUTER] JOIN <表>
   ON <连接条件>
         [<FULL|LEFT|RIGTH> [OUTER] JOIN <表>
   ON <连接条件>…]
[WHERE <查询条件>]
[其他子句]
```

【例 3-64】分别用左外连接、右外连接、全外连接三种方式查询学生及他们的选课情况,输出学生的基本信息和所选课程的课号和成绩。

(1)左外连接如下。

```
SELECT student. * , cno, grade
FROM student
LEFT JOIN sc ON student. sno=sc. sno
```

(2)右外连接如下。

```
SELECT student. * , cno, grade
FROM sc
RIGHT JOIN student ON student. sno=sc. sno
```

(3)全外连接如下。

```
SELECT student. * , cno, grade
FROM student
FULL OUTER JOIN sc ON student. sno=sc. sno
```

这三条语句的查询结果都是一样的,执行结果见图 3.2.16。

	sno	sname	ssex	sbithyear	sclass	cno	grade
1	20204010101	张无忌	男	2002	20计算机	CK1R01A	95
2	20204010101	张无忌	男	2002	20计算机	CK1R02A	83
3	20204010101	张无忌	男	2002	20计算机	CK1R03A	85
4	20204010101	张无忌	男	2002	20计算机	CK1R04A	92
5	20204010101	张无忌	男	2002	20计算机	CK1R05A	78
6	20204010102	张敏	女	2003	20计算机	CK1R04A	80
7	20204010103	谢逊	男	2001	20计算机	CK1R04A	85
8	20204010201	令狐冲	男	2002	20软件工程	CK1R04A	90
9	20204010202	任盈盈	女	2002	20软件工程	NULL	NULL

图 3.2.16　例 3-64 的查询结果 1

在日常使用中,我们主要用到左外连接,使用时要注意区分左表和右表。要把当前条件中不满足的数据添加到结果中的表就是左表,相反为右表。在语句中这样来区分,如在 R LEFT JOIN S 中,R 就是左表,S 就是右表;在 R RIGHT JOIN S 中,R 就是右表,S 就是左表。

SQL 语句如下。

```
SELECT student. * , cno, grade
FROM student
RIGHT JOIN sc ON student. sno=sc. sno
```

查询结果见图 3.2.17。这里,student 就是右表,因此它里面内连接没用过的元组不会添加到结果中。

	sno	sname	ssex	sbithyear	sclass	cno	grade
1	20204010101	张无忌	男	2002	20计算机	CK1R01A	95
2	20204010101	张无忌	男	2002	20计算机	CK1R02A	83
3	20204010101	张无忌	男	2002	20计算机	CK1R03A	85
4	20204010101	张无忌	男	2002	20计算机	CK1R04A	92
5	20204010101	张无忌	男	2002	20计算机	CK1R05A	78
6	20204010102	张敏	女	2003	20计算机	CK1R04A	80
7	20204010103	谢逊	男	2001	20计算机	CK1R04A	85
8	20204010201	令狐冲	男	2002	20软件工程	CK1R04A	90

图 3.2.17　例 3-64 的查询结果 2

3.2.7　嵌套查询

在 SQL 语句中，一个 SELECT-FROM-WHERE 语句为一个查询块。将一个查询块嵌套在另一个查询块的 WHERE 或者 HAVING 子句的条件中的查询称为嵌套查询，其中上层的查询叫父查询，下层的查询叫子查询。

子查询用括号括起来，表示子查询执行后返回的结果集。这个结果集可参与父查询的条件判断，分成三种情况：检查是否在子查询结果集中，与子查询结果集中的元素比大小，检查子查询结果集是否为空。

1. 检查是否在子查询结果集中

用 IN 来判断父查询的某个表达式的值是否在子查询的结果集中，SQL 语法如下。

```
<WHERE | HAVING> <表达式> IN(<子查询>)
```

【例 3-65】查询和张无忌同一个班的同学的学号、姓名、性别和班级。

```
SELECT sno, sname, ssex, sclass
FROM student
WHERE sclass IN
   (SELECT sclass
   FROM student
   WHERE sname='张无忌')
```

【例 3-66】查询“操作系统”课程的间接先修课（先修课的先修课），输出这门课的基本信息。

```
SELECT *
FROM course
WHERE cno IN
  (SELECT pcno
   FROM course
   WHERE cno IN
       (SELECT pcno
        FROM course
        WHERE cname='操作系统')
   )
```

2. 与子查询结果集中的元素比大小

将父查询中的表达式与子查询的结果进行比较，这里分为单值比较和多值比较。单值比较指子查询中的返回结果有且只有一个元组值参与合法的表达式运算；而多值比较指子查询中的返回结果有多个元组值参与运算。

(1)单值比较

【例 3-67】查询学分大于等于所有课程平均学分两倍的课程基本信息。

```
SELECT *
FROM course
WHERE credit>=(Select avg(credit)
               FROM course)
```

【例 3-68】查询"令狐冲"的"数据结构"分数。

```
SELECT grade
FROM sc
WHERE sno=(Select sno
           From student
           Where sname='令狐冲')
    And cno=(SELECT cno
           FROM course
           Where cname='数据结构')
```

【例 3-69】查询男生人数大于"20 计算机"班男生人数的班级及其人数。

```
SELECT sclass, count (*)
FROM student
WHERE ssex=男"
Group by sclass
Having count (*)>
    (SELECT count (*)
    FROM student
    WHERE ssex='男'
      And sclass='20 计算机')
```

(2)多值比较

当子查询返回的值有多个的时候，与父查询之间的比较就变成了单值与多值的比较了。这些比较有：单值等于多值中的一个，单值不等于多值中的所有值，单值大于小于多值中的一个，单值大于小于多值中的所有值，单值大小于多值中的所有值等。

语法可以描述如下。

```
<单值> <比较运算符> <any|all><子查询>
```

多值比较的含义见表 3.2.4。

表 3.2.4 多值比较

比较运算	含义	等价
>any	大于子查询结果中的某一个值	>min
<any	小于子查询结果中的某一个值	<max
>=any	大于等于子查询结果中的某一个值	>=min
<=any	小于等于子查询结果中的某一个值	<=max
=any	等于子查询结果中的某一个值	in
<>any 或！=any	不等于子查询结果中的某一个值，通常没有实际意义	无
>all	大于子查询结果中的所有值	>max
<all	小于子查询结果中的所有值	<min
>=all	大于等于子查询结果中的所有值	>=max
<=all	小于等于子查询结果中的所有值	<=min
=all	等于子查询结果中的所有值，通常没有实际意义	无
<>all 或！=all	不等于子查询结果中的任何一个值	not in

【例 3-70】查询其他班级中比“20 计算机”班所有学生年龄都大的学生的学号、姓名、年龄和班级。

```
SELECT sno 学号,sname 姓名,2020-sbirthyear 年龄,sclass 班级
FROM student
WHERE sbirthyear < all (select sbirthyear
                        From student
                        Where sclass='20 计算机')
```

本例中的 SQL 语句也可以用聚集函数来完成：

```
SELECT sno 学号,sname 姓名,2020-sbirthyear 年龄,sclass 班级
FROM student
WHERE sbirthyear < ( SELECT min(sbirthyear)
                     From student
                     Where sclass='20 计算机')
```

3. 检查子查询结果集是否为空

嵌套查询中,可以用 EXISTS(存在)来检查父查询的 WHERE 子句中子查询的结果是否为空,即判断子查询是否存在结果,以此作为父查询的条件。

如果子查询的结果集为空,则 EXISTS 返回“假”;如果子查询的结果集不为空,则 EXISTS 返回“真”。同理,也可以用 NOT EXISTS 来判断子查询的结果是否为空。

【例 3-71】查询选修了“CK1R01A”课程的学生基本信息。

```
SELECT *
FROM student
WHERE EXISTS (SELECT *
              FROM sc
              WHERE sno=student.sno
                And cno='CK1R01A')
```

本查询涉及 student 和 sc 两张表,执行查询时首先打开 student 表,取第一个记录的 sno 值,用它作为已知值,到子查询中去查找 SC 表中是否存在这样的元组,这个元组在 sno 上的取值等于 student. sno 值,同时 cno 等于“CK1R01A”,如果存在,则把第一个记录送入结果集,然后取 student 的第二个记录,用同样的操作处理,直到最后一条记录。

这里，父查询的值要作为子查询的条件，子查询的执行要依赖于父查询的执行，因此，这类查询也称相关子查询。相应地，子查询的执行不需要依赖于父查询的执行，则这类子查询称为不相关子查询，通常带 IN 的子查询为不相关子查询。

NOT EXISTS 刚好和 EXISTS 相反，若子查询的查询结果为空，则父查询的 WHERE 子句返回真值，否则返回假值。

【**例 3-72**】查询没有选修“CK1R01A”课程的学生基本信息。

```
SELECT *
FROM student
WHERE NOT EXISTS (SELECT *
                  FROM sc
                  WHERE sno=student.sno
                    And cno='CK1R01A')
```

由于使用 EXISTS 的相关子查询只关心子查询是否有返回值，并不需要查看具体值，因此，它的执行效率并不一定低于不相关子查询，有时甚至更高效。另外，SQL 语句中没有全称量词，故通常把它转换成存在量词 EXISTS 处理。

【**例 3-73**】查询选修了所有课程的学生的基本信息。

解题过程如下。

(1)定义变量：令任意一个学生为 X，任意一门课程为 Y。

(2)等价转换成“查询这样的学生 X，没有一门课程 Y 是他没有选修的”。

(3)写出子查询(记为 F)，找出 X 没有选修的课程 Y。

```
F:SELECT *
  FROM course Y
  WHERE NOT EXISTS (SELECT *
                    FROM sc
                    WHERE sno=X.sno
                     AND cno=Y.cno)
```

(4)写出父查询，找出不存在 F(X 没有选修的课程 Y)的学生 X。

```
SELECT *
FROM student X
WHERE NOT EXISTS (F)
```

(5)写出完整的嵌套查询。

```
SELECT *
FROM student X
WHERE NOT EXISTS
      (SELECT *
        FROM course Y
        WHERE NOT EXISTS
          (SELECT *
            FROM sc
            WHERE sno=X.sno
              AND cno=Y.cno)
      )
```

【例 3-74】查询被所有学生都选修了的课程的基本信息。

解题过程如下。

(1)定义变量:令任意一个学生为 X,任意一门课程为 Y。

(2)等价转换成"查询这样的课程 Y,没有一个学生 X 不选修它(Y)"。

(3)写出子查询(记为 F),找出没有选修课程 Y 的学生 X。

```
F:SELECT *
   FROM student X
   WHERE NOT EXISTS (SELECT *
                       FROM sc
                       WHERE SNO=X.sno
                         AND CNO=Y.cno)
```

(4)写出父查询,找出不存在 F(X 没有选修的课程 Y)的课程 Y。

```
SELECT *
FROM course Y
WHERE NOT EXISTS (F)
```

(5)写出完整的嵌套查询。

```
SELECT *
FROM course Y
WHERE NOT EXISTS (SELECT *
                    FROM student X
```

```
                                    WHERE NOT EXISTS
                                                (SELECT *
                                                 FROM sc
                                                 WHERE SNO=X.sno
                                                    AND CNO=Y.cno)
)
```

【例 3-75】查询至少选修了“张无忌”所选课程的学生的基本信息。

解题过程如下。

(1)定义变量：令任意一个学生为 X,“张无忌”所选的任意一门课程为 Y。

(2)等价转换成“查询这样的学生 X,没有一门课程 Y 是他没有选修的”。

(3)写出子查询(记为 F),找出 X 没有选修的课程 Y。

```
F:SELECT *
    FROM sc Y
    WHERE SNO IN (SELECT SNO
                  FROM student
                  WHERE sname='张无忌')
       AND NOT EXISTS (SELECT *
                       FROM sc
                       WHERE SNO=X.sno
                          AND CNO=Y.cno)
```

(4)写出父查询,找出不存在 F(X 没有选修的课程 Y)的学生 X。

```
SELECT *
FROM student X
WHERE NOT EXISTS (F)
```

(5)写出完整的嵌套查询。

```
SELECT *
FROM student X
WHERE NOT EXISTS
            (SELECT *
             FROM sc Y
             WHERE SNO IN (SELECT SNO
                           FROM student
```

```
                                WHERE sname='张无忌')
                    AND NOT EXISTS (SELECT *
                                    FROM sc
                                    WHERE SNO=X.sno
                                      AND CNO=Y.cno)
        )
```

4. 其他形式子查询

【例 3-76】查询学生"20204010101"的学号、姓名和所选课程的课程门数。

```
SELECT SNO, sname,
(SELECT COUNT( * )
FROM sc
WHERE SNO='20204010101') 选课门数
FROM student
WHERE SNO='20204010101'
```

查询结果见图 3.2.18。

	SNO	SNAME	选课门数
1	20204010101	张无忌	5

图 3.2.18　例 3-76 查询结果

【例 3-77】查询"张无忌"的"数据库原理"成绩，输出学号、姓名、课号、课名及成绩。

```
SELECT R.sno, sname, S.cno, cname, grade
FROM sc,(SELECT * FROM student WHERE sname='张无忌') R,
        (SELECT * FROM course WHERE cname='数据库原理') S
WHERE R.sno=sc.cno AND S.cno=sc.cno
```

查询结果见图 3.2.19。

	SNO	SNAME	CNO	CNAME	GRADE
1	20204010101	张无忌	CK1R04A	数据库原理	92

图 3.2.19　例 3-77 查询结果

3.2.8 集合查询

SELECT 语句的查询结果是元组的集合，所以多个 SELECT 语句的查询结果可以进一步进行集合操作。集合操作的主要动作有并、交、差。

参与并、交、差的集合必须是同构的，即参与集合操作的各查询结果的列数必须相同，对应项的数据类型也必须相同。

【例 3-78】查询“20 计算机”和“20 软件工程”班的学生的基本信息。

```
SELECT *
FROM student
WHERE sclass='20 计算机'
UNION
SELECT *
FROM student
WHERE sclass='20 软件工程'
```

【例 3-79】查询“20 计算机”班的女同学的基本信息。

```
SELECT *
FROM student
WHERE sclass='20 计算机'
INTERSECT
SELECT *
FROM student
WHERE SSEX='女'
```

【例 3-80】查询课名中带有“数据库”三个字且学分超过 3 分的课程的基本信息。

```
SELECT *
FROM course
WHERE cname LIKE '%数据库%'
EXCEPT
SELECT *
FROM course
WHERE credit >=3
```

在集合查询中可以发现，如果子查询的数据源是同一个，集合操作就可以转换成多条件的逻辑连接，如集合的 UNION(并)转换成多条件的 OR(或者)，集合的 INTERSECT(交)和 EXCEPT(…)转换成多条件的 AND(并且)。因此，在日常的应用中，集合查询相对用得较少。

3.3 数据操纵

数据操纵，又称数据编辑或数据更新，包括数据插入、数据修改、数据删除三类动作。数据插入用 INSERT 命令、数据修改用 UPDATE 命令、数据删除用 DELETE 命令。

3.3.1 数据插入

数据插入有两种情况，一种是插入一个元组，另一种是插入子查询结果(往往是一次性多个元组)。

1. 单个元组插入

SQL 用 INSERT…INTO…VALUES…语句实现单个元组的添加工作，语法格式如下。

```
INSERT INTO <表名> [(<列名>[,<列名>…])]
VALUES(<表达式>[,<表达式>…])
```

VALUES 中的表达式数量必须和 INSERT 表后面的列名数量相同，表达式的数据类型必须和对应列的数据类型相兼容。

若关系表中存在无默认值填写且 NOT NULL 的列时，该列的列名必须出现在 INSERT 表后面的列名列表中，该列要插入的值也必须出现在 VALUES 后面的表达式列表中，且不能为 NULL。

未出现在列名列表中的列，数据插入时取空值。

若 INSERT 表后面省略列名列表，则表示全字段输入，VALUES 中必须输入全部值，并且值的顺序与表结构字段的顺序完全一致。

【例 3-81】添加学生具体信息“郭靖，男，1999 年生，2019 计算机班学生，学号 20194010101”；添加该学生一条选课记录“选了数据库原理这门课程”。

```
INSERT INTO student
(sname, ssex, sbirthyear, sclass, sno)
VALUES('郭靖','男','1999','2019 计算机','20194010101')
```

```
INSERT INTO sc
VALUES ('20194010101', 'CK1R04A', NULL)
```

2. 子查询结果插入

SQL 用 INSERT … INTO … SELECT … 语句实现子查询结果的一次添加工作，语法格式如下。

```
INSERT INTO <表名> [(<列名>[,<列名>…])]
```

SELECT 子句中的表达式数量必须和 INSERT 表后面的列名数量相同，表达式的数据类型必须和对应列的数据类型相兼容。

若关系表中存在无默认值且 NOT NULL 列时，该列的列名必须出现在 INSERT 表后面的列名列表中，该列要插入的值也必须出现在 SELECT 子句中的表达式列表中，且不能为 NULL。

未出现在列名列表中的列，数据插入时取空值。

若 INSERT 表后面省略列名列表，则表示全字段输入，SELECT 子句中必须有全部值，并且值的顺序与表结构字段的顺序完全一致。

【例 3-82】创建一张新表 student_study，存放所有学生的学号、选修课程的门数、平均分。

```
CREATE TABLE student_study
( sno CHAR (11) PRIMARY KEY,
  ccount SMALLINT,
  avggrade FLOAT
);
INSERT INTO student_study
SELECT sno, COUNT( * ), AVG(grade)
FROM sc
GROUP BY sno
```

例子中，SQL 语句要分两步来完成，即先建表再插入。要想一步完成，很多数据库平台都提供了方法。其中 SQL Server 提供了 SELECT … INTO 语句来实现这一功能。其语法格式如下。

```
SELECT <目标列表达式> [,<目标列表达式>…] INTO <新表名>
<SELECT 语句的其他子句>
```

要注意的是，当目标列表达式输出是无列名时，必须给它取别名。

【例 3-83】用 SELECT…INTO 语句改写【例 3-82】。

```
SELECT sno, COUNT (*), AVG (grade)
INTO student_study
FROM sc
GROUP BY sno
```

3.3.2 数据修改

SQL 用 UPDATE…SET…语句对数据表中的数据进行修改，具体语法格式如下。

```
UPDATE <表名>
SET <列名 1>=<表达式 1>[, <列名 2>=<表达式 2> …]
[WHERE <条件>]
```

UPDATE 语句用来修改<表名>指定的表中满足 WHERE 条件的元组（即记录），SET 语句将<列名>的值修改为<表达式>给出的值。

WHERE 语句中的修改条件和 SELECT…WHERE 语句一样，通过条件来查找相应的元组，如果 WHERE 语句省略，即无条件修改。

1. 所有行修改

如果 WHERE 语句省略，UPDATE 语句将修改指定表中所有的元组。

【例 3-84】将所有课程的学分加 1 分。

```
UPDATE course
SET credit=credit+1
```

2. 部分行修改

UPDATE 用 WHERE 语句修改指定表中满足条件的元组上相应列的值。

【例 3-85】将所有名字中带有“数据库”三个字的课程的学分加 1 分，先修课改成“CK1R02A”。

```
UPDATE course
SET credit=credit+1,pcno='CK1R02A'
WHERE cname LIKE '%数据库%'
```

3. 基于子查询修改

在数据修改的过程中，如果查找的数据涉及另外的表，则可以用子查询的方式来解决。UPDATE 中的修改条件可以嵌入子查询，因此可以解决非常复杂的修改条件。在子查询结果的基础上可以进行数据的修改，所以我们说 SQL 查询是基础。

【例 3-86】将“张无忌”的“数据库原理”课程的成绩开根号后乘 10。

```
UPDATE sc
SET grade=SQRT(grade) * 10                    —SQRT 是函数开根号
WHERE cno=(
            SELECT cno
            FROM course
            WHERE cname='数据库原理')
    AND sno=(
            SELECT sno
            FROM student
            WHERE sname='张无忌')
```

3.3.3 数据删除

SQL 用 DELETE…FROM…语句对数据表中的数据进行删除，具体语法格式如下。

```
DELETE
FROM <表名>
[WHERE <条件>]
```

DELETE 语句用来删除<表名>指定的表中满足 WHERE 条件的元组(即记录)。

WHERE 语句中的修改条件和 SELECT … WHERE 语句中的查询条件一样，通过条件来查找相应的元组。如果 WHERE 语句省略，即删除所有记录。

1. 表中所有行删除

如果 WHERE 语句省略，则 DELETE 语句将删除指定表中的所有元组。

【例 3-87】将所有的选课记录删除。

```
DELETE
FROM sc
```

2. 表中部分行删除

DELETE 用 WHERE 语句删除指定表中满足条件的元组。

【例 3-88】将所有名字中带有“数据库”三个字的课程删除。

```
DELETE
FROM course
WHERE cname LIKE '%数据库%'
```

3. 基于子查询删除

在记录删除的过程中，若查找的数据涉及另外的表，则可以用子查询的方式来解决。DELETE 中的修改条件可以嵌入子查询，因此可以解决非常复杂的修改条件。在子查询结果的基础上可以将这些元组删除，所以我们说 SQL 查询是基础。

【例 3-89】将“20 软件工程”班学生的“数据库原理”选课记录删除。

```
DELETE
FROM sc
WHERE cno=(
            SELECT cno
            FROM course
            WHERE cname='数据库原理')
      AND sno IN (
            SELECT sno
            FROM student
            WHERE sclass='20 软件工程')
```

3.4 数据控制

在计算机系统中，安全措施一般得逐步设置。用户进入计算机系统时，首先输入用户名和密码进行身份鉴定，然后进入计算机系统，对于已进入系统的用户,数据库管理系统还要进行存取控制,只允许用户执行合法操作。

数据库安全性最重要的一点就是确保只授权给有资格的用户使用数据库的权限,同时使所有没授权的用户无法访问数据,这主要靠数据库系统的存取控制来实现。DBMS 的存取控制机制由用户权限定义和合法权限检查两部分组成。目前的大中型数据库系统一般都支持自主存取控制和强制存取控制,在自主存取控制中,同一用户对于不同的数据库对象有不同的权限,不同的用户对同一对象也有不同的权限,用户还可以将自己拥有的存取权限转授给别的用户。

SQL 语句通常用 GRANT 和 REVOKE 来支持与实现数据库的自主存取控制。SQL Server 2019 另外提供了 DENY 语句,可以拒绝给某些用户授予权限。

3.4.1 权限管理控制

1. 权限授予

权限授予,即授权,指设置一个用户可以在哪些数据库对象上进行哪些类型的操作。在关系数据库中存取控制的对象有数据(包括表中的数据、属性列上的数据)和数据库对象(包括模式、基本表、视图、索引、存储过程、函数等),操作的类型主要有数据定义、查询、修改等。

权限授予的 SQL 语句如下。

```
GRANT <权限>[,<权限> …]
[ON [<对象类型>]<对象名称>[,[<对象类型>]<对象名称> …]]
TO <用户>[,<用户> …]
[WITH GRANT OPTION]
```

GRANT 语句用来将指定数据库对象上的指定操作权限授予指定用户,执行该语句的必须是已经拥有该权限并且能传播的用户,包括 DBA、数据库对象的拥有者(OWNER,即对象的创建者)。

接受权限的用户可以是一个或多个具体的用户,也可以是 ROLE(角色)和 PUBLIC(全体用户)。

如果指定了 WITH GRANT OPTION ,获得权限的用户还可以把这些权限再授予其他用户;若没有指定 WITH GRANT OPTION,获得权限的用户只能使用这些权限,不能把这些权限再授予其他用户。

在 SQL Server 2019 中,数据库的对象类型有 LOGIN、DATABASE、OBJECT、ROLE、SCHEMA、USER,使用时要加作用域限定符“::”。

【例 3-90】将查询选课记录表的权限给用户 USER1。

```
GRANT SELECT
ON OBJECT :: sc
TO USER1
```

或者

```
GRANT SELECT
ON sc
TO USER1
```

【例 3-91】将查询选课记录表的权限给所有用户。

```
GRANT SELECT
ON sc
TO PUBLIC
```

【例 3-92】将存储过程 Myprocedure 的执行和修改权限授予用户 USER1 和 TEACHAR1。

```
GRANT EXECUTE, ALTER
ON Myprocedure
TO USER1, TEACHAR1
```

【例 3-93】将查询、插入、删除选课记录和修改成绩的权限给用户“sc_dba”，并且可以传播权限。

```
GRANT SELECT, INSERT, DELETE, UPDATE (grade)
ON sc
TO sc_dba
WITH GRANT OPTION
```

【例 3-94】将数据库 mydb 上的查询、创建表的权限给用户“myuser1”，并且可以传播权限。

```
GRANT SELECT, CREATE TABLE
ON DATABASE :: mydb
TO myuser1
WITH GRANT OPTION
```

2. 权限回收

权限回收指将传播出去的数据库权限收回来，数据库中授予的权限可以由授权者或 DBA 用 REVOKE 语句收回,SQL 语句如下。

```
REVOKE <权限>[,<权限> …]
[ON [<对象类型>]<对象名称>[,[<对象类型>]<对象名称> …]]
FROM <用户>[,<用户> …]
[CASCADE|RESTRICT]
```

CASCADE 指级联操作,即把被授权用户的权限及其传播权限逐级收回。

RESTRICT 指拒绝操作,即若被授权用户传播了该权限,则拒绝执行权限回收。

一般的数据库系统默认的是 CASCADE 级联回收,也有部分数据库系统默认的是 RESTRICT 拒绝回收。

【例 3-95】收回 USER1 查询选课记录表的权限。

```
REVOKE SELECT
ON sc
FROM USER1
```

【例 3-96】收回所有用户查询选课记录的权限。

```
REVOKE SELECT
ON sc
FROM PUBLIC
```

【例 3-97】将存储过程 Myprocedure 的执行、修改权限从用户 USER1 和 TEACHAR1 级联回收。

```
REVOKE EXECUTE, ALTER
ON Myprocedure
FROM USER1, TEACHAR1
CASCADE
```

3. 拒绝授权

SQL 使用 DENY 语句拒绝为数据库主体授予权限,防止该主体通过组或角色成员身份继承权限。DENY 优先于所有权限,但 DENY 不适用于 sysadmin 固定服务器角色的对象所有者或成员,sysadmin 固定服务器角色的成员和对象所有者不能拒绝权限。简单来说,DENY 就是将来都不许给,REVOKE 就是收回已经给予的。

拒绝权限授予的 SQL 语句如下。

```
DENY <权限>[,<权限> …]
  [ON [<对象类型>]<对象名称>[,[<对象类型>]<对象名称> …]]
  TO <用户>[,<用户> …]
  [CASCADE]
```

【例 3-98】拒绝授予用户 myuser1 查询 student 表的权限。

```
DENY SELECT
ON student
TO myuser1
```

【例 3-99】为验证 DENY 效果,按顺序执行下列语句,看看用户的权限。

```
REVERT;                          --恢复到 dba 用户
GO
REVOKE SELECT                    --回收当前数据库上的查询权限
FROM myuser1
GO
DENY SELECT ON student           --拒绝授予 myuser1 查询 student 表的
                                   权限
TO myuser1
GO
GRANT SELECT                     --授予 myuser1 当前数据库的查询权限
TO myuser1
GO
EXECUTE AS USER=' myuser1 '--以 myuser1 用户执行下面操作
GO
SELECT * FROM student              --查询 student
SELECT * FROM sc                   --查询 sc
GO
```

例子中,首先从用户 myuser1 处回收查询 student 表的权限,接着拒绝授予 myuser1 查询 student 表的权限,然后授予用户 myuser1 拥有数据库对象查询的权限。我们以 myuser1 用户身份执行 SELECT * FROM student 和 SELECT * FROM sc 两条 SQL 语句,因 DENY 优先于所有权限,myuser1 用户无法拥有查询 student 表的权限,但拥有查询 sc 表的权限,因此,两条语句前一条拒绝执行,后一条得到查询结果(图 3.4.1 中的 8 行受影响,即得到 8 行记录,可切换到【结果】项查看具体数据集)。

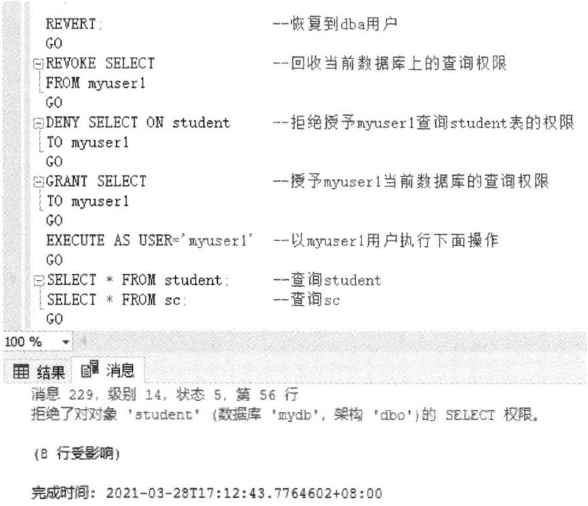

```
REVERT;                         --恢复到dba用户
GO
REVOKE SELECT                   --回收当前数据库上的查询权限
FROM myuser1
GO
DENY SELECT ON student          --拒绝授予myuser1查询student表的权限
TO myuser1
GO
GRANT SELECT                    --授予myuser1当前数据库的查询权限
TO myuser1
GO
EXECUTE AS USER='myuser1'       --以myuser1用户执行下面操作
GO
SELECT * FROM student;          --查询student
SELECT * FROM sc;               --查询sc
GO
```

100 %

结果　消息

消息 229，级别 14，状态 5，第 56 行
拒绝了对对象 'student' (数据库 'mydb'，架构 'dbo')的 SELECT 权限。

(8 行受影响)

完成时间：2021-03-28T17:12:43.7764602+08:00

图 3.4.1　例 3-99 执行结果

回收拒绝权限授予的 SQL 语句如下。

```
REVOKE <权限>[,<权限> …]
[ON [<对象类型>]<对象名称>[,[<对象类型>]<对象名称> …]]
TO <用户>[,<用户> …]
[CASCADE]
```

【例 3-100】回收拒绝授予用户 myuser1 查询 student 表的权限。

```
REVOKE SELECT
ON student
TO myuser1
```

3.4.2　数据库角色的管理与控制

数据库角色指被命名的一组与数据库操作相关的集合，即角色是权限的集合。因此，可以给相同权限的用户统一设置一个角色，然后使用角色来方便、快捷地管理数据库的权限授予和回收。

1. 角色创建

数据库中用 CREATE ROLE 来定义角色，然后给角色授予权限，再把角色当成权限授予用户。

创建角色的 SQL 语句如下。

```
CREATE ROLE <角色名> [AUTHORIZATION <角色拥有者> ]
```

【例 3-101】创建一个名为“ROLE1”的角色。

```
CREATE ROLE ROLE1
```

【例 3-102】为用户 myuser1 创建一个名为 myrole1 的角色。

```
CREATE ROLE myrole1 AUTHORIZATION myuser1
```

2. 角色被授权

数据库中给角色授权和给用户授权使用的方法一样。

给角色授权的 SQL 语句如下。

```
GRANT <权限>[,<权限> …]
[ON [<对象类型>]<对象名称>[,[<对象类型>]<对象名称> …]]
TO <角色>[,<角色> …]
```

【例 3-103】授予角色 ROLE1 查询、插入、删除选课记录和修改成绩的权限。

```
GRANT SELECT, INSERT, DELETE, UPDATE (grade)
ON sc
TO ROLE1
```

3. 角色授权

数据库中的角色可以当成权限来使用。角色可以授权给用户，也可以授予其他角色，SQL 语句如下。

```
GRANT <角色>[,<角色> …]
TO <角色或用户>[,<角色或用户> …]
[WITH ADMIN OPTION]
```

角色传播的权限可以是间接权限授予，用 WITH ADMIN OPTION 表示，被授权者还可以有进一步传播角色的权限；直接权限授予则用 WITH GRANT OPTION 表示，被授权者还可以进一步传播权限。

SQL Server 2019 不支持上述基本 SQL 语句，但提供了 ALTER 语句和系统存储过程用于处理角色向用户授权，具体的 T-SQL 语句如下。

(1)ALTER 语句。

```
ALTER ROLE <角色名> ADD MEMBER <用户名或角色名>
```

(2)存储过程语句。

```
sp_addrolemember [@rolename=] <'角色名'>,
[@membername=]< '用户名或角色名'>
```

【例 3-104】把角色 myrole1 授权给用户 myuser 和 myuser1,并且可以进一步传播 ROLE1。

基本 SQL 语句如下。

```
GRANT ROLE1
TO USER2, USER2
WITH ADMIN OPTION
```

使用 T-SQL 的 ALTER 语句或者存储过程如下。

(1)ALTER 语句如下。

```
ALTER ROLE myrole ADD MEMBER myuser
ALTER ROLE myrole ADD MEMBER myuser1
```

(2)存储过程语句如下。

```
exec sp_addrolemember ' myrole1 ', ' myuser '
exec sp_addrolemember ' myrole1 ', ' myuser1 '
```

4. 角色权限回收

数据库中从角色回收权限的 SQL 语句如下。

```
REVOKE <权限>[,<权限> …]
[[ON [<对象类型>]<对象名称>][,[<对象类型>]<对象名称> …]]
FROM <角色>[,<角色> …]
```

【例 3-105】回收角色 ROLE1 的修改成绩权限。

```
REVOKE UPDATE (grade)
ON sc
FROM ROLE1
```

数据库中从用户或角色回收角色权限的基本 SQL 语句如下。

```
REVOKE <角色>[,<角色> …]
FROM <角色或用户>[,<角色或用户> …]
```

SQL Server 2019 不支持上述基本 SQL 语句，但同样提供了 ALTER 语句和系统存储过程用于处理角色向用户授权，具体的 T-SQL 语句如下。

(1)ALTER 语句。

```
ALTER ROLE <角色名> DROP MEMBER <用户名或角色名>
```

(2)存储过程语句。

```
sp_droprolemember [@rolename=] <'角色名'>,
[@membername=] '用户名或角色名'
```

【例 3-106】收回用户 USER3 拥有的角色 ROLE1 权限。

基本 SQL 语句如下。

```
REVOKE ROLE1
FROM USER3
```

SQL Server 中 T-SQL 的 ALTER 语句如下。

```
ALTER ROLE ROLE1 DROP MEMBER USER3
```

存储过程语句如下。

```
exec sp_droprolemember ' ROLE1 ', ' USER3 '
```

5. 角色修改

SQL Server 2019 提供了角色修改的 SQL 语句，可以完成角色更名、角色中添加成员、删除用户成员等功能，具体的 SQL 语句如下。

```
ALTER ROLE <角色名>
[ADD MEMBER  <角色名或用户名>
| DROP MEMBER <角色名或用户名>
| WITH NAME= <新角色名>]
```

【例 3-107】用 ALTER ROLE 将【例 3-100】中的角色 myrole1 授权给用户 myuser 和 myuser1。

```
ALTER ROLE myrole1 ADD MEMBER myuser
ALTER ROLE myrole1 ADD MEMBER myuser1
```

【例 3-108】用 ALTER ROLE 将【例 3-106】中用户 USER3 拥有的角色 ROLE1 权限收回。

```
ALTER ROLE ROLE1 DROP MEMBER USER3
```

【例 3-109】将角色 myrole1 的名字改成 mynewrole1。

```
ALTER ROLE myrole1 WITH NAME=mynewrole1
```

6. 角色删除

```
DROP ROLE [ IF EXISTS] <角色名>
```

【例 3-110】删除角色 mynewrole1。

```
DROP ROLE mynewrole1
```

4 数据库设计、分析及实施

4.1 数据库设计

数据库设计指对于一个给定的应用环境，设计优化数据库逻辑结构与物理结构，并在此基础上建立数据库及应用系统，有效存储和管理数据，满足用户的应用需求。

4.1.1 设计过程与方法

数据库的设计和开发是一项复杂工程，涉及多方面的知识与技术，包括计算机的基础知识、软件工程的原理和方法、程序设计的技术和方法、数据库的基础知识和设计技术、应用领域的知识等。

对于如何设计出符合具体应用要求的数据库和数据库应用系统，人们探索出了很多方法。例如，用基于过程迭代和逐步求精思想的规范设计法来完成整体的数据库设计；运用工程思想，按照一定的设计步骤设计数据库；用基于 E-R 图的设计方法完成数据库的概念结构设计；用基于第三范式的设计方法完成数据库的逻辑结构设计等。

根据规范设计的方法，结合数据库及其应用系统开发的全过程，数据库的设计一般分为需求分析、概念结构设计、逻辑结构设计、物理结构设计、数据库实施、数据库运行与维护等六个阶段。

需求分析指分析用户的各种要求，包括数据的要求、处理的要求、完整性和安全性的要求。需求分析是整个数据库设计的基础和起点，也是最困难、最耗时的阶段。

概念结构设计指对需求分析的结果进行综合、归纳和抽象，生成相应的概念模型，它是数据库设计的关键。E-R 图是最常用的一种概念结构。

逻辑结构设计将概念结构转换成数据库支持的逻辑结构。如在关系数据库中，将 E-R 图等概念模型转换成关系模型，即由数据表等逻辑对象组成的数据库。

物理结构设计指为逻辑结构设计一个合适的应用环境与物理结构。

数据库实施指根据逻辑结构和物理结构建立数据库，输入数据并完成应用系统的开发与调试。

数据库运行与维护指数据库运行过程中的管理和维护。

4.1.2 项目案例

本书以作者所在高校的教学过程管理系统中一次完整的教学过程为实例，完成数据库的设计工作。

学校的教学管理围绕着教学过程（学生修读课程），将学生、教师、课程、教室、教材等实体联系在一起，逻辑清楚，但数据库的设计有一定的复杂性。

第 1 章第 1 节的例子中有教学过程这部分内容，这里把图 1.1.4 中的上课部分抽取出来（见图 4.1.1），这也是大多数教材提到的简化版本。但与实际数据库应用系统（教学过程管理系统）中的数据库存在较大的差别，需要根据各学校的实际情况进行改进和完善。

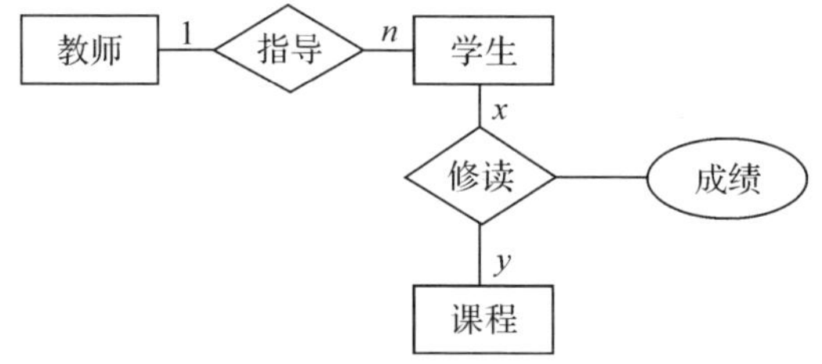

图 4.1.1 简化版教学过程管理系统 E-R 图

通过分析可以看到，简化版教学过程管理系统 E-R 图在实际应用中存在着不少的问题。

（1）图中一门课程只能开设一个班，而现实是一门课程同时可以开设多个教学班，学生可以选择其中一个教学班修读。

（2）图中学生无法开展课程重修，而现实是不同的学期，学生可以重新修读没有及格的课程。

（3）图中的修读联系只涉及学生和课程，而现实是修读课程时，因为有多个平行班（即同一门课程同时开设多个教学班），故学生选课时（或者说在排课时）为避免冲突，必须考虑时间、教师、教室等因素。

后面将围绕一个周期的教学过程（包括排课、选课、课程考核、课程总结）展开数据库的设计和应用工作。

本书采用 SQL Server 2019 作为项目案例数据库平台。在数据库的实施、应用和操作过程中，可以使用数据库提供的客户端管理工具 SSMS 完成，也可以使用 SQL（SQL Server 2019 中的扩展 SQL）语句来完成。后面主要使用 SQL 语句来完成案例数据库的设计、应用和开发。

4.2 数据库需求分析

4.2.1 技术和方法

需求分析通过详细调查现实世界中要处理的对象，充分了解对象的工作情况和业务流程，分析并明确用户的各种应用需求，确定系统的功能，并设计数据库。

需求分析一般可以分成两步完成。

第一步，调查用户需求，包括数据要求、处理要求、安全性、完整性等。一般先调查组织机构情况，再调查各部门的业务活动情况，在和用户充分讨论后明确要求，最后确定系统的范围和边界。

第二步，进一步分析和描述用户需求，常用的方法有数据流图和数据字典。这一步往往用数据流图（见图 4.2.1）来描述数据和处理之间的关系，用数据字典来描述数据的具体信息。

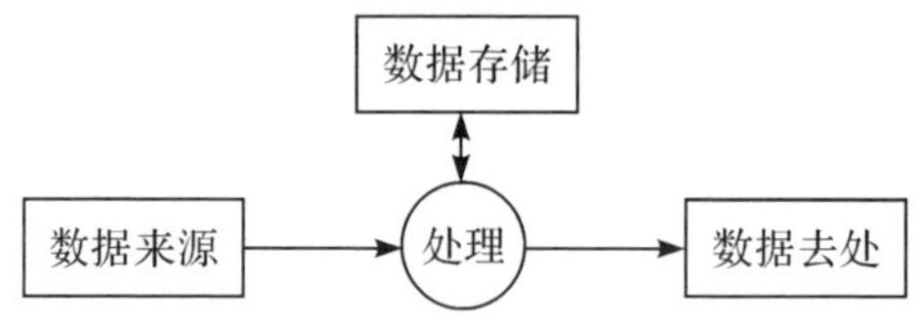

图 4.2.1 抽象的数据流图

4.4.2 案例应用

4.2.2.1 需求调查

大学教学过程管理系统涉及不同学校不同的管理方法和条款，比较复杂。但学校教学过程管理的本质内容是一致的，因此案例中以作者所在学校的教学过程管理系统为对象开展工作，读者可根据不同学校的教学管理方法做适当调整。

学校下设学院和管理部门，实行二级管理。教务处（部）代表学校负责全校的教学管理工作，学院设置教务办，负责本学院的教学管理工作。教务处负责全校教学工作的宏观管理，各学院教务办负责本学院具体的教学运行管理工作。教学管理中涉及的用户主要有教务处、教务办、学生、任课教师四类，它们所扮演的角色和职责如表 4.2.1 所示。

表 4.2.1　教学管理中涉及的主要用户角色

用户角色	职责或功能
任课教师	系统主要参与者，登记学生成绩，查看信息等
学生	系统主要参与者，选、改、退课程，查看信息等
教务办教师	系统主要参与者，进行排课，对退课和改课进行审核
教务处教师	系统主要管理者，管理和维护整个系统

课程的教学安排和组织是学校教学管理的核心，下面就以课程教学为主线来描述一次完整的教学管理工作。

首先，教务处发布教学计划，启动下学期的排课工作。然后，各学院教务办负责本学院的开课课程安排（安排任课教师、上课时间、上课地点等）；排课完成后，学生选课；实施课程教学，安排课程考试；课程考试后，任课教师登记成绩；成绩登记完成后系统进行汇总。最后，做好教学总结后课程结束。

4.2.2.2　需求分析

1. 业务分析

课程的教学安排和组织是学校教学管理的核心，一次完整的课程教学组织包括排课（即开课安排）、选课（学生选课）、教学实施（包括课堂情况登记、课程考试安排等）、成绩管理（包括成绩登记和汇总等）四个关键的步骤与内容，如图 4.2.2 所示。

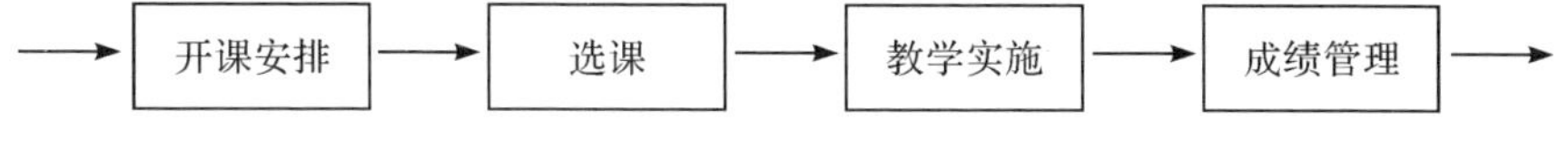

图 4.2.2　课程的教学安排和组织

（1）开课安排

教务处启动排课计划后，各学院教务办要在规定的时间内完成开课安排。教务办根据各专业培养方案中的课程安排（事先已输到系统中），生成开课计划；对系统自动生成的开课计划做调整，包括合并、停开、设置课程限选人数等操作（线下确认后，在系统中调整）；落实任课教师（各专业协助完成任课教师安排后输入系统)；安排具体的上课时间和地点(即教室)，并输入教务管理系统中(系统上完成数据输入)生成课表；通知任课教师核对排课情况(即课表)；对教师反馈的意见和实际情况做调整。各学院排课任务完成后，教务处结束排课，进入选课阶段。排课的业务过程见图 4.2.3。

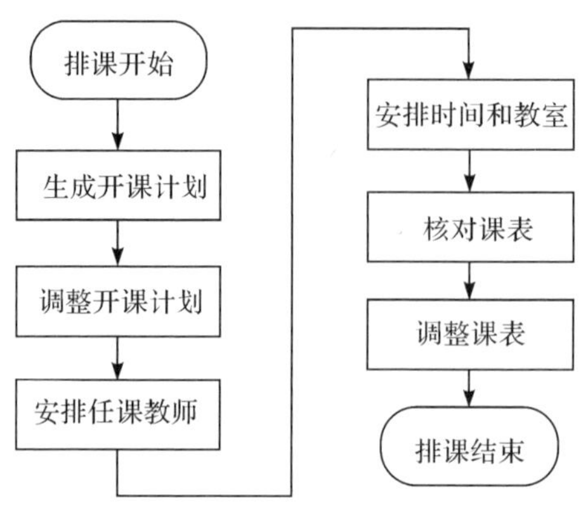

图 4.2.3　开课安排流程

(2)选课

选课指学生在规定的时间内，选择并确认下学期要修读的课程。各高校有不同的具体管理方法，案例中分三次选课，第一次为学生初选和结果处理；第二次为学生复选和结果处理；第三次为教务办进行终选处理，解决特殊情况下的课程选、改、退处理工作。选课过程见图 4.2.4。

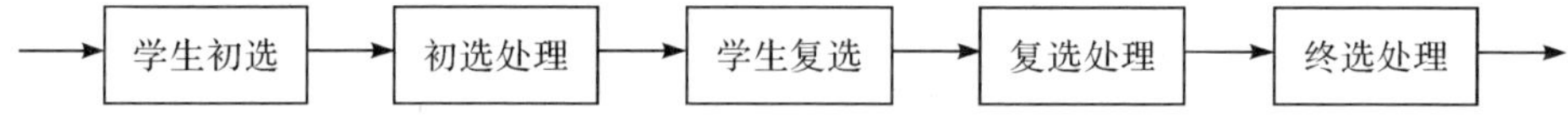

图 4.2.4　学生选课的安排和组织

具体的操作过程如下。

①开课(即排课)工作结束后，教务处启动选课工作，初始化选课数据并通知学生进行选课。

②学生收到通知后进行课程初选，学生根据自己专业的培养方案和个人喜好进行课程的查询，并选择相应的课程，初选期间，学生可以任意进行课程的退、改、选。

③课程初选结束后，教务办根据具体管理方法和选课规则对初选结果做审核与处理。主要涉及两个方面的操作：一是选课人数超过限额，则要进行淘汰处理；二是选课人数过少，则要确认是否停开或课程教学班合并，并处理相应的选课记录。

④各学院的初选结果处理结束后，教务处通知学生核对初选结果，并进行第二次选课，建议因课程人数限额而没有选上的同学选其他人数未到限额的课程，不建议学生对课表上的必修课程进行退、改、选工作。

⑤课程复选结束后，教务办根据初选处理的方法对复选结果做进一步审核与处理，处理结束后，原则上不对学生选课情况再做更改。

⑥步骤①～⑤的工作都是在上一学期（即上课的前一学期）完成的，开课课程终选工作在下一学期开学初（即上课的这一学期初）进行，用于解决特殊情况下的开课课程退、改、选工作。该工作主要针对两类人：一类是毕业班学生，因毕业学分不够要求补选的；另一类是因课程补考通过，而退掉该课程的学生。这两类情况要求学生本人提出申请（不自行开展线上退、改、选工作），教务办教师核对后直接在系统上进行补选和退课操作。

⑦各学院课程终选结束后，教务处关闭选课功能，选课工作正式结束。

(3)教学实施

教学实施的工作主要由任课教师和学生来完成，学校教务处和学院教务办做好监督管理及考试安排等工作。选课结束后，任课教师和学生根据课表开展教学实施（见图 4.2.5），教师上课的同时做好学生的平时学习情况登记工作，课程结束后，安排课程考试（考核）、阅卷、登记成绩等工作。这一阶段的日常工作主要由人工完成，系统主要提供信息查询工作，如查课表、查教室、查学生等，其他的教学实施工作涉及较少，这里不再详细展开。

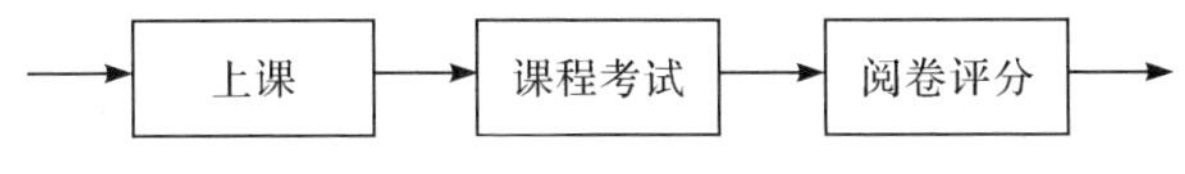

图 4.2.5　课程的教学实施过程

(4)成绩管理

成绩管理包括成绩的登记、审核和发布，如图 4.2.6 所示。课程考试结束后，任课教师要在规定的时间内将成绩录入系统。课程的最终成绩为总评成绩，由平时成绩、实验成绩、期末成绩等部分组成。任课教师根据课程大纲要求设置总评成绩的构成及比例，登记相应的成绩，并在确认后提交；成绩提交后系统自动计算该成绩的 GPA（平均学绩点，具体 GPA 的计算要参见各学校的详细规则），并交由学院教务办审核，教务办审核无误后发布（成绩发布前，教务办可以退回成绩，让任课教师修改；成绩发布后，成绩不允许修改；成绩发布后，确需修改的，则由任课教师提出申请，所在学院审核，教务处审批同意后修改）；成绩发布后，系统会自动完成开课课程的成绩汇总和统计工作，包括每个分数段的学生人数、所占比例、成绩分布等信息。学生可以通过教务管理系统查看自己的课程成绩及 GPA，教师可以通过教务管理系统查看自己所上课程的成绩汇总信息。

图 4.2.6 课程成绩的登记、审核、发布过程

(5)信息查询

教务管理系统需要提供各种教学信息的查询，主要包括课表、课程信息、开课课程信息、选修的学生信息、成绩汇总和查询、教室信息等。

2. 数据流图分析

数据流图是系统逻辑功能的图形表示，它描绘信息流和数据从输入到输出过程中所经受的变换，描绘数据在软件系统中流动和被处理的逻辑过程，是软件设计过程中进行系统分析的重要手段与方法。

(1)顶层数据流图

下面从业务功能的角度出发，给出了系统的顶层数据流图，如图 4.2.7 所示。

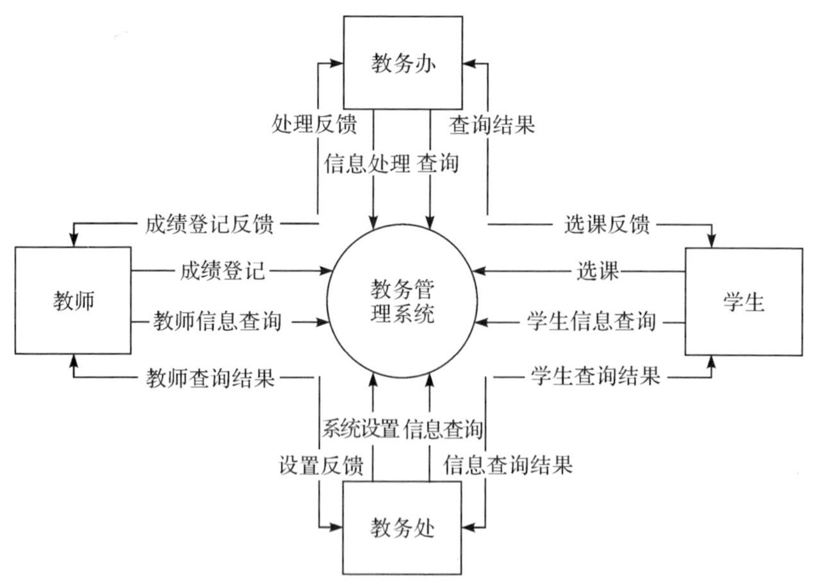

图 4.2.7 顶层数据流图

从顶层数据流图中可以看出，教务管理系统的参与者主要分为任课教师、学生、学校教务处、学院教务办四类。其中，教师、部门、学院通过系统从各自不同的角度对教师一学期的工作情况进行评价和审核，同时根据各自的需要进行评价信息的查询与统计；教务处通过系统的参数设置对排课、选课、成绩管理等进行启动、结束等管理工作，同时进行数据的管理和维护（如数据的初始化、数据库的备份等工作）。

为了详细、清楚地描述系统的处理行为和数据要求，我们需要将顶层数据流图进一步细化成各加工步骤说明，即绘制 0 层数据流图。

(2)0 层数据流图

下面给出了系统的 0 层数据流图，并对数据流的加工进行了进一步描述。根据业务分析，系统有系统设置（用于教学实施）、排课、选课、成绩管理和查询五个处理，如图 4.2.8 和图 4.2.9 所示。

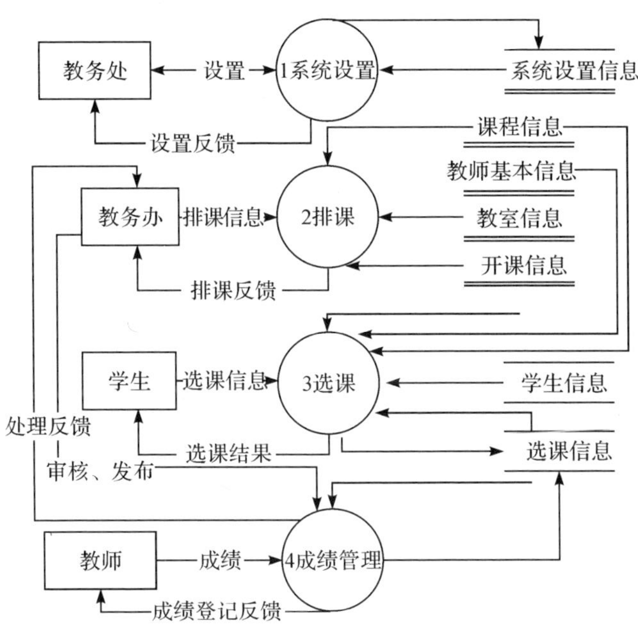

图 4.2.8　教务管理中的教学过程管理 0 层数据流图 1

由图 4.2.8 和图 4.2.9 可知，系统包含了处理和数据，但处理内部的详细过程不清楚。因此，为了更清楚地描述系统的处理行为和数据要求，还需要将 0 层数据流图进一步细化成 1 层数据流图。

(3)1 层数据流图

下面给出排课（开课）、选课两个处理的 1 层数据流图，其他处理读者可根据例子自行绘制。

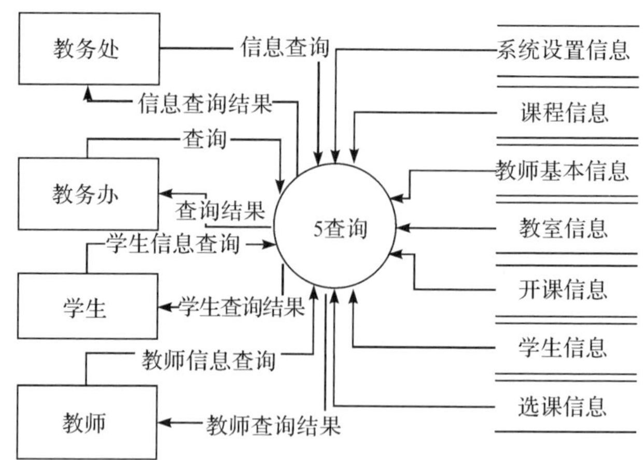

图 4.2.9　教务管理中的教学过程管理 0 层数据流图 2

①排课

排课的数据流图(见图 4.2.10)涉及教务办、任课教师两个外部实体,经过开课计划生成、开课计划调整、任课教师安排、教室与时间安排、开课调整五个步骤,需要使用课程信息、教师基本信息、教室信息、开课(排课)信息四个数据存储。

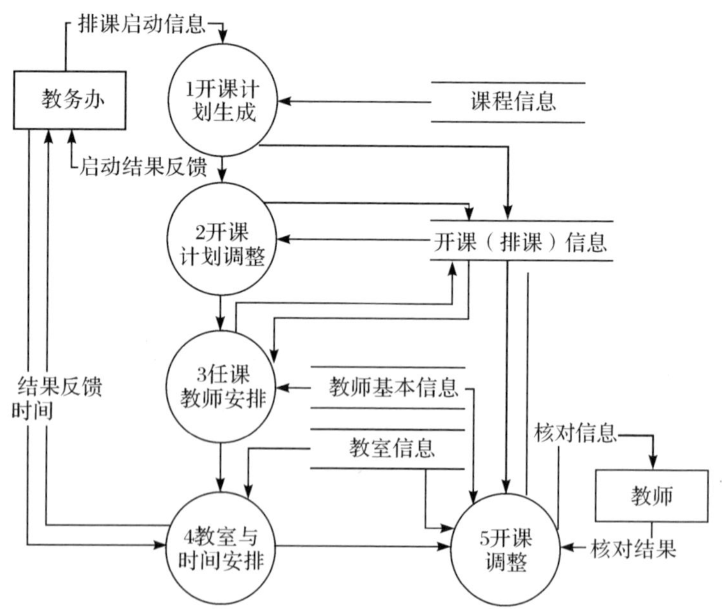

图 4.2.10　排课的数据流图

②选课

选课的数据流图(见图 4.2.11)涉及教务办、学生两个外部实体,经过课程初选、初选处理、课程复选、复选处理、终选处理五个步骤,需要使用课程信息、教师基本信息、教室信息、选课信息、终选信息五个数据存储。

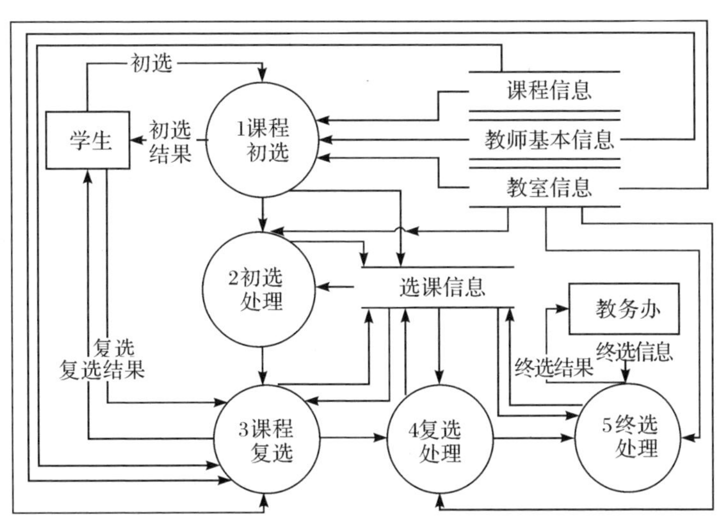

图 4.2.11 选课的数据流图

4.3 数据库概念结构设计

4.3.1 技术和方法

在需求分析的基础上,将需求的结果抽象为概念模型的过程就是概念结构设计的过程。概念设计的结果要求能够真实反映需求结果、容易被用户理解、方便向各种逻辑模型转换和计算机实现。因此,E-R 图(1.1.2 节中的 E-R 模型)是概念模型常用的设计方法。设计过程中,一般自上而下进行需求分析,自下而上进行概念结构设计。

E-R 图的设计要对需求分析得到的数据进行分类和组织,形成实体和实体的属性,找出实体的码,确定实体之间的联系及联系类型(一对一、一对多、多对多),设计得到 E-R 图。

具体设计过程:首先选择系统的局部应用,逐一设计分 E-R 图;然后集成分 E-R 图,生成初步 E-R 图,消除不必要的冗余,进一步得到整体 E-R 图。

4.3.2 实例应用

根据第 4.2 节系统需求分析的结果，教学过程管理系统涉及教务处、教务办、学生、教师四个外部实体和课程信息、教师基本信息、教室信息、开课(排课)信息、选课信息、学生信息、系统设置信息七个数据存储。进一步分析，教务处、教务办的工作实际上由教师完成，这部分教师(统称为教务管理人员)代表教务处和教务办来执行相关的操作，因此，这两个实体也可以改成教务处教师、教务办教师，合并到教师实体中；教师基本信息和学生信息两个存储对应教师和学生两个外部实体；课程信息、教室信息和系统设置信息需要其他信息进一步描述，抽象为三个内部实体；开课排课信息和选课信息实际上是学生、教师、课程、教室四个实体间的一个联系，可以合并，这里取名为“选修”。因此，教学过程管理系统共涉及五个实体和一个联系，画出系统的初步 E-R 图，如图 4.3.1 所示。

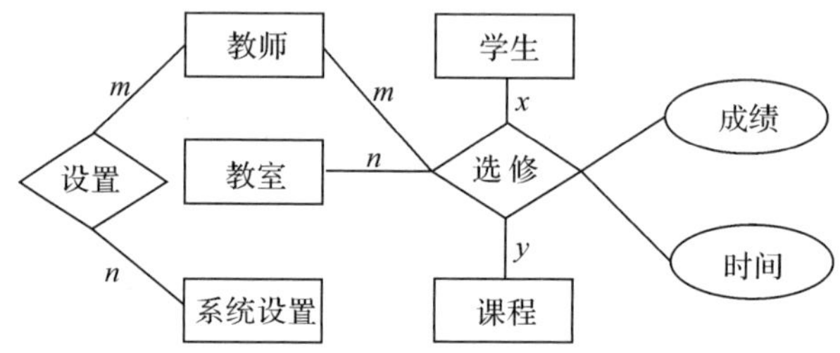

图 4.3.1 系统的初步 E-R 图

分析系统的初步 E-R 图，“选修”联系涉及四个实体，可进一步描述比较复杂，同时结合教学过程管理中的业务处理流程。实际工作中，“选修”联系的处理可拆分成先选课(先将课程、教师、教室联系在一起，生成开课课程)、再选课(学生选择开课课程中的具体课程进行修读)两个阶段。因此增加“开课课程”一个内部实体，“学生”和“开课课程”之间存在“修读”联系，“课程”“教师”“教室”“开课课程”四者之间存在“排课”联系。

进一步分析实体联系关系，会发现四个实体间的“排课”联系仍过于复杂。结合教学过程管理中的排课处理流程，实际工作中，“排课”联系的处理可拆分成先生成开课课程(根据教学安排，将一门课程生成一门或多门开课课程，将“课程”和“开课课程”联系在一起)，然后安排任课教师(给每一门开课课程安排任课教师，将“开课课程”和“教师”联系在一起)，最后安排时间和教室(给已安排好任课教师的开课课程安排具体的上课时间和上课教室，将“开课课程”和“教室”联系在一起)三个阶段。因此可把“排课”联系细化为“生成”“排教师”“排教室”三个联系。

另外,实体"系统设置"主要完成系统功能的启动和关闭,与教学过程管理本身关系不大,故这里把它省略。

因此,在初步 E-R 图的基础上,我们得到细化后的系统 E-R 图,如图 4.3.2 所示。

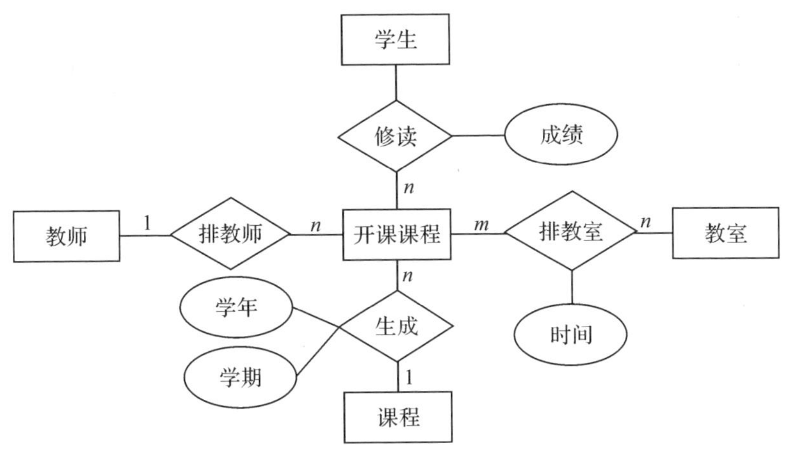

图 4.3.2 细化后的系统 E-R 图

4.4 数据库逻辑结构设计与物理结构设计

4.4.1 技术和方法

4.4.1.1 逻辑结构设计

逻辑结构设计的任务就是把概念结构设计中的概念模型(主要是 E-R 图)转换为选用的数据库产品所支持的逻辑结构,目前基本是关系模型。

逻辑结构设计一般分三个阶段。

(1)将 E-R 图转换成关系模型。

(2)将关系模型转换成选用的数据库产品所支持的逻辑模型。

(3)将关系模型优化。

概念模型 E-R 图向数据库关系模型转换解决的主要问题是如何将实体和实体之间的联系转换成关系模式,以及如何确定这些关系模式的属性和码。转换规则如下。

(1)一个实体转换成一个关系,实体的属性就是关系的属性,实体的码就是关系的码。

(2)一个 $m:n$ 的联系转换成一个独立的关系模式,与该联系相连的各实体的码及联系本身的属性就是这个关系的属性,关系的码由各实体的码组成,即各实体的码组成关系的码或码的一部分。

(3)一个 $1:n$ 的联系可以转换成一个独立的关系模式,也可以与 n 端对应的关系模式合并。如果转换成一个独立的关系模式,与该联系相连的各实体的码及联系本身的属性就是这个关系的属性,关系的码为 n 端的码。如果合并,则在 n 端对应的关系模式中添加 1 端关系模式的码及联系本身的属性,n 端对应的关系模式中的码不变。推荐使用合并的方式转换。

(4)一个 $1:1$ 的联系可以转换成一个独立的关系模式,也可以与任意一端对应的关系模式合并。如果转换成一个独立的关系模式,与该联系相连的各实体的码及联系本身的属性就是这个关系的属性,任意一端的码均是该关系的候选码。如果合并,则在任意一端对应的关系模式中添加另外一端关系模式的码及联系本身的属性,原来另一端对应的关系模式中的码不变。推荐使用合并的方式转换。

(5)两个以上实体间的联系转换成一个独立的关系模式,与该联系相连的各实体的码及联系本身的属性就是这个关系的属性,关系的码由各实体的码来组成,即各实体的码组成关系的码或码的一部分。

(6)具有相同码的关系模式可合并。

对于目前大多数数据库管理系统来说,将关系模型转换成选用的数据库产品所支持的逻辑模型,不用转换。

数据库逻辑结构的设计结果并不是唯一的,需要根据实际情况做适当的调整和优化。优化一般以关系规范化理论为依据展开,通常希望关系模式能达到BCNF(修正的第三范式),同时做好必要的关系模式分解。在实际的应用过程中要注意,并不是规范化程度越高就越好,考虑到实际的运行效率,有些关系可能是第二范式,甚至是第一范式。

4.4.1.2 物理结构设计

数据库的物理结构指数据库在计算机上的存储结构和存取方法,它依赖于选用的具体数据库产品。数据库的物理结构设计指为给定的数据逻辑结构选择一个适合应用要求的物理结构的过程。

关系数据库的物理结构设计主要包含了选用的关系数据库中的存储结构和存取方法。关系数据库提供了索引、聚族等存取方法,其中索引是数据库中最常用的方法。确定数据库的存储结构主要指确定数据的存储结构和存放位置。

4.4.2 案例应用

下面将4.3节中数据库概念模型E-R图转换成SQL Server 2019支持的关系数据模型和物理结构。

4.4.2.1 逻辑结构

分析图4.3.2中的系统E-R图，共有五个实体（教师、学生、课程、开课课程、教室），一对多联系两个（生成、排教师），多对多联系两个（排教室、修读）。

(1)五个实体转换成五个关系。

学生(学号,密码,姓名,性别,班级,出生年月,籍贯,联系方式,状态)

课程(课号,课名,学分,先修课程,修读学期,课程性质)

开课课程(开课课号,学年,学期,上课周次,限选人数,已选人数)

教室(教室编号,教室地点,教室类型,容量,状态)

教师(教师号,密码,姓名,性别,出生年月,职称,部门,专业方向,联系方式)

(2)两个多对多联系转换成两个关系。

修读(开课课号,学号,学年,学期,期末成绩,补考成绩,绩点,积点分)

排教室(开课课号,时间,教室编号)

(3)两个一对多联系合并到与它相连的多端。

“生成”联系合并到“开课课程”关系中，并修改“开课课程”关系。

开课课程(开课课号,学年,学期,上课周次,限选人数,已选人数,课程号)

“排教师”联系合并到“开课课程”关系中，再次修改“开课课程”关系。

开课课程(开课课号,学年,学期,上课周次,限选人数,已选人数,课程号,教师号)

修改后得到该系统的数据库关系模式，共由七个关系组成，如表4.4.1所示。

表 4.4.1 教学过程管理系统数据库逻辑结构

序号	关系名称	属性	主码	外码
1	课程	课号,课名,学分,先修课,修读学期,课程性质	课号	先修课程
2	学生	学号,密码,姓名,性别,班级,出生年月,籍贯,联系方式,状态	学号	班级

续表

序号	关系名称	属性	主码	外码
3	教师	教师号,密码,姓名,性别,出生年月,职称,部门,专业方向,联系方式	教师号	部门
4	教室	教室编号,教室地点,教室类型,容量,状态	教室编号	
5	开课课程	开课课号,学年,学期,上课周次,限选人数,已选人数,教师号,课程号	开课课号	教师号 课程号
6	排教室	开课课号,时间,教室编号	开课课号 时间	教室
7	修读	开课课号,学号,学年,学期,期末成绩,补考成绩,绩点,积点分	开课课号 学号	开课课号 学号

将表 4.4.1 中的关系模型进一步表示成 SQL Server 2019 支持的逻辑结构,我们将教学过程管理系统的数据库命名为 EDUDB。数据库中的基本表结构见表 4.4.2～4.4.8。

表 4.4.2　课程表

字段名	数据类型	中文含义	约束
cno	char(7)	课号	主键
cname	varchar(50)	课名	not null
credit	smallint	学分	无
pcno	char(6)	先修课程	外键,参照本表 cno
lterm	char(11)	修读学期	无
ctype	varchar(10)	课程性质	无

表 4.4.3　学生表

字段名	数据类型	中文含义	约束
sno	char(11)	学号	主键
sname	varchar(10)	姓名	not null
ssex	char(2)	性别	取“男”或“女”
sbirthyear	char(6)	出生年月	格式如“202001”
sclass	varchar(20)	班级	

续表

字段名	数据类型	中文含义	约束
snative	varchar(20)	籍贯	
stelephone	char(6)	联系方式	
spwd	varchar(50)	密码	not null
sstatus	varchar(10)	状态	正常、休学、退学、延毕、毕业、结业、肄业

表 4.4.4 教师表

字段名	数据类型	中文含义	约束
tno	char(11)	教师号	主码(键)
tname	varchar(10)	姓名	not null
tsex	char(2)	性别	取“男”或“女”
tbith	char(6)	出生年月	格式如“202001”
tdept	varchar(20)	部门	
ttitle	varchar(10)	职称	
tpwd	varchar(50)	密码	not null
tmaster	varchar(50)	专业方向	
ttelephone	char(6)	联系方式	

表 4.4.5 教室表

字段名	数据类型	中文含义	约束
crno	char(7)	教室编号	主码(键)
cradd	varchar(100)	教室地点	not null
crtype	char(2)	教室类型	
crcapacity	smallint	容量	
crstatus	varchar(20)	状态	可用或不可用

表 4.4.6 开课课程表

字段名	数据类型	中文含义	约束
plcno	char(14)	开课课号	主码(键)

续表

字段名	数据类型	中文含义	约束
plcyear	char(4)	学年	not null
plcterm	smallint	学期	取 1、2、3
plcweek	char(17)	上课周次	
plcmaxcount	smallint	限选人数	
plccount	smallint	已选人数	主码(键)
plctno	char(11)	教师号	外键，参照教师表教师号
plccno	char(7)	课程号	外键,参照课程表课号

表 4.4.7　排教室表

字段名	数据类型	中文含义	约束
plcno	char(14)	开课课号	(plcno,plctime)为主键
plctime	varchar(10)	时间	(plcno,plctime)为主键
crno	char(7)	教室编号	外键,参照教室表的教室编号

表 4.4.8　修读表

字段名	数据类型	中文含义	约束
plcno	char(14)	开课课号	主码(键)
sno	char(11)	学号	not null,外码(键),参考 student(sno)
plcyear	char(4)	学年	not null
plcterm	smallint	学期	取 1、2、3
grade1	smallint	期末成绩	
grade2	smallint	补考成绩	
gpa	numeric(2,1)	绩点	
sumpoint	numeric(,4)	积点分	

4.4.2.2　物理结构

数据库在计算机中以文件为单位存储,SQL Server 2019 中,数据库由数据文件和日志文件组成。一个数据库至少有一个数据文件和一个日志文件,也可以有多个数据文件和多个日志文件。

实例中，考虑到数据量、数据的安全性、存取的效率，数据库由一个主文件、一个次文件、一个日志文件组成，分别存放到不同的磁盘上（假定为 C、D、E 盘），并且设置主文件、次文件、日志文件的限额分别为 1G、2G、1G。因此，将文件建立在不同的磁盘上，可以减轻单个磁盘的存储负载，提高数据库的存储效率，从而达到提高数据库性能的目的。

SQL Server 2019 数据库采用按比例填充的方法使用存储空间。这样，数据库在写入数据时，会根据文件中剩余空间大小按比例写入，既能保证每个文件的空间基本同时用完，还能一次磁盘操作同时分配给多个磁盘，减轻每个磁盘的负载，提高写入速度。

数据库 EDUDB 的物理存储结构见表 4.4.9。

表 4.4.9 数据库 EDUDB 存储的文件信息

类型	逻辑名	物理名	参数			
			初始空间	最大空间	增加量	其他
主文件	edudb_data	c:\data\edudb_data.mdf	100M	1G	1%	默认
次文件	edudb_data1	d:\data\edudb_data1.ndf	100M	2G	1%	默认
日志文件	edudb_log	e:\data\edudb_log.lg	100M	1G	1%	默认

4.5 数据库实施

4.5.1 技术和方法

数据库实施阶段包括数据的载入与应用程序的编码和调试。数据库应用程序的设计应该与数据库设计同时进行，因此，在组织数据入库的同时还要调试应用程序。在创建数据库、装载一部分数据库后，就可以对数据库系统进行联合调试，即数据库的试运行。

从数据库的角度看，这一阶段要对数据库执行各种操作，测试数据库是否满足设计要求，如果不满足，则要修改与调整，直到符合设计要求。同时，也要测试数据库的性能指标，分析是否达到设计目标。

本书从数据库的角度开展数据库的实施工作。数据库的物理结构设计完成后，就要在选用的数据库管理系统中建立数据库和数据表，组织数据存入数据库，并开展相应的数据库功能测试和性能分析。

通常，可以使用数据库实用工具或 SQL 语句来完成数据库的实施，实施的步骤如下。

(1)创建数据库。

(2)创建用户、授予权限。

(3)创建用户模式。

(4)创建数据表。

(5)输入数据。

(6)调试和试运行。

4.5.2 案例应用

(1) 创建数据库

```
/ * 创建数据库 edudb * /
use master
go
—如果存在数据库 edudb，则删除数据库后，重新创建数据库 edudb
if exists(select * from sys. databases where name=' edudb ')
drop database edudb;
go
create database edudb                          —数据库名称为 edudb
on primary                                     —主文件组文件
( name=edudb_data,                             —主数据文件逻辑文件名
filename=' c:\data\edudb_data. mdf ',          —主文件文件名和存储路径
size=100,                                      —初始分配空间 100M
maxsize=1024,                                  —设置最大空间 1G
filegrowth=10%                                 —文件大小增长按 10%增长
)
filegroup filegroup_edu                        —指定新文件组 filegroup_edu
( name=edudb_data1,                            —次数据文件逻辑文件名
filename=' d:\data\edudb_data1. ndf ',         —次文件文件名和存储路径
size=100,                                      —次文件初始分配空间 100M
maxsize=2048,                                  —次文件设置最大空间 2G
filegrowth=10%                                 —次文件文件大小增长按 10%增长
)
```

```
log on
( name=edudb_log,       —日志文件逻辑文件名
filename=' e:\data\edudb_log. ldf ',—日志文件名和存储路径
size=100,       —日志初始分配空间 100M
maxsize=1024,       —日志文件设置最大空间 1G
filegrowth=10%)       —日志文件大小增长按 10%增长
go
```

在查询分析器中执行上述 SQL 语句,执行成功后,可以在相应的文件夹中看到创建的主数据文件(见图 4.5.1)、次数据文件(见图 4.5.2)和日志文件(见图 4.5.3)。

图 4.5.1　数据库创建成功后的主数据文件

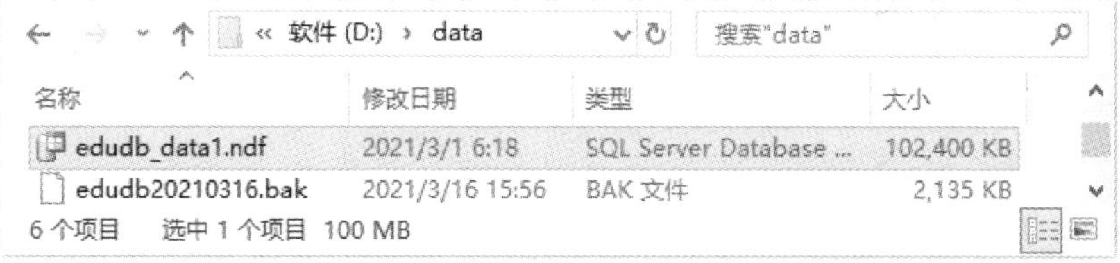

图 4.5.2　数据库创建成功后的次数据文件

图 4.5.3　数据库创建成功后的日志文件

(2) 创建用户、授予权限

```
/＊创建登录和用户的具体 SQL 语句如下：＊/
Use edudb
Go
Create Login Edu_Login With Password='123456'
—建立名为 Edu_Login，密码为 123456 的登录名
Create User Edu_User For Login Edu_Login
—建立名为 Edu_User 的用户，用 Edu_Login 的登录名来连接数据库
Go
—赋予用户 Edu_User 创建表、存储过程、函数、角色、类型、视图等的权限
Grant Create Table To Edu_User
Grant Create Procedure To Edu_User
Grant Create Function To Edu_User
Grant Create Role To Edu_User
Grant Create Type To Edu_User
Grant Create View To Edu_User
Grant Create Synonym To Edu_User
Go
```

在查询分析器中执行上述 SQL 语句，执行成功后，可以在对象资源管理器的【安全性】下的【登录名】中找到新创建的登录 edu_login(见图 4.5.4)，同时在相应数据库中的【安全性】的【用户】中找到新创建的用户 edu_user(见图 4.5.5)。

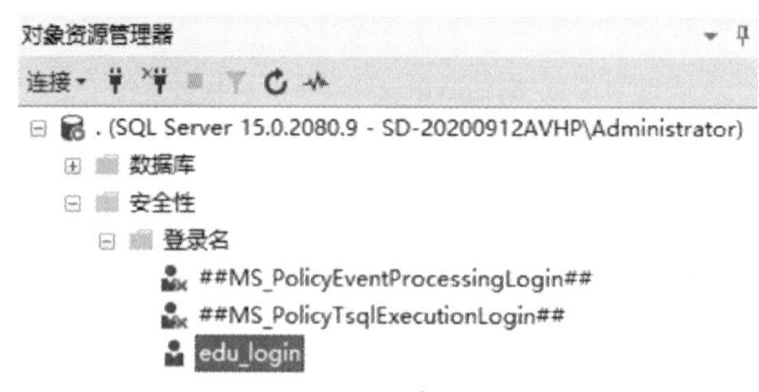

图 4.5.4　数据库实例下的 edu_login 登录

图 4.5.5 数据库 edudb 下的 edu_user 用户

(3) 创建用户模式(架构)

```
/* 创建用于教学过程管理应用系统模式的具体 SQL 语句如下：*/
CREATE SCHEMA edu_app AUTHORIZATION edu_user
—为用户 edu_user 建立名为 edu_app 的模式(又称架构)
ALTER USER edu_user WITH DEFAULT_SCHEMA=edu_app;
—修改用户 edu_user 的默认架构为 edu_app
Go
```

在查询分析器中执行上述 SQL 语句，执行成功后，可以在对象资源管理器的【架构】中找到新创建的架构(即用户模式)edu_app，右键点击，查看架构属性，可以看到架构 edu_app 的所有者为 edu_user(见图 4.5.6)。

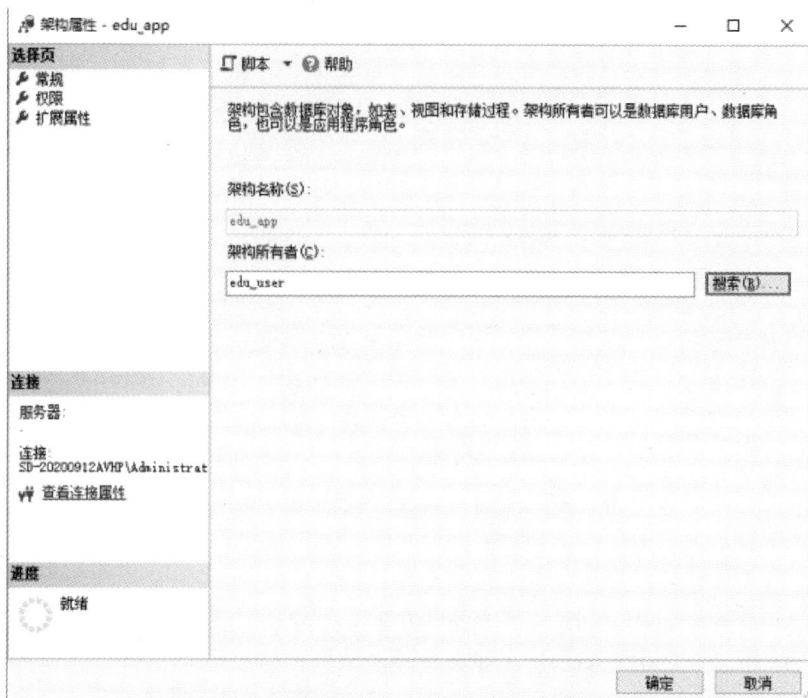

图 4.5.6　数据库 edudb 下的 edu_user 用户的架构 edu_app

（4）创建数据表

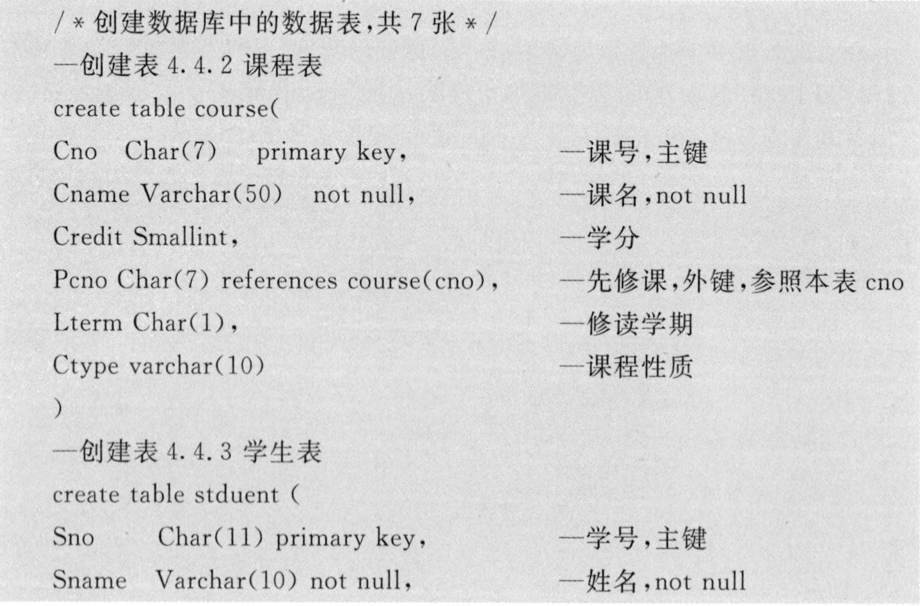

```
/ * 创建数据库中的数据表,共 7 张 * /
—创建表 4.4.2 课程表
create table course(
Cno   Char(7)    primary key,                        —课号,主键
Cname Varchar(50)    not null,                       —课名,not null
Credit Smallint,                                     —学分
Pcno Char(7) references course(cno),                 —先修课,外键,参照本表 cno
Lterm Char(1),                                       —修读学期
Ctype varchar(10)                                    —课程性质
)
—创建表 4.4.3 学生表
create table stduent (
Sno      Char(11) primary key,                       —学号,主键
Sname    Varchar(10) not null,                       —姓名,not null
```

```
Ssex  Char(2) check (Ssex in('男','女')),—性别,取"男"或"女"
Sbirthyear   Char(6),                    —出生年月,格式如"202001"
Sclass   Varchar(20),                    —班级
Snative   Varchar(20),                   —籍贯
Stelephone   Char(11),                   —联系方式
Spwd   Varchar(20) not null,             —密码 not null
Sstatus Varchar(10)                      —状态,"正常、休学、退学、
                                         延毕、毕业、结业、肄业"
)
—创建表 4.4.4 教师表
create table teacher (
tno        Char(11) primary key,         —教师号,主码(键)
tname   Varchar(10),                     —姓名,not null
Tsex   Char(2) check( Tsex in('男','女')),—性别,取"男"或"女"
Tbith   Char(6),                         —出生年月,格式如"202001"
Tdept   Varchar(20),                     —部门
Ttitle   Varchar(10),                    —职称
Tpwd   Varchar(20) Not null,             —密码,not null
Tmaster   Varchar(50),                   —专业方向
TTelephone   Char(11)                    —联系方式
)
—创建表 4.4.5 教室表
create table ClassRoom
(CRno Char(7) primary key,                  —教室编号,主码(键)
CRadd Varchar(100) not null,                —教室地点,not null
CRtype Char(20),                            —教室类型
CRcapacity Smallint,                        —容量
CRstatus Varchar(20) check (CRstatus='可用' or CRstatus='不可用')
                                            —状态,可用或不可用
)
—创建表 4.4.6 开课课程表
Create table PlanCourse(
PlCno Char(14),                             —开课课号,主码(键)
```

```
PlCyear Char(4),                              —学年,not null
PlCterm Char(1),                              —学期,取 1、2、3
PlCweek  Char(17),                            —上课周次
PlCmaxcount Smallint,                         —限选人数
PlCcount  Smallint,                           —已选人数,主码(键)
PlCtno Char(11) references teacher(tno),      —教师号,外键,参照教师表
                                               教师号
PlCcno Char(7)  references course(cno)        —课程号,外键,参照课程表
                                               课号
)
—创建表 4.4.7 排教室表
Create table Setclassroom
(PlCno Char(14),                  —开课课号,(PlCno,PlCtime)为主键
PlCtime Varchar(10),              —时间,(PlCno,PlCtime)为主键
CRno Char(7),                     —教室编号,外键,参照教室表的教室编号
Primary key(PlCno,PlCtime)
)
—创建表 4.4.8 修读表
Create table study (
PlCno Char(14)  primary key,                —开课课号,主码(键)
Sno  Varchar(10),                           —学号,not null,外码(键)
PlCyear char(4),                            —学年,not null
PlCterm Smallint,                           —学期,取 1、2、3
Grade1 Smallint,                            —期末成绩
Grade2 Smallint,                            —补考成绩
GPA Numeric(2,1),                           —绩点
Sumpoint Numeric(8,4),                      —积点分
)
```

在查询分析器中执行上述 SQL 语句,执行成功后,可以在对象资源管理器的 edudb 数据库的【表】中看到新建的七张数据表,如图 4.5.7 所示。

图 4.5.7　创建好的数据表

(5)输入数据

这里给出数据表部分数据的输入 SQL 语句。

```
—往教室表插入数据
Insert ClassRoom(CRno, CRadd, CRtype, CRcapacity, CRstatus) Values
('010201 ', '1 号教学楼 2 楼 201 房间', '教室', 50, '可用')
Insert ClassRoom(CRno, CRadd, CRtype, CRcapacity, CRstatus) Values
('010202 ', '1 号教学楼 2 楼 202 房间', '教室', 50, '可用')
—往课程表插入数据
Insert course(Cno, Cname, Credit, Pcno, Lterm, Ctype)
Values('CK1R01A ', 'C 语言程序设计', 3, NULL, NULL, NULL)
Insert course(Cno, Cname, Credit, Pcno, Lterm, Ctype)
Values('CK1R02A ', '数据结构与算法', 4, 'CK1R01A ', NULL, NULL)
—往开课课程表插入数据
Insert PlanCourse( PlCno, PlCyear, PlCterm, PlCweek, PlCmaxcount,
PlCcount, PlCtno, PlCcno)
Values(' CK1R01A2019101 ', ' 2019 ', ' 1 ', ' 1111111111111111 ',
50, 35, ' 9901101 ', ' CK1R01A ')
Insert PlanCourse( PlCno, PlCyear, PlCterm, PlCweek, PlCmaxcount,
PlCcount, PlCtno, PlCcno)
```

```
Values('CK1R01A2019102','2019','1','1111111111111111',
50,35,'9901101','CK1R01A')
—往排教室表插入数据
Insert Setclassroom(PlCno, PlCtime, CRno)
Values('CK1R01A2019101','周四 5,6 节','100401')
Insert Setclassroom(PlCno, PlCtime, CRno)
Values('CK1R01A2019101','周一 1,2 节','010201')
—往学生表插入数据
Insert student(Sno, Sname, Ssex, Sbith, Sclass, Snative, Stelephone,
Spwd, Sstatus)
Values('20204010101','张无忌','男','2002','20 计算机',
NULL, NULL, NULL,'正常')
Insert student(Sno, Sname, Ssex, Sbith, Sclass, Snative, Stelephone,
Spwd, Sstatus)
Values('20204010102','张敏','女','2003','20 计算机', NULL,
NULL, NULL,'正常')
—往修读表插入数据
Insert study(PlCno, Sno, PlCyear, PlCterm, Grade1, Grade2, GPA,
Sumpoint) Values('CK1R01A2019101','20204010101','2019',1, 95,
NULL, NULL, NULL)
Insert study(PlCno, Sno, PlCyear, PlCterm, Grade1, Grade2, GPA,
Sumpoint) Values('CK1R02A2019101','20204010101','2019',1, 83,
NULL, NULL, NULL)
—往教师表插入数据
Insert teacher(tno, tname, Tsex, Tbith, Tdept, Ttitle, Tpwd, Tmaster,
TTelephone)
Values('9901101','任正非','男','1946','计算机学院','教授',
        '123456',
        '网络通信技术','13700000001')
Insert teacher(tno, tname, Tsex, Tbith, Tdept, Ttitle, Tpwd, Tmaster,
TTelephone)
Values('9901102','马云','男','1968','计算机学院','教授',
        '123456',
        '大数据、云计算','13700000002')
```

(6) 调试和试运行

下面通过几个例子来进行数据库的功能测试,开展数据库的试运行。

【例 4-1】查询张无忌 2019 学年第 1 学期所选的课程具体信息,输出学号、姓名、班级、所选课程课号、课程名称、任课教师名称、成绩。

```
SELECT student. sno 学号,student. sname 姓名,student. sclass 班级,
        plancourse. plccno 课号,course. cname 课名,
        teacher. tname 任课教师
FROM student
INNER JOIN study ON student. sno=study. sno
INNER JOIN plancourse ON study. plcno=plancourse. plcno
INNER JOIN course ON plancourse. plccno=course. cno
INNER JOIN teacher ON plancourse. plctno=teacher. tno
WHERE sname='张无忌' and study. plcyear=' 2019 ' and study.
PlCterm='1'
```

SQL 语句执行结果如图 4.5.8 所示,需要检验数据是否正确,是否满足系统的设计要求。

```
select student.sno 学号,student.sname 姓名 ,student.sclass 班级,
       PlanCourse.PlCcno 课号 ,course.cname 课名,
       teacher.tname 任课教师
from student
inner join study on student.sno=study.sno
inner join plancourse on study.PlCno=PlanCourse.PlCno
inner join course on PlanCourse.PlCcno=course.Cno
inner join teacher on PlanCourse.PlCtno=teacher.tno
where sname='张无忌' and study.PlCyear ='2019' and study.PlCterm='1'
```

100 %

结果 消息

	学号	姓名	班级	课号	课名	任课教师
1	20204010101	张无忌	20计算机	CK1R01A	C语言程序设计	任正非
2	20204010101	张无忌	20计算机	CK1R02A	数据结构与算法	马云
3	20204010101	张无忌	20计算机	CK1R03A	离散数学	马化腾
4	20204010101	张无忌	20计算机	CK1R04A	数据库原理	李彦宏
5	20204010101	张无忌	20计算机	CK1R05A	操作系统	李彦宏

图 4.5.8 查询后的数据结果

【例 4-2】查询所开设的课程的学生选课情况,输出开设课程的开课号、课程课号、课程名称、任课教师名称、选课人数。

```
select PlanCourse. plcno 开课号,PlanCourse. PlCcno 课程号,
       course. cname 课程名,teacher. tname 任课教师,
       count( * ) 选课人数
from student,study,plancourse,course,teacher
where student. sno=study. sno
  and study. PlCno=PlanCourse. PlCno
  and PlanCourse. PlCcno=course. Cno
  and PlanCourse. PlCtno=teacher. tno
group by PlanCourse. PlCno,PlanCourse. PlCcno,course. cname,teacher. tname
```

SQL 语句执行结果如图 4.5.9 所示,需要检验数据是否正确,是否满足系统的设计要求。

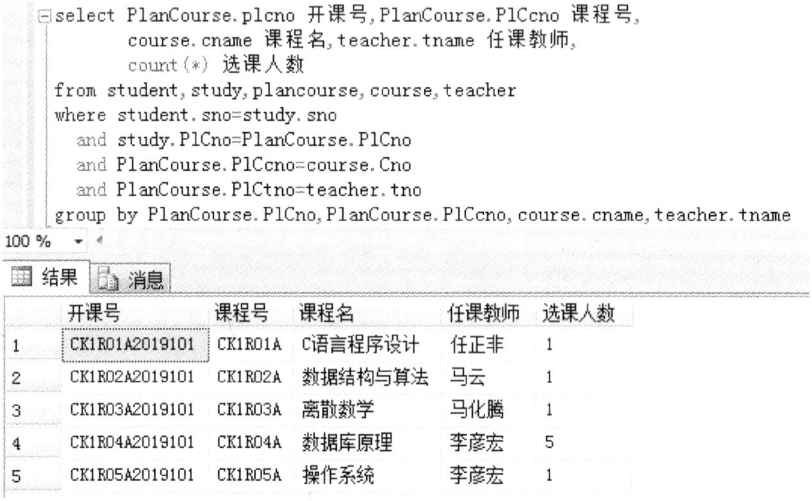

```
select PlanCourse.plcno 开课号,PlanCourse.PlCcno 课程号,
       course.cname 课程名,teacher.tname 任课教师,
       count(*) 选课人数
from student,study,plancourse,course,teacher
where student.sno=study.sno
  and study.PlCno=PlanCourse.PlCno
  and PlanCourse.PlCcno=course.Cno
  and PlanCourse.PlCtno=teacher.tno
group by PlanCourse.PlCno,PlanCourse.PlCcno,course.cname,teacher.tname
```

100 %

结果 消息

	开课号	课程号	课程名	任课教师	选课人数
1	CK1R01A2019101	CK1R01A	C语言程序设计	任正非	1
2	CK1R02A2019101	CK1R02A	数据结构与算法	马云	1
3	CK1R03A2019101	CK1R03A	离散数学	马化腾	1
4	CK1R04A2019101	CK1R04A	数据库原理	李彦宏	5
5	CK1R05A2019101	CK1R05A	操作系统	李彦宏	1

图 4.5.9　查询后的数据结果

5 数据库运行与维护

5.1 技术和方法

数据库试运行通过后，就可以正式投入运行。时间的推移、技术的进步和发展，会不断带来新的需求，应用环境也会不断变化，数据库在运行过程中的物理存储也会不断变化，对数据库进行维护（包括评价、调整、修改等工作）和管理是一项长期的任务。

数据库的维护工作主要由数据库系统管理员完成。

（1）数据库的转储和恢复

数据库在长时间运行的过程中，总会因为某些原因导致数据库发生故障。这些故障包括数据库事务内部的故障，计算机系统的故障，存储介质等硬件故障，计算机病毒造成的各种故障等。一旦发生故障，需要尽快将数据库恢复到某一已知的正确状态，并尽可能减少对数据库的破坏。数据库系统管理员对不同的应用需要针对性地制订数据库转储和恢复计划，保证数据库的一致性。

数据备份与还原是数据库转储和恢复的主要手段，除此之外，SQL Server 2019 还提供了数据分离、数据附加等技术。

（2）数据库的安全性、完整性控制

数据库在长时间的运行过程中，会随着应用需求和环境的变化，对数据库的安全性和完整性要求发生变化，需要数据库系统管理员根据实际情况修改调整原有的约束和控制，以适应数据库的变化。

（3）数据库性能的监督、分析和改造

数据库在长时间运行的过程中，数据库系统管理员需要监督系统运行，分析监测数据，找出改进系统性能的方法。

（4）数据库的重新组织和重新构造

数据库的重新组织指在不修改原设计的逻辑结构和物理结构的情况下，重新组织数据。重新构造指修改数据库的部分逻辑结构和物理结构。

数据库在长时间运行的过程中，由于数据的不断增加、删除和修改，数据库的物理存储情况变坏，从而降低了数据的存取效率，这时就需要数据库管理员对数据库进行重新组织，如按设计要求重新安排存储位置、回收垃圾等，从而提高数据库系统性能。随着数据库应用环境的变化，实体、实体间的联系也会发生变化，这使原有的数据库设计不能满足新需求，这时，数据库管理员就需要调整数据库的逻辑结构物理结构，重构数据库。

数据库的重构只能做部分修改，如果应用的变化太大，重构也无法满足，这时应该设计新的数据库应用系统。

5.2 实例应用

5.2.1 数据库备份与还原

数据库在使用过程中会不可避免地遇到故障，造成数据库运行意外中断，影响数据的完整性、一致性和正确性，甚至破坏数据库。定期备份数据库是保证数据库系统安全有效运行的重要内容，当意外发生时，可以依靠备份数据来恢复数据库。

数据库备份的原则是以最小的代价恢复数据，因此要根据实际应用认真做好备份计划。

数据库遇到故障要进行恢复，恢复分系统自动完成和手工处理两类。当遇到数据库事务内部故障和系统故障时，系统会自动执行恢复，其他情况则需要用户手工处理。

手工处理先要确认备份文件的有效性、核对备份信息、断开数据库连接、备份日志，然后再进行数据库恢复。

1. 数据库备份和日志备份

T-SQL 提供了 BACKUP DATABASE 语句来备份数据库。如果要备份事务日志，则要用 BACKUP LOG 语句。

（1）数据库备份

BACKUP DATABASE 语句可以进行完整、差异、文件和文件组备份，具体语法格式如下。

```
BACKUP DATABASE <database_name | @database_name_var>
  [<file_or_filegroup> [ ,... n ]]
  TO < backup_device > [ ,... n ]
  [ [ MIRROR TO < backup_device > [ ,... n ] ] [ ... next-mirror ] ]
  [ WITH
        [ BLOCKSIZE={ blocksize | @blocksize_variable } ]
        [ [,] BUFFERCOUNT={ buffercount | buffercount_variable } ]
        [ [,] { CHECKSUM | NO_CHECKSUM } ]
        [ [,] { STOP_ON_ERROR | CONTINUE_AFTER_ERROR } ]
        [ [,] DEscRIPTION={ 'text' | @text_variable } ]
        [ [,] DIFFERENTIAL ]
        [ [,] EXPIREDATE={ date | @date_var }
        | RETAINDAYS={ days | @days_var } ]
        [ [,] PASSWORD={ password | @password_variable } ]
        [ [,] { FORMAT | NOFORMAT } ]
        [ [,] { INIT | NOINIT } ]
        [ [,] { NOSKIP | SKIP } ]
        [ [,] MAXTRANSFERSIZE={ maxtransfersize | @maxtransfersize_
              variable } ]
        [ [,] MEDIADEscRIPTION={ 'text' | @text_variable } ]
        [ [,] MEDIANAME={ media_name | media_name_variable } ]
        [ [,] MEDIAPASSWORD={ mediapassword | @mediapassword_
              variable } ]
        [ [,] NAME={ backup_set_name | @backup_set_name_var } ]
        [ [,] { REWIND | NOREWIND } ]
        [ [,] { UNLOAD | NOUNLOAD } ]
        [ [,] RESTART ]
        [ [,] STATS [=percentage ] ]
        [ [,] COPY_ONLY ]
  ]
```

其中，

```
<backup_device> ::=
    <
```

```
  < logical_backup_device_name |@logical_backup_device_name_var >
| < DISK | TAPE >=< 'physical_backup_device_name '
|@physical_backup_device_name_var >
  >
<file_or_filegroup> ::=
  <
    FILE=< logical_file_name |@logical_file_name_var >
  | FILEGROUP=<logical_filegroup_name |@logical_filegroup_name_var >
  | READ_WRITE_FILEGROUPS
  >
```

语句中的主要参数见表 5.2.1。

表 5.2.1　备份数据库语句中的参数及说明

参数	说明
database_name	数据库名称
database_name_var	数据库名称变量
backup_device	备份设备名称
file_or_filegroup	文件或文件组
FILE	给一个或多个包含在数据库备份中的文件命名
FILEGROUP	给一个或多个包含在数据库备份中的文件组命名
READ_WRITE_FILEGROUPS	指定部分备份，包括主文件组和所有具有读写权限的辅助文件组，创建部分备份时需要此关键字
MIRROR TO	表示备份设备组是包含二至四个镜像服务器的镜像媒体集中的一个镜像。若要指定镜像媒体集，则针对第一个镜像服务器设备使用 TO 子句，后跟最多三个 MIRROR TO 子句
BLOCKSIZE	用字节数来指定物理块的大小，支持的大小为 512、1024、2048、4096、8192、16384、32768 和 65536 字节(64 千字节)
BUFFERCOUNT	指定用于备份或还原操作的 I/O 缓冲区总数。可以指定任何正整数
CHECKSUM | NO_CHECKSUM	是否启用校检和
STOP_ON_ERROR | CONTINUE_AFTER_ERROR	校检和失败时是否还继续备份操作

续表

参数	说明
DESCRIPTION	此次备份数据的说明文字内容
DIFFERENTIAL	只做差异备份,如果没有该参数,则做完整备份
EXPIREDATE	指定备份集到期和允许被覆盖的日期
RETAINDAYS	指定必须经过多少天才可以覆盖该备份媒体集
PASSWORD	为备份集设置密码,如果为备份集定义了密码,则必须提供此密码才能对该备份集执行还原操作
FORMAT	创建新的媒体集
NOFORMAT	不创建新的媒体集
INIT	指定覆盖所有备份集,但是保留媒体标头。如果指定了INIT,则将覆盖该设备上所有现有的备份集
NOINIT	表示备份集将追加到指定的媒体集上,以保留现有的备份集
NOSKIP | SKIP	指定是否在覆盖媒体上的所有备份集之前检查它们的过期日期
MAXTRANSFERSIZE	指定要在 SQL Server 和备份媒体之间使用的最大传输单元(字节)。可能的值是 65536 字节(64 千字节)的倍数,最多可到 4194304 字节(4 兆字节)
MEDIADESCRIPTION	指定媒体集的自由格式文本说明,最多为 255 个字符
MEDIANAME	指定整个备份媒体集的媒体名称
MEDIAPASSWORD	为媒体集设置密码。MEDIAPASSWORD 是一个字符串。如果为媒体集定义了密码,则在该媒体集上创建备份集之前必须提供此密码。另外,从该媒体集执行任何还原操作时也必须提供媒体密码
NAME	指定备份集的名称,名称最长可达 128 个字符
REWIND	指定 SQL Server 将释放和重绕磁带
NOREWIND	指定在备份操作后,SQL Server 让磁带一直处于打开状态
UNLOAD	指定在备份完成后,自动重绕并卸载磁带
NOUNLOAD	指定在备份操作后,磁带将继续加载在磁带机中
RESTART	在 SQL Server 中,表示该参数已经失效;在以前版本中,表示现在要做的备份是要继续上次被中断的备份作业

续表

参数	说明
STATS	该参数可以让 SQL Server 每备份好百分之多少数据，就显示备份进度信息
COPY_ONLY	指定此备份不影响正常的备份序列，仅复制不会影响数据库的全部备份和还原过程

【例 5-1】 将 edudb 数据库完整备份到磁盘文件“d:\dbbackup\edudb_backup_full. bak”中。

```
BACKUP DATABASE edudb
TO DISK=' d:\dbbackup\edudb_backup_full. bak '
```

【例 5-2】 将 edudb 数据库差异备份到磁盘文件“d:\dbbackup\edudb_backup_diff. bak”中。

```
BACKUP DATABASE edudb
TO DISK=' d:\dbbackup\edudb_backup_diff. bak '
WITH DIFFERENTIAL
```

【例 5-3】 将 edudb 数据库的数据文件 edudb_Data 备份到磁盘文件“d:\dbbackup\edudb_backup_file. bak”中。

```
BACKUP DATABASE edudb
FILE=' edudb_Data '
TO DISK=' d:\dbbackup\edudb_backup_file. bak '
```

【例 5-4】 将 edudb 数据库的数据文件组 filegroup_edu 备份到磁盘文件“d:\dbbackup\edudb_backup_filegroup. bak”中。

```
BACKUP DATABASE edudb
FILEGROUP=' filegroup_edu '
TO DISK=' d:\dbbackup\edudb_backup_filegroup. bak '
```

(2)日志备份

BACKUP LOG 语句用于数据库日志备份，语法格式和数据库备份基本一样，具体语法格式如下。

```
BACKUP LOG { database_name |
database_name_var }
TO < backup_device > [, ... n]
[ [ MIRROR TO < backup_device > [ ,... n ] ] [ ... next-mirror ] ]
```

```
[ WITH
        [ BLOCKSIZE={ blocksize |@blocksize_variable } ]
        [ [,] BUFFERCOUNT={buffercount | buffercount_variable}]
        [ [,] { CHECKSUM | NO_CHECKSUM } ]
        [ [,] { STOP_ON_ERROR | CONTINUE_AFTER_ERROR } ]
        [ [,] DESCRIPTION={ 'text' | @text_variable } ]
        [ [,] DIFFERENTIAL ]
        [ [,] EXPIREDATE={ date | @date_var }
        | RETAINDAYS={ days | @days_var } ]
        [ [,] PASSWORD={ password | @password_variable } ]
        [ [,] { FORMAT | NOFORMAT } ]
        [ [,] { INIT | NOINIT } ]
        [ [,] { NOSKIP | SKIP } ]
        [ [,]MAXTRANSFERSIZE={maxtransfersize | @maxtransfersize_
            variable } ]
        [ [,] MEDIADESCRIPTION={ 'text' | @text_variable } ]
        [ [,] MEDIANAME={ media_name | media_name_variable } ]
        [ [,] MEDIAPASSWORD={ mediapassword|@mediapassword
            _variable } ]
        [ [,] NAME={ backup_set_name | @backup_set_name_var } ]
        [ [,] { REWIND | NOREWIND } ]
        [ [,] { UNLOAD | NOUNLOAD } ]
        [ [,] RESTART ]
        [ [,] STATS [=percentage ] ]
        [ [,] COPY_ONLY ]
]
```

【例 5-5】将 edudb 数据库的日志备份到磁盘文件“d:\dbbackup\edudb_backup_log. bak”中。

```
BACKUP LOG edudb
TO DISK='d:\dbbackup\edudb_backup_log. bak'
```

2. 数据库还原

T-SQL 提供了 RESTORE DATABASE 语句来还原数据库，用该语句可以完成完整、差异、文件和文件组还原。如果要还原事务日志，则用 RESTORE LOG 语句。

(1)数据库还原

RESTORE DATABASE 语句可以完成完整备份、差异备份、文件和文件组备份的还原工作，具体语法格式如下。

```
RESTORE DATABASE <database_name |@database_name_var >
[<file_or_filegroup> [ ,... n ]]
FROM <backup_device> [ ,... n ]
[ WITH
    [CHECKSUM | NO_CHECKSUM ]                    —是否校验
    [ [,] CONTINUE_AFTER_ERROR | STOP_ON_ERROR ]
                                                 —还原失败是否继续
    [ [,] ENABLE_BROKER ]                        —启动 Service Broker
    [ [,] ERROR_BROKER_CONVERSATIONS ]
                                                 —结束所有会话
    [ [,] FILE=<backup_set_file_number |@backup_set_file_number >]
                                                 —用于还原的文件
    [ [,] KEEP_REPLICATION ] —将复制设置为与日志传送一同使用
    [ [,] MEDIANAME={ media_name
    |@media_name_variable } ]                    —媒体名
    [ [,] MEDIAPASSWORD={ mediapassword
    | @mediapassword_variable } ]                —媒体密码
    [ [,] MOVE ' logical_file_name_in_backup '
    TO ' operating_system_file_name' ] [ ,... n ]—数据还原
    [ [,] NEW_BROKER ]        —创建新的 service_broker_guid 值
    [ [,] PASSWORD={ password | @password_variable } ]
                                                 —备份集的密码
    [ [,] RECOVERY | NORECOVERY                  —恢复模式
    | STANDBY=<standby_file_name |@standby_file_name_var>]
    [ [,] REPLACE ]                      —覆盖现有数据库
    [ [,] RESTART ]                      —重新启动被中断的还原操作
    [ [,] RESTRICTED_USER ]              —限制访问还原的数据库
    [ [,] REWIND | NOREWIND ]                    —是否释放和重绕磁带
```

```
[ [,] UNLOAD | NOUNLOAD ]          —是否重绕并卸载磁带
[ [,] STATS [=percentage ] ]  —还原到指定日期和时间的状态
[ [,] STOPAT=< date_time | @date_time_var >
                              —还原到指定日期和时间
| STOPATMARK=< 'mark_name' | 'lsn:lsn_number'>
                         —恢复为已标记的事务或日志序列号
[ AFTER datetime ]
|STOPBEFOREMARK=< 'mark_name' | 'lsn:lsn_number' >
[ AFTER datetime ]
} ]
]
```

语句中的主要参数见表 5.2.1 和表 5.2.2。

表 5.2.2 SQL Server 还原数据库语句中的部分参数及说明

参数	说明
ENABE_BROKER	启动 Service Broker 以便消息可以立即发送
ERROR_BROKER_CONVERSATIONS	发生错误时结束所有会话,并产生一个错误指出数据库已附加或还原,此时 Service Broke 将一直处于禁用状态直到此操作完成,然后再将其启用
KEEP_REPICATION	将复制设置为与日志传送一同使用。设置该参数后,在备用服务器上还原数据库时,可防止删除复制设置。该参数不能与 NORECOVERY 参数同时使用
MOVE	将逻辑名指定的数据文件或日志文件还原到所指定的位置
NEW_BROKER	使用该参数会在 databases 数据库和还原数据库中都创建一个新的 service_broker_guid 值,并通过清除结束所有会话端点。Service Broker 已启用,但未向远程会话端点发送消息
RECOVERY	回滚未提交的事务,使数据库处于可以使用状态。无法还原其他事务日志
NORECOVERY	不对数据库执行任何操作,不回滚未提交的事务。可以还原其他事务日志
STANDBY	使数据库处于只读模式。撤消未提交的事务,但将撤消操作保存在备用文件中,以便可以恢复效果逆转
standby_file_name | standby_file_name_var	指定一个允许撤消恢复效果的备用文件或变量

续表

参数	说明
REPLACE	覆盖所有现有数据库以及相关文件，包括已存在的同名的其他数据库或文件
RESTART	指定 SQL Server 应重新启动被中断的还原操作。RESTART 从中断点重新启动还原操作
RESTRICTED_USER	还原后的数据库仅供 db_owner、dbcreater 或 sysadmin 的成员使用
STOPAT	将数据库还原到指定日期和时间的状态
STOPATMARK	恢复为已标记的事务或日志序列号。恢复中包括带有已命名标记或 SN 的事务，仅当该事务最初于实际生成事务时已获得提交，才可进行本次提交
TOPBEFOREMARK	恢复为已标记的事务或日志序列号。恢复中不包括带有已命名标记或 SN 的事务，使用 WITH RECOVERY 时，事务将回滚

【例 5-6】用“d:\dbbackup\edudb_backup_full. bak”完全数据库备份文件恢复 edudb 数据库。

```
RESTORE DATABASE edudb
FROM DISK=' d:\dbbackup\edudb_backup_full. bak '
```

【例 5-7】用“d:\dbbackup\edudb_backup_diff. bak”差异数据库备份文件还原 edudb 数据库。

还原差异备份的语法与还原完整备份的语法是一样的，只是在还原差异备份时，必须先还原完整备份再还原差异备份，因此还原差异备份必须要分为两步完成。同时，除了最后一个还原操作，其他还原操作都必须加上 STANDBY 或 NORECOVERY 参数。

```
USE master
GO
RESTORE DATABASE edudb
FROM DISK=' d:\dbbackup\edudb_backup_full. bak '
WITH NORECOVERY
GO
RESTORE DATABASE edudb
FROM DISK=' d:\dbbackup\edudb_backup_diff. bak '
GO
```

【例 5-8】用"d:\dbbackup\edudb_backup_file. bak"数据库备份文件还原edudb 数据库的数据文件。

```
RESTORE DATABASE edudb
FILE=' edudb_Data '
FROM DISK=' d:\dbbackup\edudb_backup_file. bak '
```

或者：

```
RESTORE DATABASE edudb
FILEGROUP=' PRIMARY '
TO DISK=' d:\dbbackup\edudb_backup_file. bak '
```

对于数据库的文件或文件组还原，在还原文件和文件组备份后，还要再还原其他备份来获得最近的数据库状态。

(2)日志还原

T-SQL 提供了 RESTORE LOG 语句来还原数据库还原事务日志备份，语法格式和数据库还原的格式一样，具体格式如下。

```
RESTORE  LOG  <数据库名>
[<文件或文件组>[,<文件或文件组>]…]
FROM <备份设备名>[,<备份设备名>]…]
[WITH<参数>]
```

还原事务日志备份和还原差异备份一样，还原事务日志备份必须要先还原在其之前的完整备份，除了最后一个还原操作，其他还原操作都必须加上NORECOVERY 或 STANDBY 参数。

【例 5-9】用"d:\dbbackup\edudb_backup_log. bak"数据库日志备份文件还原 edudb 数据库。

日志备份的还原语法与还原差异备份的方法一样，必须先还原完整备份再还原日志备份，因此还原日志备份必须要分为两步完成。同时，除了最后一个还原操作，其他还原操作都必须加上 STANDBY 或 NORECOVERY 参数。

```
USE master
GO
RESTORE DATABASE edudb
FROM DISK=' d:\dbbackup\edudb_backup_full. bak '
WITH STANDBY
GO
```

```
RESTORE LOG edudb
FROM DISK='d:\dbbackup\edudb_backup_diff.bak'
GO
```

3. 例子

我们根据教学过程管理系统的业务流程制订了备份计划(见表 5.2.3)。

表 5.2.3　备份计划

阶段	备份方式	备份设备文件名
排课前	完全备份	E:\databack\edudb_paike0.bak
排课中	差异备份	E:\databack\edudb_paike1.bak
排课完成	完全备份	E:\databack\edudb_paike2.bak
第 1 次选课中	差异备份	E:\databack\edudb_xuanke1_0.bak
第 1 次选课完成	完全备份	E:\databack\edudb_xuanke1_1.bak
第 1 次选课处理中	差异备份	E:\databack\edudb_xuanke1_2.bak
第 1 次选课处理完成	完全备份	E:\databack\edudb_xuanke1.bak
第 2 次选课中	差异备份	E:\databack\edudb_xuanke2_0.bak
第 2 次选课完成	完全备份	E:\databack\edudb_xuanke2_1.bak
第 2 次选课处理中	差异备份	E:\databack\edudb_xuanke2_2.bak
第 2 次选课处理完成	完全备份	E:\databack\edudb_xuanke2.bak
登记成绩中	差异备份	E:\databack\edudb_chengji1_0.bak
登记成绩完成	完全备份	E:\databack\edudb_chengji1.bak
第 3 次选课处理中	差异备份	E:\databack\edudb_xuanke3_2.bak
第 3 次选课处理完成	完全备份	E:\databack\edudb_xuanke3.bak

在数据库的查询分析器窗口中输入 SQL 语句并执行,如图 5.2.1 所示。

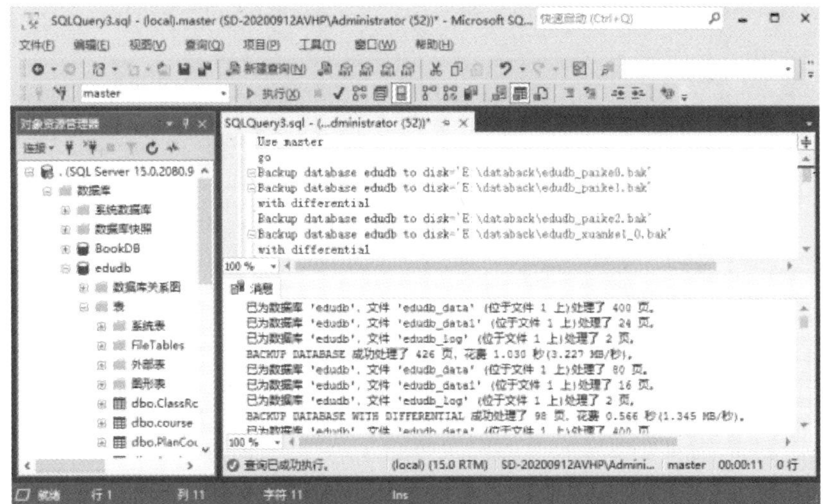

图 5.2.1 执行备份的 SQL 命令

具体 SQL 语句如下。

```
Use master
go
Backup database edudb to disk='E:\databack\edudb_paike0.bak'
Backup database edudb to disk='E:\databack\edudb_paike1.bak'
with differential
Backup database edudb to disk='E:\databack\edudb_paike2.bak'
Backup database edudb to disk='E:\databack\edudb_xuanke1_0.bak'
with differential
Backup database edudb to disk='E:\databack\edudb_xuanke1_1.bak'
Backup database edudb to disk='E:\databack\edudb_xuanke1_2.bak'
with differential
Backup database edudb to disk='E:\databack\edudb_xuanke1.bak'
Backup database edudb to disk='E:\databack\edudb_xuanke2_0.bak'
with differential
go
Backup database edudb to disk='E:\databack\edudb_xuanke2_1.bak'
Backup database edudb to disk='E:\databack\edudb_xuanke2_2.bak'
with differential
Backup database edudb to disk='E:\databack\edudb_xuanke2.bak'
```

```
Backup database edudb to disk='E:\databack\edudb_chengji1_0.bak'
with differential
Backup database edudb to disk='E:\databack\edudb_chengji1.bak'
Backup database edudb to disk='E:\databack\edudb_xuanke3_2.bak'
with differential
Backup database edudb to disk='E:\databack\edudb_xuanke3.bak'
go
```

故障设置:假定“第 2 次选课中”出现故障,需要人工恢复。

还原方法如下。

①先恢复到出现故障前最近的一次完全备份点。

用第 1 次选课处理完成后的完全备份 E:\databack\edudb_xuanke1.bak,完成还原。

②完成备份文件还原之后的差异备份还原。

用第 1 次选课中完成后的差异备份 E:\databack\edudb_xuanke2_0.bak,完成还原。

具体 SQL 语句如下。

```
Use master
go
Restore database edudb
from disk='E:\databack\edudb_xuanke1.bak'
with replace, norecovery
go
Restore database edudb
from disk='E:\databack\edudb_xuanke2_0.bak'
with replace
go
```

在数据库的查询分析器窗口中输入 SQL 语句并执行,如图 5.2.2 所示。

5.2.2 数据库安全性管理

SQL Server 2019 和原先版本一样,使用安全账户(登录账户)认证控制用户与服务器的连接,使用数据库用户和角色等完成用户对数据库的访问控制。一个用户要对某一数据库进行操作,需要满足三个条件:登录数据库服务器时必须通过身份验证;必须有访问该数据库的权限,通常是该数据库的用户或角色成

```
Use master
go
Restore database edudb
from disk='E:\databack\edudb_xuanke1.bak'
with replace, norecovery
go
Restore database edudb
from disk='E:\databack\edudb_xuanke2_0.bak'
with replace
go
```

```
100 %
消息
已为数据库 'edudb'，文件 'edudb_data' (位于文件 1 上)处理了 400 页。
已为数据库 'edudb'，文件 'edudb_data1' (位于文件 1 上)处理了 24 页。
已为数据库 'edudb'，文件 'edudb_log' (位于文件 1 上)处理了 2 页。
RESTORE DATABASE 成功处理了 426 页，花费 1.419 秒(2.342 MB/秒)。
已为数据库 'edudb'，文件 'edudb_data' (位于文件 1 上)处理了 56 页。
已为数据库 'edudb'，文件 'edudb_data1' (位于文件 1 上)处理了 16 页。
已为数据库 'edudb'，文件 'edudb_log' (位于文件 1 上)处理了 2 页。
RESTORE DATABASE 成功处理了 74 页，花费 1.676 秒(0.342 MB/秒)。

完成时间: 2021-03-01T06:18:14.5102248+08:00
```

图 5.2.2　执行还原的 SQL 命令

员；必须有执行该操作的权限。

下面我们通过角色、用户、登录账户的创建、权限管理、设置等来完成实例中的数据库安全控制。

表 5.2.4 描述了一种可能的安全控制方案，作为例子，可以作为实际应用的参考。

表 5.2.4　角色和用户拥有的数据表权限

角色	用户(登录同名)	基本表						
		学生	教师	教室	课程	开课	排课	修读
学生 role_s	s1，s2	SELECT						SELECT，INSERT，DELETE
教师 role_t	t1，t2	SELECT						SELECT，UPDATE
教务管理员 role_m	m1，m2	SELECT，INSERT，UPDATE，DELETE						
数据管理员	操作系统管理员	数据库创建者，拥有数据库上的所有权限，包括 CREATE，ALTER，DROP，SELECT，INSERT，UPDATE，DELETE，GRANT，REVOKE						

【例 5-10】创建表 5.2.4 中的用户和角色。

```
—创建用户 s1,s2,角色 role_s
Create login s1 with password='123456', default_database=edudb
Create user s1 for login s1
Create login s2 with password='123456'
Create user s2 for login s2
Create role role_s
Go
—创建用户 t1,t2,角色 role_t
Create login t1 with password='123456', default_database=edudb
Create user t1 for login s1
Create login s2 with password='123456'
Create user s2 for login s2
Create role role_s
Go
—创建用户 m1,m2,角色 role_m
Create login s1 with password='123456', default_database=edudb
Create user s1 for login s1
Create login s2 with password='123456'
Create user s2 for login s2
Create role role_s
```

语句执行后的结果见图 9.2.3。

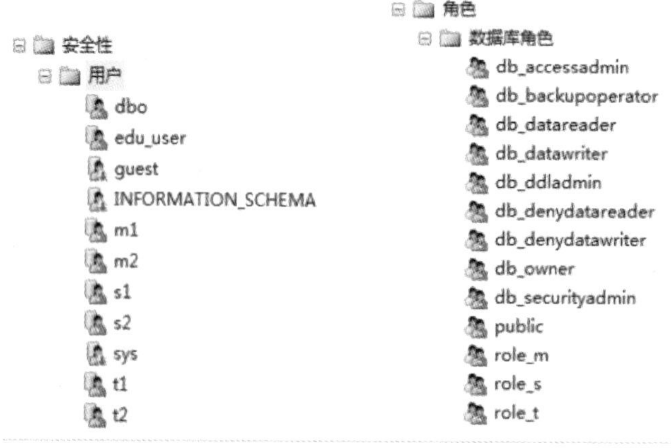

图 5.2.3 【例 5-10】创建成功后的用户和角色

【例 5-11】授予新建用户和角色访问数据库的权限。

```
Grant connect to s1
Grant connect to s2
Grant connect to m1
Grant connect to m2
Grant connect to t1
Grant connect to t2
Grant connect to role_s
Grant connect to role_t
Grant connect to role_m
```

【例 5-12】授予角色相应的数据权限。

```
Grant select on student to role_s,role_t,role_m
Grant select on course to role_s,role_t,role_m
Grant select on classroom to role_s,role_t,role_m
Grant select on plancourse to role_s,role_t,role_m
Grant select on teacher to role_s,role_t,role_m
Grant select on setclassroom to role_s,role_t,role_m
Grant select on study to role_s,role_t,role_m
Go
Grant insert,delete on study to role_s
Grant update(study) on study to role_t
Go
Grant insert,update,delete on student to role_m
Grant insert,update,delete on course to role_m
Grant insert,update,delete on classroom to role_m
Grant insert,update,delete on teacher to role_m
Grant insert,update,delete on plancourse to role_m
Grant insert,update,delete on setclassroom to role_m
Grant insert,update,delete on study to role_m
```

【例 5-13】授予用户角色权限(即给角色分配用户)。

```
Execute sp_addrolemember role_s,s1
```

```
Alter role role_s add member s2
Alter role role_m add member m1
Alter role role_m add member m2
Alter role role_t add member t1
Alter role role_t add member t2
```

下面以不同的用户登录 SQL Server 2019,并执行相应的 SQL 语句,具体信息见表 5.2.5,用户 s1 的执行结果参见图 5.2.4 到图 5.2.8,其他用户的执行结果请自行核对。

表 5.2.5　不同用户登录后执行 SQL 语句的情况

用户	执行的 SQL 语句	执行情况	执行结果
s1	select * from student	允许执行	执行结果 1,见图 5.2.4
	insert into course values ('ck3r01a','SQL Server 2019 数据库技术与应用',2,'ck2r01a',null,'专业选修课')	不允许执行	执行结果 2,见图 5.2.5
	insert into study(plcno,sno) values ('ck2r01a2020101','20204170001')	允许执行	执行结果 3,见图 5.2.6
	update study set grade1 = 100 where plcno = 'ck2r01a2020101' and sno='20204170001'	不允许执行	执行结果 4,见图 5.2.7
	delete from study where plcno = 'ck2r01a2020101' and sno='20204170001'	允许执行	执行结果 5,见图 5.2.8
t1	select * from student	允许执行	图略
	insert into course values ('ck3r01a','SQL Server 2019 数据库技术与应用',2,'ck2r01a',null,'专业选修课')	不允许执行	图略
	insert into study(plcno,sno) values ('ck2r01a2020101','20204170001')	不允许执行	图略
	update study set grade1 = 100 where plcno = 'ck2r01a2020101' and sno='20204170001'	允许执行	图略
	delete from study where plcno = 'ck2r01a2020101' and sno='20204170001'	不允许执行	图略

续表

用户	执行的 SQL 语句	执行情况	执行结果
m1	select * from student	允许执行	图略
	insert into course values ('ck3r01a','SQL Server 2019 数据库技术与应用',2,'ck2r01a',null,'专业选修课')	允许执行	图略
	insert into study(plcno,sno) values ('ck2r01a2020101','20204170001')	允许执行	图略
	update study set grade1 = 100 where plcno = 'ck2r01a2020101' and sno='20204170001'	允许执行	图略
	delete from study where plcno = 'ck2r01a2020101' and sno='20204170001'	允许执行	图略

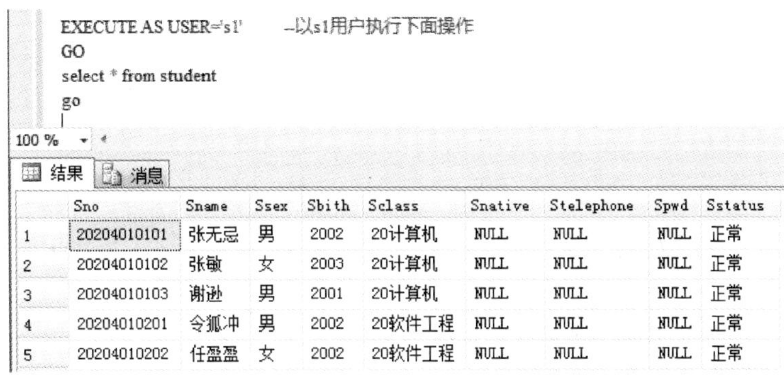

	Sno	Sname	Ssex	Sbith	Sclass	Snative	Stelephone	Spwd	Sstatus
1	20204010101	张无忌	男	2002	20计算机	NULL	NULL	NULL	正常
2	20204010102	张敏	女	2003	20计算机	NULL	NULL	NULL	正常
3	20204010103	谢逊	男	2001	20计算机	NULL	NULL	NULL	正常
4	20204010201	令狐冲	男	2002	20软件工程	NULL	NULL	NULL	正常
5	20204010202	任盈盈	女	2002	20软件工程	NULL	NULL	NULL	正常

图 5.2.4　表 5.2.5 中的执行结果 1

```
Insert into course values ('CK3R01A','sql server2019数据库技术与应用',2,'CK2R01A',null,'专业选修课'
go
```

100 %

消息

消息 229，级别 14，状态 5，第 20 行
拒绝了对对象 'course' (数据库 'edudb'，架构 'dbo')的 INSERT 权限。

图 5.2.5　表 5.2.5 中的执行结果 2

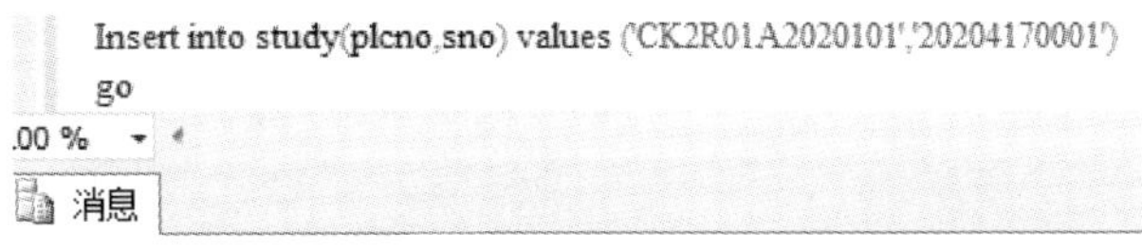

图 5.2.6　表 5.2.5 中的执行结果 3

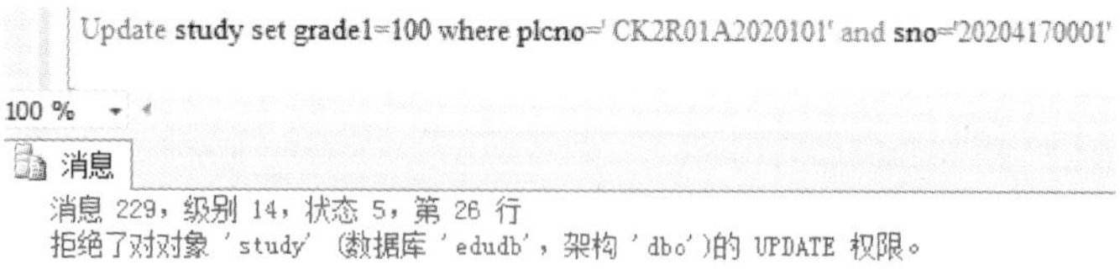

Update study set grade1=100 where plcno=' CK2R01A2020101' and sno='20204170001'
100 %
消息
消息 229，级别 14，状态 5，第 26 行
拒绝了对对象 'study' (数据库 'edudb'，架构 'dbo')的 UPDATE 权限。

图 5.2.7　表 5.2.5 中的执行结果 4

Delete from study where plcno=' CK2R01A2020101' and sno='20204170001'
go
100 %
消息
(1 行受影响)

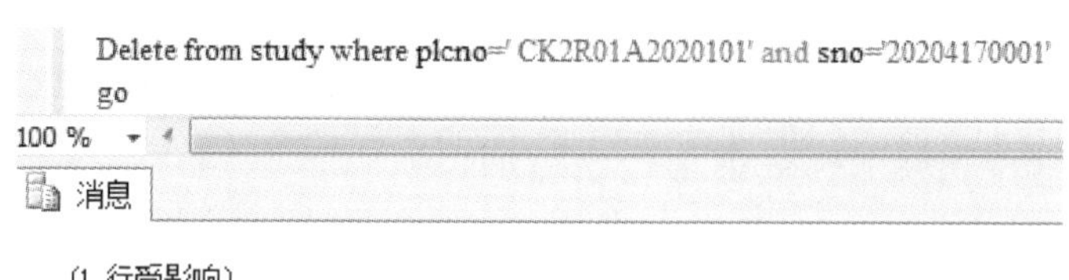

图 5.2.8　表 5.2.5 中的执行结果 5

5.2.3　数据的导入、导出

数据库在处理数据的过程中，有时某些数据在外部的一些文件中已经存在（如 Access、Excel 中已经存在入学时新生的基本信息），我们可以从这些文件中获取数据；或者我们希望把查找出来的数据复制到其他文件中，以便于数据的进一步处理。

为了解决这个问题，SQL Server 2019 提供了数据导入、导出的功能，使用数据转换服务，在不同类型的数据源之间完成数据的导入和导出。

下面以 Excel 和 SQL Server 2019 之间的数据导入、导出为例，进行数据的导入、导出工作。

【例 5-14】将 edudb 数据库中的学生信息、课程信息、教师信息（见图5.2.9）导出到 Excel 表中。

完成该任务有两种方法：一是利用 SQL Server 2019 中 SSMS 的数据导入、导出工具，二是通过 T-SQL 语句。

(1)利用数据导入、导出工具

①在【对象资源管理器】窗口中展开服务器，然后选择【数据库】节点下的【edudb】数据库，点击右键，从弹出的快捷菜单中选择【任务】命令中的【导出数据】项，如图 5.2.10 所示。

②SQL Server 2019 启动导入和导出向导，按【Next】进入下一步，如图 5.2.11 所示。

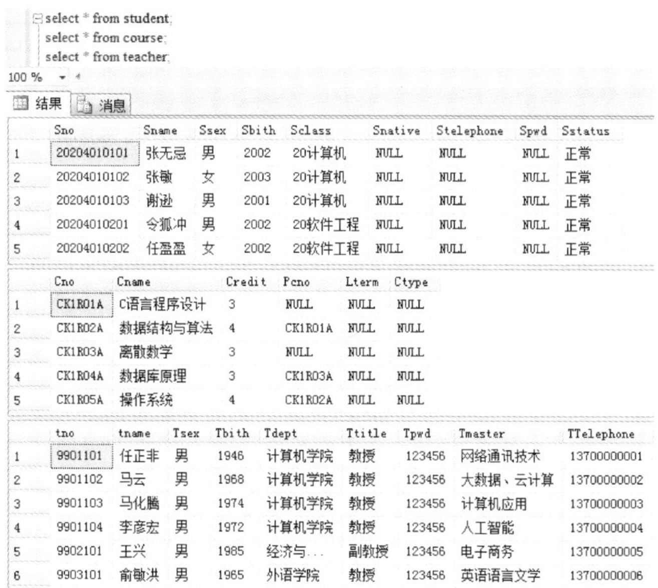

```
select * from student;
select * from course;
select * from teacher;
```

100 %

结果 消息

	Sno	Sname	Ssex	Sbith	Sclass	Snative	Stelephone	Spwd	Sstatus
1	20204010101	张无忌	男	2002	20计算机	NULL	NULL	NULL	正常
2	20204010102	张敏	女	2003	20计算机	NULL	NULL	NULL	正常
3	20204010103	谢逊	男	2001	20计算机	NULL	NULL	NULL	正常
4	20204010201	令狐冲	男	2002	20软件工程	NULL	NULL	NULL	正常
5	20204010202	任盈盈	女	2002	20软件工程	NULL	NULL	NULL	正常

	Cno	Cname	Credit	Pcno	Lterm	Ctype
1	CK1R01A	C语言程序设计	3	NULL	NULL	NULL
2	CK1R02A	数据结构与算法	4	CK1R01A	NULL	NULL
3	CK1R03A	离散数学	3	NULL	NULL	NULL
4	CK1R04A	数据库原理	3	CK1R03A	NULL	NULL
5	CK1R05A	操作系统	4	CK1R02A	NULL	NULL

	tno	tname	Tsex	Tbith	Tdept	Ttitle	Tpwd	Tmaster	TTelephone
1	9901101	任正非	男	1946	计算机学院	教授	123456	网络通讯技术	13700000001
2	9901102	马云	男	1968	计算机学院	教授	123456	大数据、云计算	13700000002
3	9901103	马化腾	男	1974	计算机学院	教授	123456	计算机应用	13700000003
4	9901104	李彦宏	男	1972	计算机学院	教授	123456	人工智能	13700000004
5	9902101	王兴	男	1985	经济与...	副教授	123456	电子商务	13700000005
6	9903101	俞敏洪	男	1965	外语学院	教授	123456	英语语言文学	13700000006

图 5.2.9 需要导出到 Excel 中的数据

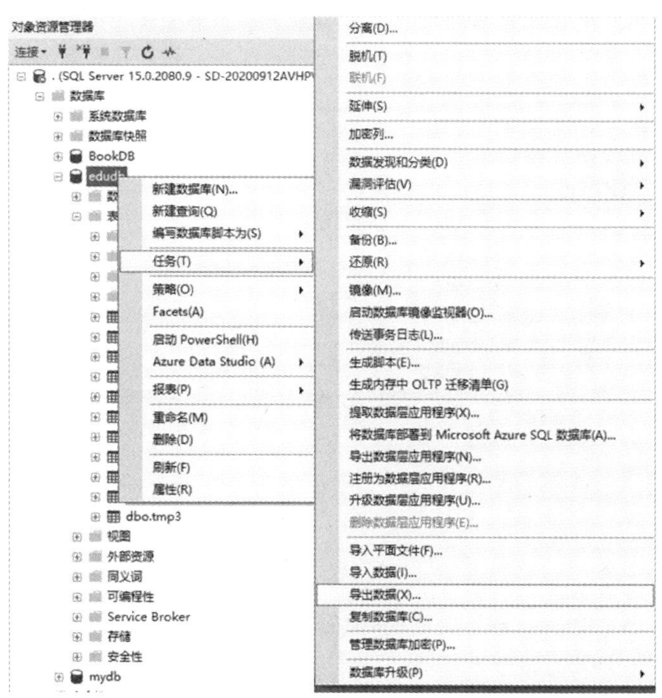

图 5.2.10 对象资源管理器中的导出数据命令

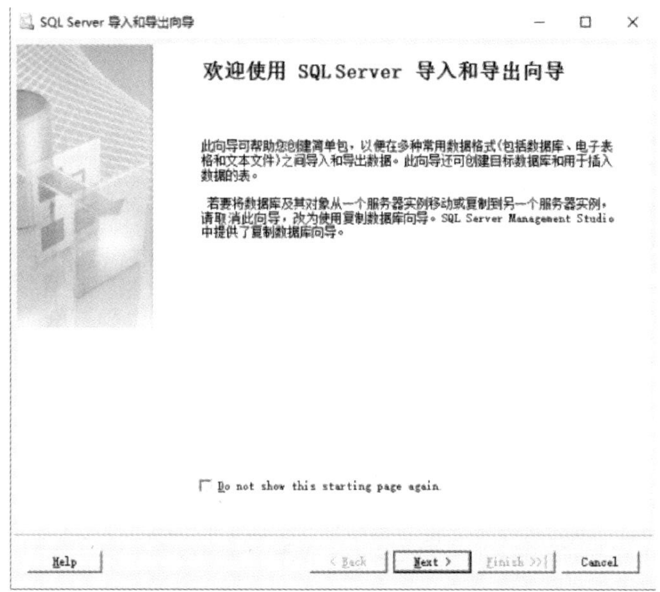

图 5.2.11 SQL Server 2019 导入导出向导

③在导入和导出向导页面中选择数据库，这里从 SQL Server 导出到 Excel，因此，数据源设置为 SQL Server Native Client 11.0，按【Next】进入下一步，如图 5.2.12 所示。

图 5.2.12 设置输出数据源

④进一步设置数据源的具体信息，包括服务器名称、身份验证、数据库。这里，选择本地服务器(用“.”表示)，使用“windows 身份验证”，数据库选择 edudb，按【Next】进入下一步，如图 5.2.13 所示。

图 5.2.13 数据源的具体信息设置

⑤在【SQL Server 导入和导出向导】页面中设置数据导出目标，这里，“目标”设置为“Microsoft Excel”，按【Next】进入下一步，如图 5.2.14 所示。

图 5.2.14 导入导出向导中设置数据导出目标

⑥在【SQL Server 导入和导出向导】页面中继续设置数据导出目标的具体信息，这里的“目标”为“Microsoft Excel”，需要设置 Excel 的文件路径、版本、是否首行包含列名称信息，设置完成后按【Next】进入下一步，如图 5.2.15 所示。其中，Excel 的文件路径可以通过点击【浏览】，选择需要接收数据的 Excel 文件，如图 5.2.16 所示。

图 5.2.15 数据导出目标的具体信息设置

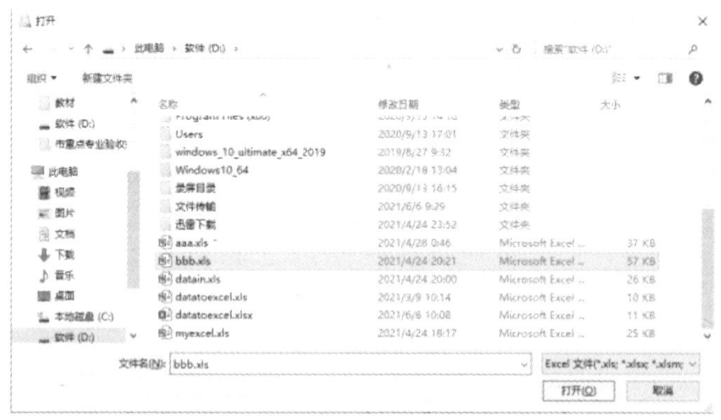

图 5.2.16 选择导入数据的 Excel 文件

⑦在【SQL Server 导入和导出向导】页面中选择输出的数据是从表或视图输出，还是从查询结果输出，这里选择“复制一个或多个表或视图的数据”，按

【Next】进入下一步，如图 5.2.17 所示。

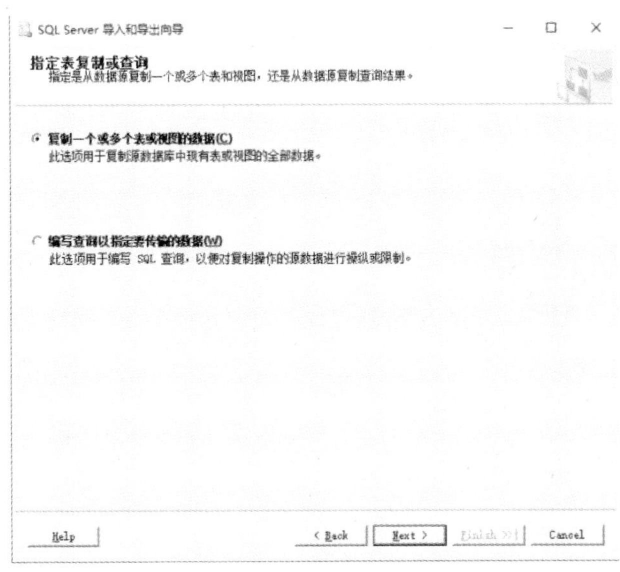

图 5.2.17　选择数据输出的方式

⑧在【SQL Server 导入和导出向导】页面中进一步设置具体信息，选择需要输出数据的表或视图、输出后的表名，设置完成后按【Next】进入下一步，如图 5.2.18 所示。

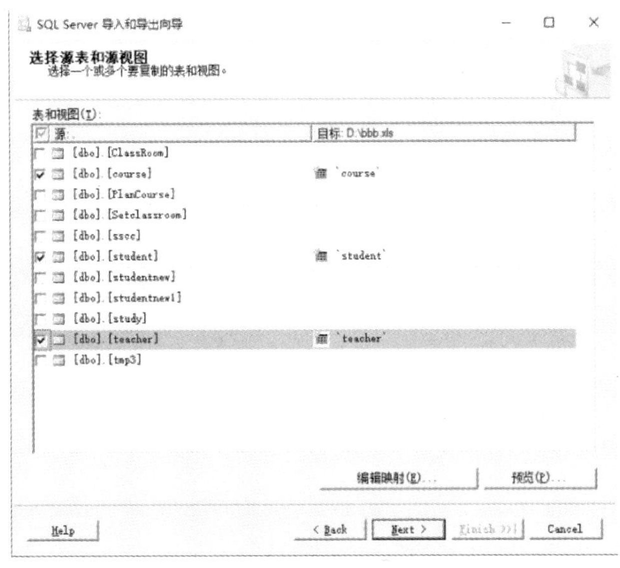

图 5.2.18　选择数据源及输出目标名

⑨在【SQL Server 导入和导出向导】页面中核对数据导出信息，包括表和数据类型的映射等内容，确认无误后，按【Next】进入下一步，如图 5.2.19 所示。

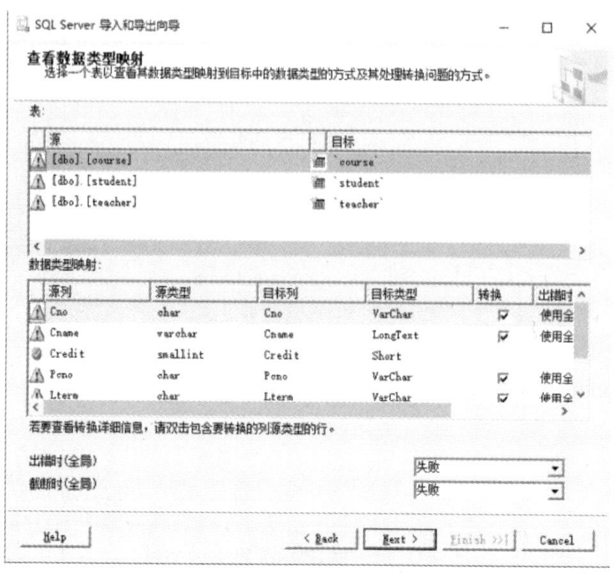

图 5.2.19　导出数据的信息核对

⑩在【SQL Server 导入和导出向导】页面的“保存并运行包”中选择“立即运行”，按【Next】进入下一步，也可以按【Finish】立即执行导出操作，如图 5.2.20 所示。

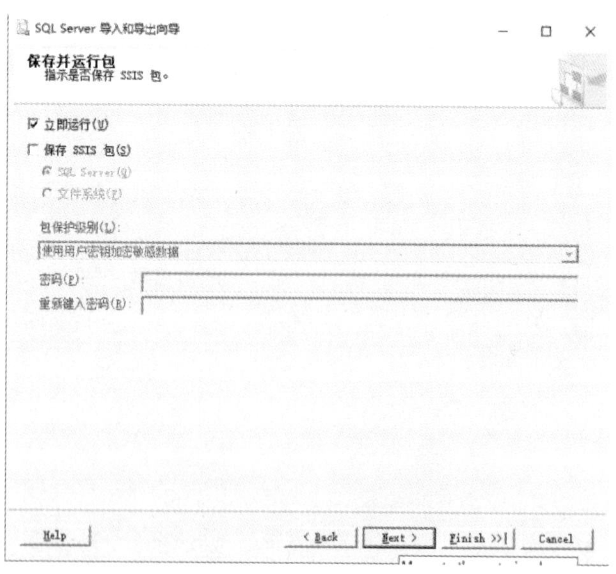

图 5.2.20　导入导出向导中的保存并运行包页面

⑪【SQL Server 导入和导出向导】页面会显示向导完成信息，按【Finish】后关闭信息显示，立即执行导出操作，如图 5.2.21 所示。

图 5.2.21　导入和导出向导页中的向导完成页面

⑫【SQL Server 导入和导出向导】页面显示数据导出的执行状态，执行完毕后按【Close】关闭向导，如图 5.2.22 所示，也可以按【Report】查看执行的报告，如图 5.2.23 所示。至此，数据导出结束。

⑬打开 D 盘中的 bbb.xls 文件，可以看到文件中增加了“course”“student”“teacher”三张表及相应的数据，如图 5.2.24 所示。

图 5.2.22　导入导出向导中的执行页面

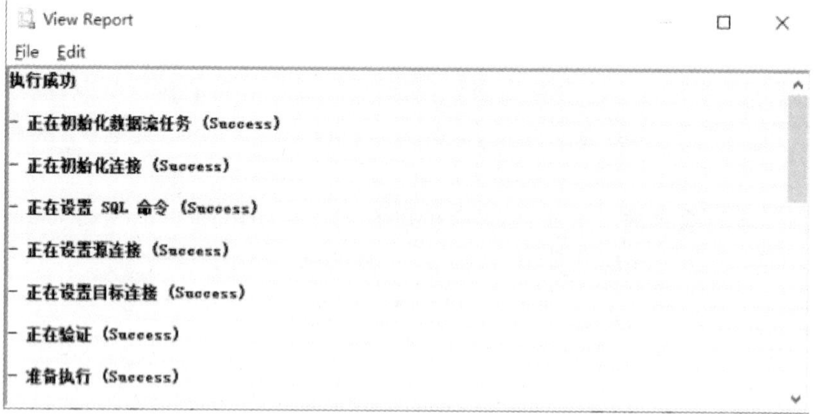

图 5.2.23　查看导入导出向导中的执行报告

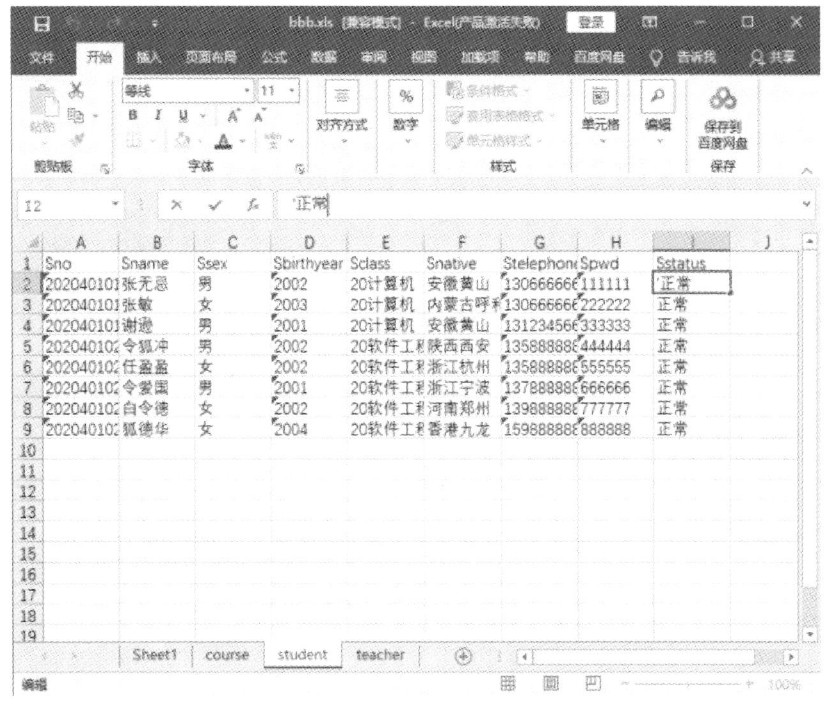

图 5.2.24 导出到 Excel 中的表和数据

(2)通过 T-SQL 语句来完成

①先创建 Excel 文件,定义好工作簿中的数据表(即列设置好,列的数量要和导出的数据列数一致,列名可以随便取),Excel 文件命名为 d:\dataouttoexcel.xls,并设置好字段名。

②编写 T-SQL 语句并调试运行,代码如下。

```
—开始使用前,开启 Ad Hoc Distributed Queries
—1 表示显示高级选项,0 表示不显示
Exec sp_configure " show advanced options ",1
Reconfigure
—1 表示允许高级分布式查询,0 表示不允许
Exec sp_configure " Ad Hoc Distributed Queries ",1
Reconfigure
Go
—允许在进程中使用 ACE.OLEDB.12
```

```
Exec master.dbo.sp_MSset_oledb_prop N 'Microsoft.ACE.OLEDB.12.0', N 'AllowInProcess', 1
--允许动态参数
Exec master.dbo.sp_MSset_oledb_prop N 'Microsoft.ACE.OLEDB.12.0', N 'DynamicParameters', 1
Go
--将查询后的数据导出到 Excel 文件 d:/dataouttoexcel.xls 中
Insert into OpenDataSource( 'Microsoft.ACE.OLEDB.12.0','Data Source = d:/dataouttoexcel.xls; Extended properties = Excel 12.0 ')...[student$]
Select * from student;
Go
Exec sp_configure "Ad Hoc Distributed Queries",0
Reconfigure
Exec sp_configure "show advanced options",0
Reconfigure
Go
```

执行结果如图 5.2.24 所示。

【例 5-15】将 EXCEL 表(数据可见图 5.2.24)中的学生信息(数据存放在文件 d:\datafromexcel.xls 中)导到数据库 edudb 的 newstudent 表中。

完成该任务也可以有两种方法:一是利用 SQL Server 的数据导入、导出工具,二是通过 T-SQL 语句。

利用数据导入、导出工具的方法和【例 5-5】一致,注意数据源是 Excel,目标变成 SQL Server 即可,具体步骤可参考【例 5-5】的处理过程。下面介绍使用 T-SQL 语句完成数据的导入工作。

T-SQL 语句如下。

```
--开始使用前,开启 Ad Hoc Distributed Queries
--1 表示显示高级选项,0 表示不显示
Exec sp_configure "show advanced options",1
Reconfigure
--1 表示允许高级分布式查询,0 表示不允许
Exec sp_configure "Ad Hoc Distributed Queries",1
Reconfigure
```

```
Go
—允许在进程中使用 ACE.OLEDB.12
Exec master.dbo.sp_MSset_oledb_prop N 'Microsoft.ACE.OLEDB.12.0', N 'AllowInProcess', 1
—允许动态参数
Exec master.dbo.sp_MSset_oledb_prop N 'Microsoft.ACE.OLEDB.12.0',
N 'DynamicParameters', 1
Go
—导入数据到新表中,SQL server 会先创建新表 newstudent,然后插入数据
Select * into newstudent from OpenDataSource( 'Microsoft.ACE.OLEDB.12.0','Data Source=d:/datafromexcel.xls;Extended properties=Excel 12.0')...[student$]
Go
Exec sp_configure "Ad Hoc Distributed Queries",0
Reconfigure
Exec sp_configure "show advanced options",0
Reconfigure
Go
```

执行结果如图 5.2.25 所示,导入后的数据如图 5.2.26 所示。

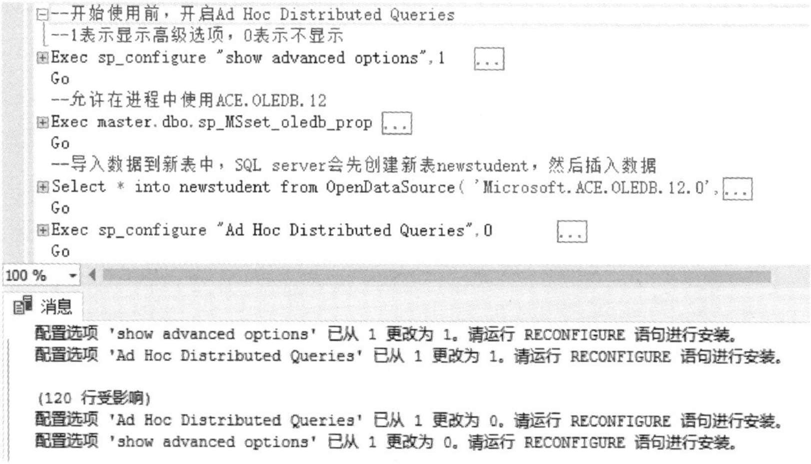

```
--开始使用前，开启Ad Hoc Distributed Queries
--1表示显示高级选项，0表示不显示
Exec sp_configure "show advanced options",1 ...
Go
--允许在进程中使用ACE.OLEDB.12
Exec master.dbo.sp_MSset_oledb_prop ...
Go
--导入数据到新表中，SQL server会先创建新表newstudent，然后插入数据
Select * into newstudent from OpenDataSource( 'Microsoft.ACE.OLEDB.12.0',...
Go
Exec sp_configure "Ad Hoc Distributed Queries",0 ...
Go

100 %

消息
配置选项 'show advanced options' 已从 1 更改为 1。请运行 RECONFIGURE 语句进行安装。
配置选项 'Ad Hoc Distributed Queries' 已从 1 更改为 1。请运行 RECONFIGURE 语句进行安装。

(120 行受影响)
配置选项 'Ad Hoc Distributed Queries' 已从 1 更改为 0。请运行 RECONFIGURE 语句进行安装。
配置选项 'show advanced options' 已从 1 更改为 0。请运行 RECONFIGURE 语句进行安装。
```

图 5.2.25 T-SQL 语句和执行结果

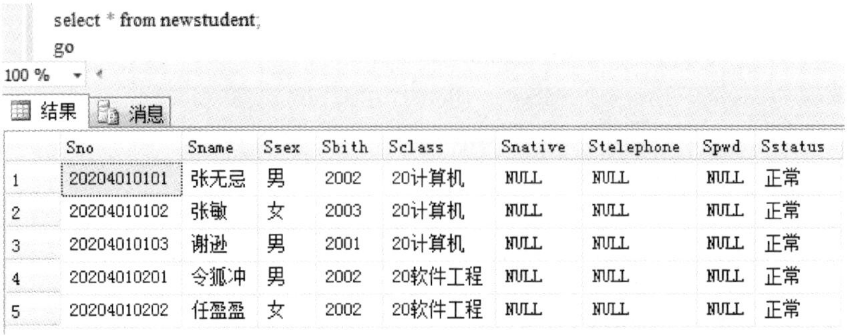

```
select * from newstudent;
go
```

100 %

结果 消息

	Sno	Sname	Ssex	Sbith	Sclass	Snative	Stelephone	Spwd	Sstatus
1	20204010101	张无忌	男	2002	20计算机	NULL	NULL	NULL	正常
2	20204010102	张敏	女	2003	20计算机	NULL	NULL	NULL	正常
3	20204010103	谢逊	男	2001	20计算机	NULL	NULL	NULL	正常
4	20204010201	令狐冲	男	2002	20软件工程	NULL	NULL	NULL	正常
5	20204010202	任盈盈	女	2002	20软件工程	NULL	NULL	NULL	正常

图 5.2.26 导入后的 newstudent 数据

6 数据库编程及应用

6.1 数据库编程

6.1.1 T-SQL 基础

T-SQL 是微软公司对 ANSI SQL92 的扩展，是 SQL Server 2019 的核心内容之一。标准 SQL 很好地解决了数据库的操作问题，但可编程性和灵活性较差，为更好地服务应用需要，T-SQL 对其进行了扩充，加入了程序控制结构、变量和其他的一些功能，增加了更丰富的函数等内容。SQL Server 2019 利用这些功能可以编写更复杂的 SQL 语句，构建数据库服务器上基于代码的对象，如存储过程、触发器、用户自定义函数等，可以更好地处理数据库的实际需要。SQL 语言不区分大小写，因此 T-SQL 也不区分大小写，下面实例的应用存在大小写混合情况，请读者根据环境需要或自己的习惯使用大小写。

1. T-SQL 程序的基本结构

(1)批

批是一组 T-SQL 语句的集合，一个批以结束符 GO 结束。批中的所有语句一次性提交给 SQL Server，SQL Server 把批中语句编译成一个执行单元，一次性全部执行。举例如下。

```
USE edudb;
GO
SELECT * FROM course;
GO
```

(2)事务

事务是用户定义的一个数据库操作序列，这些操作是一个不可分割的工作单位，要么全做，要么全不做。它是数据库恢复和并发控制的基本单位。一个事务以 BEGIN TRANSACTION 开始，以 COMMIT 或 ROLLBACK 结束。

(3)程序基本结构

一个 T-SQL 程序可以有多个批，也可以有多个事务，因此 T-SQL 程序的一般结构如下。

```
[BEGIN TRANSACTION ]   —开始事务
<T-SQL> [<T-SQL>…]
/* commit 事务提交(正常情况),rollback 事务回滚(异常情况) */
[COMMIT| ROLLBACK]
[[;][BEGIN TRANSACTION ]
<T-SQL> [<T-SQL>…]
[COMMIT| ROLLBACK] …]
```

比如下面的一个 T-SQL 程序，执行结果如图 6.1.1 所示。

```
USE edudb                    —使用 edudb,即项目案例中的数据库
GO
SELECT *
FROM study;                  —查询结果显示,表中数据没有被删除
GO
BEGIN TRANSACTION            —开始事务
DELETE FROM study            —执行 SQL 语句,删除某些记录
WHERE plcno='202001CK2R01A00' AND sno='20204170001';
ROLLBACK;                    —事务回滚到开始处
GO
SELECT *
FROM study;                  —查询结果显示,表中数据没有被删除
```

SQLQuery4.sql - (...dministrator (53))*
SQLQuery3.sql - (...dministrator (52))*
USE EDUDB --使用edudb，即项目案例中的数据库
GO
SELECT *
FROM Study; --查询结果显示，表中数据没有被删除
go
BEGIN TRANSACTION --开始事务
DELETE FROM Study --执行SQL语句，删除某些记录
WHERE PLCNO='202001CK2R01A00' AND SNO='20204170001';
ROLLBACK; --事务回滚到开始处
GO
SELECT *
FROM Study; --查询结果显示，表中数据没有被删除
100 %
结果
消息
PlCno Sno PlCyear PlCterm Grade1 Grade2 GPA Sumpoint
1 CK1R01A2019101 20204010101 2019 1 95 NULL NULL NULL
2 CK1R02A2019101 20204010101 2019 1 83 NULL NULL NULL
3 CK1R03A2019101 20204010101 2019 1 85 NULL NULL NULL
4 CK1R04A2019101 20204010101 2019 1 92 NULL NULL NULL
5 CK1R05A2019101 20204010101 2019 1 78 NULL NULL NULL
6 CK1R04A2019101 20204010102 2019 1 80 NULL NULL NULL
7 CK1R04A2019101 20204010103 2019 1 85 NULL NULL NULL
8 CK1R04A2019101 20204010201 2019 1 90 NULL NULL NULL
9 CK1R04A2019101 20204010202 2019 1 68 NULL NULL NULL
PlCno Sno PlCyear PlCterm Grade1 Grade2 GPA Sumpoint
1 CK1R01A2019101 20204010101 2019 1 95 NULL NULL NULL
2 CK1R02A2019101 20204010101 2019 1 83 NULL NULL NULL
3 CK1R03A2019101 20204010101 2019 1 85 NULL NULL NULL
4 CK1R04A2019101 20204010101 2019 1 92 NULL NULL NULL
5 CK1R05A2019101 20204010101 2019 1 78 NULL NULL NULL
6 CK1R04A2019101 20204010102 2019 1 80 NULL NULL NULL
7 CK1R04A2019101 20204010103 2019 1 85 NULL NULL NULL
8 CK1R04A2019101 20204010201 2019 1 90 NULL NULL NULL
9 CK1R04A2019101 20204010202 2019 1 68 NULL NULL NULL

图 6.1.1　一个 T-SQL 程序的执行结果

(4)变量

SQL Server 中有全局变量和局部变量两种。全局变量为 SQL Server 系统内部的变量,可供任何 T-SQL 语句随时调用。全局变量主要用来配置数据库信息值和性能统计值,用户可以通过调用全局变量来使用 SQL Server 的设置值或 T-SQL 执行的状态值。

局部变量为用户自定义的变量,通常用来传递数据库和程序之间的数据或流程控制。为区分 SQL 语句中的各种对象名(如表名、字段名、视图名等),SQL Server 中的局部变量必须以@开头,且必须先用 DECLARE 命令定义后方可使用;变量的赋值用 SET 或 SELECT 命令。

T-SQL 中,局部变量定义的格式如下。

```
DECLARE<@变量名><变量类型>[,<@变量名><变量类型> …]
```

下面语句中定义了@a,@b 两个局部变量。

```
DECLARE @a int, @b varchar (200)
```

T-SQL 中,局部变量赋值格式如下。

```
SET <@变量名>=<表达式>
或
SELECT <@变量名>=<表达式>[,<@变量名>=<表达式> …]
如下面语句中赋值了@a,@b 两个局部变量。
SELECT @a=1, @b='HELLO, WORLD! '
```

2. 流程控制

(1)块

T-SQL 中,BEGIN 和 END 之间的一组语句就是一个块,块可以嵌套使用。一个块的基本格式如下。

```
BEGIN
  <T-SQL>
  [<T-SQL>…]
END
```

(2)条件

T-SQL 中,条件语句允许嵌套,最多可嵌套 32 层。

条件语句基本格式如下。

```
IF
  <T-SQL1>
ELSE
  <T-SQL2>
```

【例 6-1】打印张无忌的数据库原理课程成绩,其中,90~100 为优秀,80~89 为良好,70~79 为中等,60~69 为及格,0~59 为不及格。打印格式要求如下。

姓名:张无忌
课程:数据库原理
成绩:95
等级:优秀

```
Declare @sname varchar(20),
@cname varchar(50),
@grade int,
@level varchar(10);
Select @sname='张无忌',@cname='数据库原理';
Select @grade=grade1
from study,student,plancourse,course
where study.sno=student.sno
    and study.plcno=plancourse.plcno
    and course.cno=plancourse.Plccno
    and sname='张无忌'
    and cname='数据库原理';
if @grade between 90 and 100
    set @level='优秀';
if @grade between 80 and 89
    set @level='良好';
if @grade between 70 and 79
    set @level='中等';
if @grade between 60 and 69
    set @level='及格';
if @grade between 0 and 59
    set @level='不及格';
print '姓名:'+@sname;
print '课程:'+@cname;
print '成绩:'+cast (@grade as varchar)
print '等级:'+@level;
```

执行结果如图 6.1.2 所示。

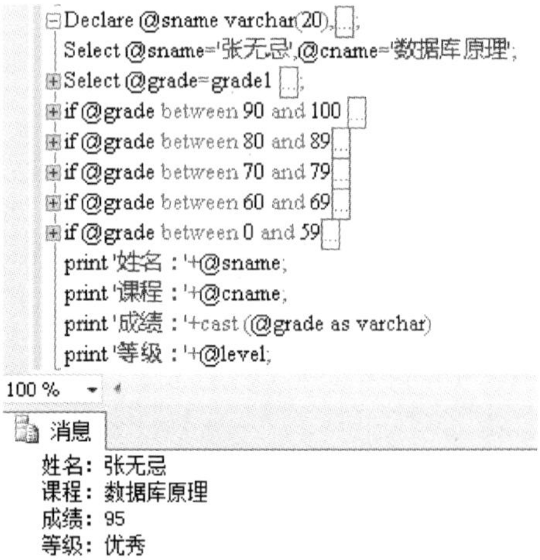

```
Declare @sname varchar(20),...;
Select @sname='张无忌',@cname='数据库原理';
Select @grade=grade1 ...;
if @grade between 90 and 100 ...
if @grade between 80 and 89...
if @grade between 70 and 79...
if @grade between 60 and 69...
if @grade between 0 and 59...
print '姓名：'+@sname;
print '课程：'+@cname;
print '成绩：'+cast (@grade as varchar)
print '等级：'+@level;
```

100 %

消息

姓名：张无忌
课程：数据库原理
成绩：95
等级：优秀

图 6.1.2 【例 6-1】中 T-SQL 程序的执行结果

(3)分支

Case 语句用来返回分支条件的结果，有两个格式，具体语法格式如下。

格式一：

```
CASE ＜输入表达式＞
    WHEN ＜表达式 1＞ THEN ＜结果表达式 1＞
    WHEN ＜表达式 2＞ THEN ＜结果表达式 2＞
    ...
    WHEN ＜表达式 n＞ THEN ＜结果表达式 n＞
    [ELSE ＜结果表达式 n+1＞]
END
```

格式二：

```
CASE
    WHEN ＜条件表达式 1＞ THEN ＜结果表达式 1＞
    WHEN ＜条件表达式 2＞ THEN ＜结果表达式 2＞
    ...
    WHEN ＜条件表达式 n＞ THEN ＜结果表达式 n＞
    [ELSE ＜结果表达式 n+1＞]
END
```

【例 6-2】用 CASE 语句完成【例 6-1】。

```
Declare @sname varchar(20),
        @cname varchar(50),
        @grade int,
        @level varchar(10);
Select @sname='张无忌', @cname='数据库原理';
Select @grade=grade1,
       @level=case
              when grade1 between 90 and 100 then '优秀'
              when grade1 between 80 and 89 then '良好'
              when grade1 between 70 and 79 then '中等'
              when grade1 between 60 and 69 then '及格'
              else '不及格'
              end
from study,student,plancourse,course
where study. sno=student. sno
    and study. plcno=plancourse. plcno
    and course. cno=plancourse. plccno
    and sname='张无忌'
    and cname='数据库原理';
print '姓名:'+@sname;
print '课程:'+@cname;
print '成绩:'+cast(@grade as varchar);
print '等级:'+@level;
```

执行结果如图 6.1.3 所示。当然,【例 6-2】中的 CASE 语句也可以换成另外一种形式,具体的 T-SQL 程序编写,可参考上面语句格式自行完成。

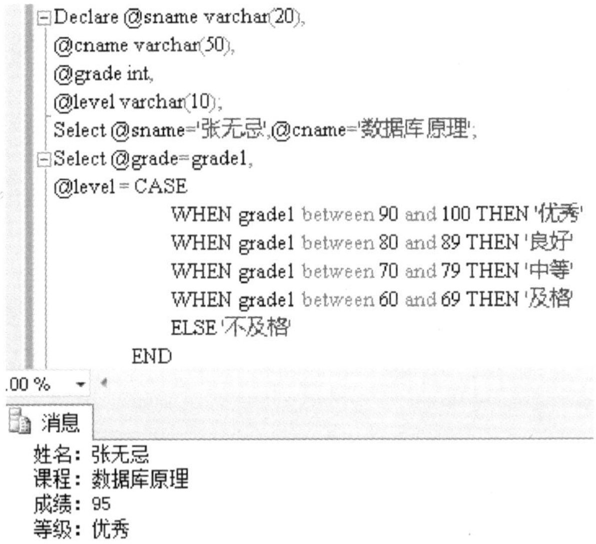

```
Declare @sname varchar(20),
@cname varchar(50),
@grade int,
@level varchar(10);
Select @sname='张无忌',@cname='数据库原理';
Select @grade=grade1,
@level = CASE
        WHEN grade1 between 90 and 100 THEN '优秀'
        WHEN grade1 between 80 and 89 THEN '良好'
        WHEN grade1 between 70 and 79 THEN '中等'
        WHEN grade1 between 60 and 69 THEN '及格'
        ELSE '不及格'
    END
```

.00 %

消息

姓名：张无忌
课程：数据库原理
成绩：95
等级：优秀

图 6.1.3 【例 6-2】中 T-SQL 程序的执行结果

(4)循环

T-SQL 中，用 WHILE 语句来实现循环控制，和条件语句一样，循环语句也允许嵌套，最多可嵌套 32 层。

循环语句的基本格式如下。

```
WHILE<条件表达式>
BEGIN
  <T-SQL 语句>
  [<T-SQL 语句>…]
  [BREAK|CONTINUE]
END
```

语句中，WHILE 后面的条件表达式为真，执行后面的 T-SQL 语句，如果条件为假，则终止循环。其中 BREAK 用于提前终止循环，CONTINUE 用于提前终止本次循环并进入下次循环。

【例 6-3】打印某个数(如 19)是否为素数。

```
Declare
    @x int,@n int,@flag int;
Begin
    set @x=19;
```

```
    set @flag=1;                  —flag 用于表示是否为素数,1 为素数
    set @n=2;                     —n 为被除数,从 2 开始,一直到 n-1
    if @x=1 or @x=2
        print cast(@n as varchar)+'是素数';
    else
        while (@n<@x)             —循环语句
        begin
            if @x%@n=0            —判断是否能整除
            begin
                set@flag=0;       —能整除,就不是素数,设置 flag=0
                break;            —跳出循环
            end;
            set @n=@n+1;          —被除数+1,进入下一次循环
            end;
if @flag=1              —循环结束后 flag=1,说明数不能被其他数整除
    print cast(@n as varchar)+'是素数';
end
```

【例 6-4】打印某个区间里(如 1~100)的素数。

```
Declare
    @x int,@n int,@flag int,@i int ;
Begin
    Select @x=1;
While (@x<=100)                 —求素数的范围区间
Begin
    set @flag=1;                —flag 用于表示是否为素数,1 为素数
    set @n=2;                   —n 为被除数,从 2 开始,直到本身-1
    if @x=1 or @x=2
    begin
      print cast(@x as varchar)+'是素数';
      set @x=@x+1;
      continue;
    end;
    else
```

```
            while (@n<@x)          —循环语句
            begin
              if @x%@n=0           —判断是否能整除
              begin
                  set @flag=0;     —不是素数,设置 flag 标记为 0
                  break;           —跳出循环
              end;
              set @n=@n+1;         —被除数+1,进入下一次循环
          end;
          if @flag=1               —flag=1,说明不能被其他数整除
              print cast(@x as varchar)+'是素数';
          set @x=@x+1;
      end;
End
```

上述 T-SQL 语句执行结果如图 6.1.4 所示。

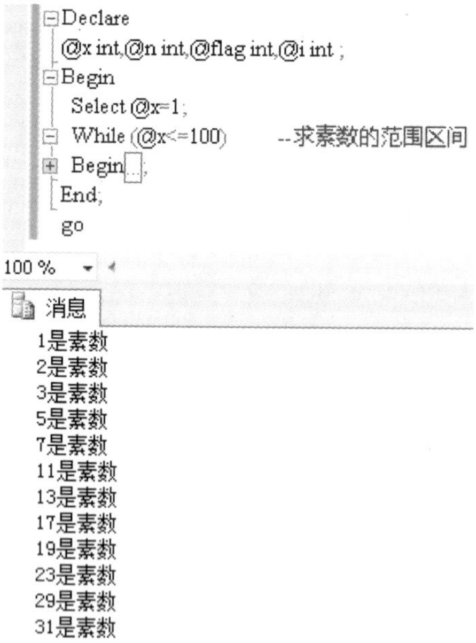

```
Declare
  @x int,@n int,@flag int,@i int ;
Begin
  Select @x=1;
  While (@x<=100)        --求素数的范围区间
  Begin...;
  End;
  go
100 %
消息
1是素数
2是素数
3是素数
5是素数
7是素数
11是素数
13是素数
17是素数
19是素数
23是素数
29是素数
31是素数
```

图 6.1.4 【例 6-4】中打印素数的执行结果

程序里用到了两层循环,结构相对复杂,变量多,程序的可读性较差。我们可以考虑,如【例 6-3】中求某个数是否是素数,则可以把它改成一个函数,假定函

数为 GETSUSHU(@num),返回是否为素数。那么我们可以改写上述程序如下。

```
declare @i int,@str varchar(20);
set @i=1;
while @i<100
begin
     set @str=dbo.GETSUSHU(@i);
     print @str;
     set @i=@i+1;
end
```

(5)等待

SQL Server 提供了等待语句 WAITFOR 来暂停语句执行,设置的等待时间一到,语句会继续执行。

等待语句格式如下。

```
WAITFOR[ DELAY<等待时间>|
         TIME<继续执行时间点> |
         ERROREXIT |
         PROCESSEXIT |
         MIRROREXIT ]
```

其中,DELAY 指间隔多少时间后执行;TIME 指等到什么时间点执行;ERROREXIT 指等到处理非正常中断时执行 ;PROCESSEXIT 指等到处理正常或非正常中断时执行; MIRROREXIT 指等到镜像设备失败时执行。

【例 6-5】等待 1 小时 11 分 11 秒后,统计本学期(2020 学年第 1 学期)的选课情况,输出统计时间、选课学生人数、选课记录数、选修的开课课程数、人均选课数。

```
WAITFOR DELAY '01:01:11'
SELECT GETDATE( ),COUNT(DISTINCT sno),
    COUNT( * ),COUNT(DISTINCT plcno),
        COUNT( * )/COUNT(DISTINCT sno)
FROM study
```

【例 6-6】等到 23 点 59 分 59 秒统计本学期(2020 学年第 1 学期)的选课情况(统计时间、选课学生人数、选课记录数、选修的开课课程数、人均选课数),输入选课情况统计表 XKTJ 中。

```
WAITFOR TIME '23:59:59'
INSERT INTO XKTJ
SELECT GETDATE( ),COUNT(DISTINCT sno),
        COUNT( * ),COUNT(DISTINCT plcno),
        COUNT( * )/COUNT(DISTINCT sno)
FROM study
```

(6)无条件退出

RETURN 语句用于使程序从一个查询、存储过程或批量处理中无条件返回,其后面的语句不再执行。如果在存储过程中使用 RETURN 语句,那么此语句可以指定返回给调用应用程序、批处理或过程的整数;如果没有为 RETURN 指定整数值,那么该存储过程将返回 0。

存储过程的返回值见表 6.1.1。

表 6.1.1　存储过程的返回值及含义

返回值	含义
0	存储过程执行成功
−1	没有找到数据库对象
−2	数据类型错误
−3	进程死锁错误
−4	进程死锁错误
−5	语法错误
−6	其他用户错误
−7	资源错误
−8	非致命的内部错误
−9	达到系统配置参数极限
−10	内部一致性致命错误
−11	内部一致性致命错误
−12	表或索引崩溃
−13	数据库崩溃
−14	硬件错误

6.1.2 函数

函数是结构化程序设计中的基本单位，数据库的使用和编程开发过程中会经常使用函数，如【例 6-4】就提到了可以用函数解决问题。

标准 SQL 提供了 COUNT、SUM 等集合函数，也提供了 LOWER、UPPER 等一般函数(SQL Server 2019 中也称标量函数)。各大数据库管理系统一般都会提供丰富的函数供用户管理和开发数据库使用。SQL Server 2019 提供了标量函数、集合函数、表值函数等。从函数的提供者角度来看，也可以把这些函数分成系统函数和用户自定义函数两大类。

1. 系统函数

SQL Server 2019 提供了大量的函数，这些函数都由系统自动提供。用户可以随时使用这些函数帮助获取系统的相关信息，简化数据的查询统计，帮助解决数据处理问题等。

常用的系统函数有数学计算函数、字符串处理函数、日期时间函数、类型转换函数、系统配置函数等。

(1)数学计算函数

数学计算函数都是标量函数，可对数值型输入参数进行数学计算后返回一个数值。

【例 6-7】计算 93.5 的 5 次方。

```
PRINT POWER(93.5,5)
```

(2)字符串处理函数

字符串处理函数也都是标量函数，可对字符串输入参数进行处理后返回一个字符串或数值。

【例 6-8】找出开课号为 202001CK3R01A00 中的课程号 CK3R01A。

```
SELECT SUBSTRING('202001CK3R01A00',7,7)
```

语句中函数 SUBSTRING 的作用是从字符串 202001CK3R01A00 中第 7 个字符开始，获取 7 个字符。

(3)日期时间函数

日期时间函数也都是标量函数，可对日期时间型输入参数进行处理后返回一个字符串、数值或日期时间值。

【例 6-9】打印今天后的 111 天是哪一天。

```
PRINT DATEADD(DAY,111, GETDATE( ))
```

函数 GETDATE( )的作用是返回计算机当前的时间(日期时间类型)。函数 DATEADD(DAY,111, GETDATE( ))的作用是 GETDATE( )加 111 天后的那天,以 DAY(日)形式输出,DAY 可以换成 YEAR(返回年份)、QUARTER(返回季度)、MONTH(返回月)、DAYOFYEAR(返回一年中的第几天)、WEEK(返回周数)、HOUR(返回小时)、MINUTE(返回分)、SECOND(返回秒)、MILLISECOND(返回毫秒)等。

【例 6-10】1977 年出生的人今年几岁。

```
SELECT YEAR(GETDATE( ))-1977
```

函数 YEAR(日期时间)的作用是以数值型返回"日期时间"的年度。

(4)类型转换函数

类型转换函数也是标量函数,可对输入参数进行类型转换后返回目标类型的结果。

【例 6-11】打印今天后的 10000 天是哪一天,打印格式为××××年××月××日。

```
PRINT CAST(YEAR(DATEADD(DAY,10000, GETDATE( ))) AS VARCHAR)
    +'年'+CAST(MONTH(DATEADD(DAY,10000, GETDATE( )) ) AS VARCHAR)
    +'月'+CAST(DAY(DATEADD(DAY,10000, GETDATE( )))AS VARCHAR)
    +'日'
```

函数 CAST(表达式 AS 类型)的作用是将表达式的值转换成 AS 后的类型。

(5)系统配置函数

系统配置函数也是标量函数,无输入参数,可用于返回系统当前的配置信息。所有系统配置函数都以"@@"开头,如@@spid 为返回当前用户进程的服务器进程标识符;@@error 为返回当前系统执行的状态结果;@@servername 为返回当前使用的计算机服务器名。

【例 6-12】打印当前数据库的安装时间、版本、处理器类型的信息。

```
PRINT @@VERSION
```

执行结果如图 6.1.5 所示。

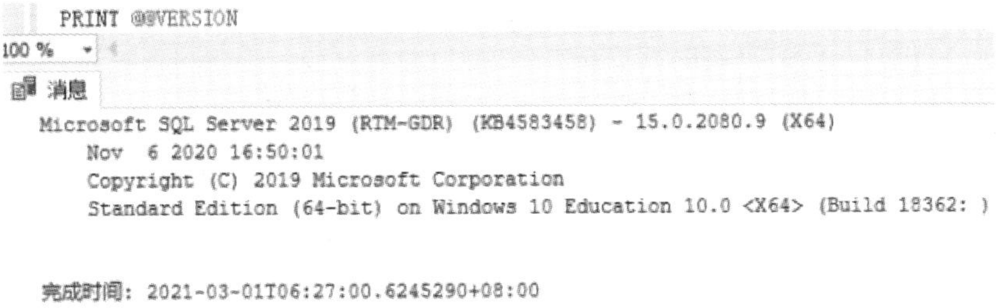

```
PRINT @@VERSION
100 %
消息
Microsoft SQL Server 2019 (RTM-GDR) (KB4583458) - 15.0.2080.9 (X64)
    Nov  6 2020 16:50:01
    Copyright (C) 2019 Microsoft Corporation
    Standard Edition (64-bit) on Windows 10 Education 10.0 <X64> (Build 18362: )

完成时间: 2021-03-01T06:27:00.6245290+08:00
```

图 6.1.5 【例 6-12】的执行结果

2. 用户自定义函数

从 SQL Server 2000 开始，T-SQL 支持用户自定义函数，用于更灵活地解决数据应用的问题。用户自定义函数除了不能用于改变数据库状态的操作外，可以像系统函数一样使用。

用户自定义函数实际上就是子程序，创建后存储在数据库服务器中供以后使用。使用自定义函数可以重复使用编程代码，减少代码编写时间，提高工作效率；可以隐藏 SQL 语句中的细节，把繁琐的数据库操作工作交给数据库开发人员，程序开发员可以集中精力编写应用程序；可以使数据库的维护管理集中化，在一个地方做的业务逻辑修改可以自动同步到调用它的相关程序中；可以在 SQL 语句中直接调用，大大扩充了 SQL 语句处理复杂问题的能力。

用户自定义函数可以根据返回结果分成标量函数和表值函数两类。标量函数指函数返回结果是标量(SCALAR)类型的单个值结果，我们平常使用的函数一般都是标量函数；表值函数指函数返回结果是表类型的结果，即返回一张表。

(1)创建函数

①标量函数

编写程序中常用的变量类型基本都是标量型，如 INT、CHAR、VARCHAR、DATETIME、FLOAT 等。

创建函数的格式如下。

```
CREATE FUNCTION [<拥有者>.]<函数名>
([<参数 1> <参数类型> [,<参数 2> <参数类型>]…])
RETURNS <返回类型>
[WITH <ENCRYOPTION | SCHEMABINDING>]
AS
[BEGIN]
```

```
    <T-SQL 语句>
    RETURN <返回结果值>
  [END]
```

格式中的参数 ENCRYOPTION 表示加密，防止函数作为 SQL Server 复制的一部分发布；SCHEMABINDING 表示绑定计划，将函数绑定到它所引用的数据库对象。

【例 6-13】改造【例 6-3】，创建自定义函数 GETSUSHU(@x)，求某个数(如 19)是否为素数。

T-SQL 语句如下。

```
Create Function GETSUSHU(@x int) returns varchar(20) as
Begin
    Declare @n int, @flag int,@Rstr varchar(20);
    set @flag=1;            --flag 用于表示是否为素数,1 为素数
    set @n=2;               --n 为被除数,从 2 开始,一直到@x-1
    set @Rstr=null;
    if (@x=1 or @x=2)
        set @Rstr=cast(@x as varchar)+'是素数';
    else
    begin
        while (@n<@x)    --循环语句
        begin
        if @x%@n=0       --判断是否能整除
        begin
          set @flag=0;    --如果能整除,就不是素数,设置 flag 标记
          break;          --跳出循环
        end;
        set @n=@n+1;     --被除数+1,进入下一次循环
        end;
        if @flag=1  --循环结束 flag=1,说明不能被其他数整除
          set @Rstr=cast(@x as varchar)+'是素数';
    end;
    return @Rstr;
end
```

【例 6-14】求某学校学生课程成绩的绩点(GPA)，具体要求如表 6.1.2 所示。

表 6.1.2　某学校课程成绩 GPA 的计算方法

课程成绩			课程绩点 GPA
百分制	五级制	二级制	课程成绩
90～100	优秀(95)	—	绩点＝分数/10－5 (绩点为 1.0～5.0) 60 分以下按 0 计
80～89	良好(85)	—	
70～79	中等(75)	合格(75)	
60～69	及格(65)	—	
0～59	不及格(55)	不合格(55)	

注：五级制和二级制先折算成分数再进行 GPA 计算；此表来自作者所在学校的学生手册。

T-SQL 语句如下。

```
Create function GetGPA(@grade int) Returns numeric(2,1)
AS
Begin
  Declare @gpa float;
  set @gpa=@grade/10.0-5;
  If @gpa<1.0
    Set @gpa=0;
  Return @gpa;
end
```

T-SQL 语句中可以使用标量表达式调用返回标量值(与标量表达式的数据类型相同)的任何函数。使用时，必须至少由两部分组成名称的函数来调用标量函数，即“架构名.对象名”，如 dbo.GetGPA(95)。执行上述 T-SQL 语句时，先创建自定义函数，然后在查询语句中调用该函数，执行结果如图 6.1.6 所示。

```
Create function GetGPA(@grade int) Returns numeric(2,1)
AS
Begin
Declare @gpa float;
set @gpa=@grade/10.0-5;
If @gpa<1.0
  Set @gpa=0;
Return @gpa;
end;
go
select *,dbo.GetGPA(Grade1) GPA from study
```

	PlCno	Sno	PlCyear	PlCterm	Grade1	Grade2	GPA	Sumpoint	GPA
1	CK1R01A2019101	20204010101	2019	1	95	NULL	NULL	NULL	4.5
2	CK1R02A2019101	20204010101	2019	1	83	NULL	NULL	NULL	3.3
3	CK1R03A2019101	20204010101	2019	1	85	NULL	NULL	NULL	3.5
4	CK1R04A2019101	20204010101	2019	1	92	NULL	NULL	NULL	4.2
5	CK1R05A2019101	20204010101	2019	1	78	NULL	NULL	NULL	2.8
6	CK1R04A2019101	20204010102	2019	1	80	NULL	NULL	NULL	3.0
7	CK1R04A2019101	20204010103	2019	1	85	NULL	NULL	NULL	3.5
8	CK1R04A2019101	20204010201	2019	1	90	NULL	NULL	NULL	4.0
9	CK1R04A2019101	20204010202	2019	1	68	NULL	NULL	NULL	1.8

图 6.1.6　创建计算 GPA 的函数及运行结果

②表值函数

表值函数指函数返回结果为表的类型，即返回一张表。根据不同的情况，表值函数又可以分为内联表值函数和多语句表值函数。

内联表值函数没有由 BEGIN-END 语句括起来的函数体。其返回的表由一个位于 RETURN 子句中的 SELECT 命令从数据库中筛选得到。内联表值函数功能相当于一个参数化的视图，使用时可以当成视图使用。

创建内联表值函数的格式如下。

```
CREATE FUNCTION [<拥有者>.]<函数名>
([<参数 1> <参数类型> [,<参数 2> <参数类型>]…])
RETURNS TABLE
[WITH <ENCRYPTION | SCHEMABINDING>]
AS
RETURN (一条 SQL 语句)
```

【例 6-15】创建一个函数，输入学生学号，可以获取这个学生的选课门数、平均分、最高分、最低分。

T-SQL 语句如下。

```
CREATE FUNCTION GetStugrade(@sno varchar(20))
RETURNS TABLE
AS
RETURN (SELECT sno 学号, count ( * ) 课程数量 ,
               avg(grade1) 平均分,
               max(grade1) 最高分, min(grade1) 最低分
        FROM study
        WHERE sno=@sno
        GROUP BY sno)
```

调用内联表值函数时可以不指定架构名，如 select * from dbo.GetStugrade ('20204010101')。执行结果如图 6.1.7 所示。

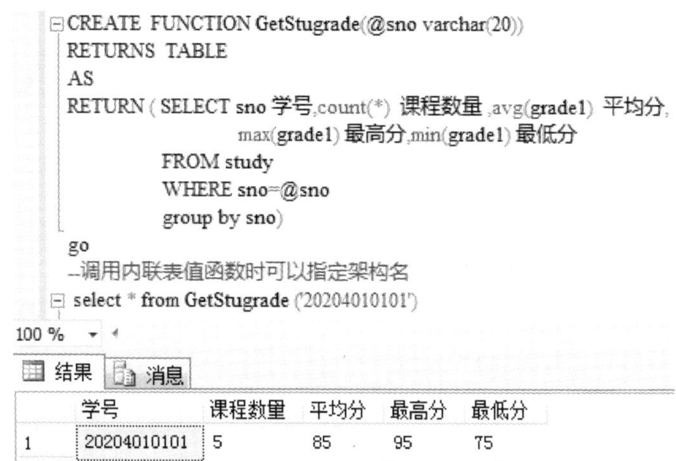

图 6.1.7 创建内联表值函数 GetStugrade 及执行结果

内联表值函数只能返回一条 SQL 语句的结果，而多语句表值函数是对内联表值函数的扩充，它可以进行多次查询，然后对数据进行多次筛选与合并，最后输出结果，弥补内联表值函数的不足。多语句表值函数可以看作标量函数和内联表值函数的结合体，它的返回值是一张表，但它和标量函数一样，用一个 BEGIN-END 语句括起来，返回的表中数据由函数体中的语句插入。

创建多语句表值函数的格式如下。

```
CREATE FUNCTION [<拥有者>.]<函数名>
([<参数 1> <参数类型> [,<参数 2> <参数类型>]…])
RETURNS <表变量名> TABLE
```

```
(<字段> <字段类型> [,<字段> <字段类型>]…)
[WITH <ENCRYPTION | scHEMABINDING>]
 AS
 BEGIN
 <T-SQL 语句>
 RETURN
END
```

【例 6-16】 创建一个函数 GETclassinf,输入班级名称后可获取该班级的学生人数、男生人数、女生人数。

```
Create Function GETclassinf(@sclass varchar(20))
RETURNS @tb_cladpt_inf TABLE
  (班级 varchar(20) primary key,
  学生人数 int,
  男生人数 int,
  女生人数 int
  )
AS
Begin
    declare @scount int;
    select @scount=count ( * )
    from student where sclass=@sclass
    Insert into @tb_cladpt_inf
    values (@sclass, @scount, null, null);
    update @tb_cladpt_inf
    set 男生人数=(SELECT count( * )
              from student
              where sclass=@sclass and ssex='男'),
    女生人数=(SELECT count( * )
              from student
              where sclass=@sclass and ssex='女')
    where 班级=@sclass;
Return;
End
```

调用多语句表值函数和调用内联表值函数一样，不需要指定架构名。

调用【例 6-16】中的多语句表值函数 GETclassinf('20 计算机')，结果如图 6.1.8 所示。

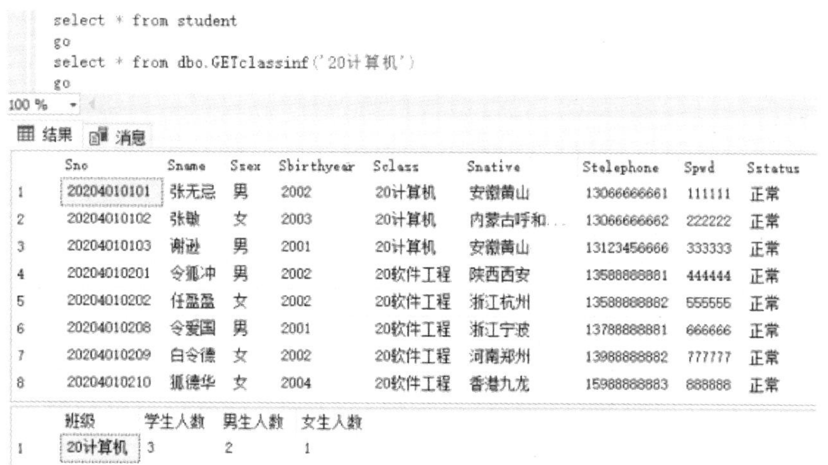

	Sno	Sname	Ssex	Sbirthyear	Sclass	Snative	Stelephone	Spwd	Sstatus
1	20204010101	张无忌	男	2002	20计算机	安徽黄山	13066666661	111111	正常
2	20204010102	张敏	女	2003	20计算机	内蒙古呼和...	13066666662	222222	正常
3	20204010103	谢逊	男	2001	20计算机	安徽黄山	13123456666	333333	正常
4	20204010201	令狐冲	男	2002	20软件工程	陕西西安	13588888881	444444	正常
5	20204010202	任盈盈	女	2002	20软件工程	浙江杭州	13588888882	555555	正常
6	20204010208	令爱国	男	2001	20软件工程	浙江宁波	13788888881	666666	正常
7	20204010209	白令德	女	2002	20软件工程	河南郑州	13988888882	777777	正常
8	20204010210	振德华	女	2004	20软件工程	香港九龙	15988888883	888888	正常

	班级	学生人数	男生人数	女生人数
1	20计算机	3	2	1

图 6.1.8 调用多语句表值函数 GETclassinf('2020 计算机')的结果

(2)修改函数

修改用户自定义函数的格式如下。

```
ALTER FUNCTION [<拥有者>.]<函数名>
([<参数 1> <参数类型> [,<参数 2> <参数类型>]…])
RETURNS <返回类型>
[WITH <ENCRYOPTION | scHEMABINDING> ]
[as]
BEGIN
<T-SQL 语句>
RETURN <返回结果值>
END
```

【例 6-17】修改【例 6-14】中创建的求学生课程成绩绩点(GPA)函数，具体要求可参见表 6.1.2 的计算规则。要求成绩可以是分数，也可以是二级制或五级制。

要注意，前面处理过程中，学生成绩只存放分数，没有考虑五级制或二级制的等级制情况，因此，成绩字段定义为数值型。而这里需要改成文本型，故应当提前确认好字段类型和成绩的取值，处理好数据后，执行下列 T-SQL 语句。

```
Alter Function GetGPA (@grade varchar(6)) Returns numeric(2,1)
AS
Begin
    Declare @gpa float,@gra varchar(6) ;
    set @gra=case @grade
            when '优秀' then '95'
            when '良好' then '85'
            when '中等' then '75'
            when '及格' then '65'
            when '不及格' then '55'
            when '不合格' then '55'
            when '合格' then '75'
            else @grade
            end
    set @gpa=cast(@gra as float)/10.0-5;
    If @gpa<1.0 Set @gpa=0;
    Return @gpa;
end;
go
```

调用该函数，执行结果如图 6.1.9 所示。

```
select *,dbo.GetGPA(Grade1) GPA from study
```

100 %

结果 消息

	PlCno	Sno	PlCyear	PlCterm	Grade1	Grade2	GPA	Sumpoint	GPA
1	CK1R01A2019101	20204010101	2019	1	95	NULL	NULL	NULL	4.5
2	CK1R02A2019101	20204010101	2019	1	合格	NULL	NULL	NULL	2.5
3	CK1R03A2019101	20204010101	2019	1	85	NULL	NULL	NULL	3.5
4	CK1R04A2019101	20204010101	2019	1	优秀	NULL	NULL	NULL	4.5
5	CK1R05A2019101	20204010101	2019	1	78	NULL	NULL	NULL	2.8
6	CK1R04A2019101	20204010102	2019	1	良好	NULL	NULL	NULL	3.5
7	CK1R04A2019101	20204010103	2019	1	NULL	NULL	NULL	NULL	NULL
8	CK1R04A2019101	20204010201	2019	1	优秀	NULL	NULL	NULL	4.5
9	CK1R04A2019101	20204010202	2019	1	及格	NULL	NULL	NULL	1.5

图 6.1.9　实例中绩点(GPA)计算的执行结果

(3)删除函数

删除用户自定义函数的格式如下。

```
DROP FUNCTION [<拥有者>.]<函数名>
```

【例 6-18】删除【例 6-13】中创建的函数 GETGPA。

```
DROP FUNCTION DBO.GETGPA()
```

6.1.3 存储过程

存储过程是由一个或者多个 T-SQL 语句组成的一个集合，经编译后存储在数据库中，用于完成某个任务。SQL Server 2019 数据库的编程经常会用到存储过程，常用的程序代码段通常被创建成存储过程，可一次创建多次调用。相比于 SQL 语句，存储过程更方便、快捷、安全。

存储过程包含数据库执行操作的程序语句，也包含调用的其他过程。存储过程可以接收和输出参数，向调用它的程序返回数值。存储过程被调用后，会返回给调用它的程序状态值，以表明调用的成功或者调用的失败，以及调用失败的原因。

使用存储过程能带来以下好处。

（1）减少网络流量

在客户端和服务器的交互过程中，T-SQL 语句中的每个代码行在执行时都是要利用网络发送的。如果代码行被封装成存储过程，那么只有对执行存储过程语句进行调用才会利用网络发送，因此存储过程可以显著减少客户端和服务器之间的网络流量。

（2）增强安全性

在客户端和服务器之间调用存储过程时，只有执行存储过程的语句是可见的，用户无法看到或访问定义存储过程时所涉及的数据库对象，因此无法破坏这些对象。另外，还可以通过加密存储过程来保障存储过程的安全。

（3）提高编程效率

存储过程为常用代码的封装使用消除了不必要的重复代码编写操作，降低了代码的不一致性，并允许拥有权限的用户访问和执行代码，提高了编程效率。SQL Server 2019 提供了系统存储过程和用户存储过程两类存储过程。

1. 系统存储过程

SQL Server 2019 提供了大量的存储过程，这些过程由系统自动提供，用户可以使用这些过程方便地获取系统表中的相关信息，或者完成数据库的数据处理和系统管理工作。

SQL Server 中的系统存储过程以 sp_开头，存放在 master 系统数据库中，系统存储过程的拥有者为数据库系统管理员，有些系统存储过程只有系统管理员才能使用，有些系统存储过程则通过系统管理员授权后可以使用。

系统存储过程很多，可以分成很多类，如系统过程、全文检索过程、目录过程、安全过程、复制过程等。具体的系统存储过程可参考 SQL Server 2019 参考手册或其他资料。

【例 6-19】使用系统存储过程，查询数据库 edudb 的信息。

```
Execute sp_helpdb edudb
```

执行结果如图 6.1.10 所示。

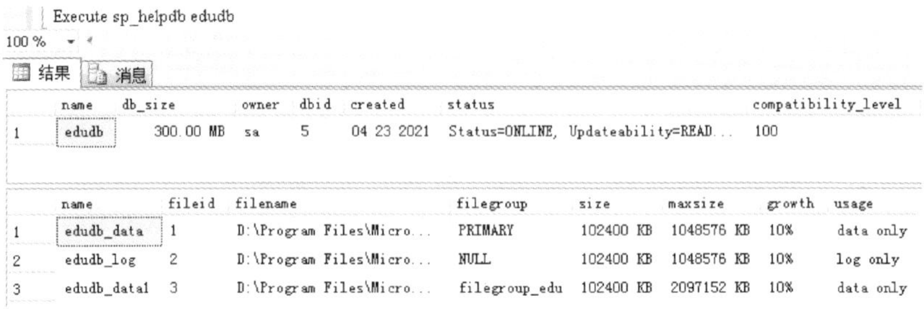

Execute sp_helpdb edudb

100 %

结果 消息

	name	db_size	owner	dbid	created	status	compatibility_level
1	edudb	300.00 MB	sa	5	04 23 2021	Status=ONLINE, Updateability=READ...	100

	name	fileid	filename	filegroup	size	maxsize	growth	usage
1	edudb_data	1	D:\Program Files\Micro...	PRIMARY	102400 KB	1048576 KB	10%	data only
2	edudb_log	2	D:\Program Files\Micro...	NULL	102400 KB	1048576 KB	10%	log only
3	edudb_data1	3	D:\Program Files\Micro...	filegroup_edu	102400 KB	2097152 KB	10%	data only

图 6.1.10 【例 6-19】执行系统存储过程 sp_helpdb edudb 的结果

【例 6-20】使用系统存储过程，创建数据库登录账号，账号为 logintmp、密码为 123456、默认数据库为 edudb。

```
Execute sp_addlogin @loginname=' logintmp ',
                    @password=' 123456 ',
                    @defdb=' edudb ';
```

2. 用户存储过程

用户定义存储过程指由用户自己创建并存储在数据库中的能完成特定任务的存储过程。

(1)创建存储过程

T-SQL 中创建用户自定义的存储过程格式如下。

```
CREATE PROCEDURE <存储过程名>
[<参数 1> <参数类型>[,<参数 2> <参数类型>...]]
[WITH ENCRYPTION]
[WITH RECOMPILE]
AS
<T-SQL 语句>
```

格式中 WITH ENCRYPTION 为可选项，可以为存储过程的创建文本加密。WITH RECOMPILE 为可选项，使存储过程在执行时不保存执行计划，在每次执行时重新编译。

编译指解析存储过程和创建执行计划的过程。我们先了解一下存储过程的执行计划，可以用 SQL 语句“SELECT * FROM sys. Syscacheobjects”查看当前缓存中的执行计划。

如果执行存储过程时成功通过解析阶段，SQL Server 2019 查询优化器将分析存储过程中的 T-SQL 语句并创建一个执行计划。执行计划描述执行存储过程的最快方法，所依据的信息包括表中的数据量，表索引的存在及特征，数据在索引列中的分布，WHERE 子句条件所使用的比较运算符和比较值，是否存在连接，以及 UNION、GROUP BY 和 ORDER BY 等关键字信息。查询优化器在分析完存储过程中的这些因素后，将执行计划置于内存中。优化后，内存中的执行计划将用来执行该查询。执行计划将驻留在内存中，直到重新启动 SQL Server 2019 或其他对象需要存储空间时为止。后续系统执行存储过程时，如果现有执行计划仍留在内存中，则 SQL Server 2019 将重用现有执行计划；如果执行计划不再位于内存中，则创建新的执行计划。

创建存储过程时在其定义中指定 WITH RECOMPILE 选项，表明 SQL Server 2019 将不对该存储过程计划进行高速缓存；该存储过程将在每次执行时都重新编译。存储过程的参数值在每次执行计划时都有较大差异，因此每次均可使用 WITH RECOMPILE 选项创建不同的执行计划。每次执行存储过程时都必须对其进行重新编译，这样会使存储过程的执行变慢，因此 WITH RECOMPILE 选项并不常用。

由于数据库新的状态，数据库内的某些更改可能会导致执行计划效率低下或不再有效。SQL Server 2019 检测这些使执行计划无效的更改，并将计划标记为无效。此后，必须为执行查询的下一个连接重新编译新的计划。

导致计划无效的情况如下。

(1)对查询所引用的表或视图进行任何结构更改(如 ALTER TABLE 和 ALTER VIEW)。

(2)通过语句(如 UPDATE STATISTICS)显式生成或者自动生成新的分发内容统计。

(3)除去执行计划所使用的索引。

(4)显式调用 sp_recompile。

(5)对键的大量更改(如其他用户对由查询引用的表使用 INSERT 或 DELETE 语句所产生的修改)。

(6)带触发器的表 INSERTED 或 DELETED 表内的行数显著增长。

【例 6-21】创建存储过程 PRO10_21 查询某个学生(学号作为参数),如果该学生没有选课,就在 student 表中名字前加'*',否则在该学生名字前加'#'。

```
create procedure pro10_21(@sno char(11))
as
begin
    if exists (select * from study where sno=@sno)
      update student
      set sname='*'+sname
      where sno=@sno ;
    else
      update student
      set sname='#'+sname
      where sno=@sno ;
end
```

【例 6-22】创建过程 PRO10_22(@sno),根据给定的学号输出该学生的选课门数、课程总分、平均成绩、平均成绩等级。等级要求如下。

平均分 90～100:优

平均分 80～89:良

平均分 70～79:中

平均分 60～69:及格

平均分 0～59:不及格

其他:不确定

要求打印格式如下。

学号:××××××××

选课门数:4

成绩总分:300

平均分数:75

成绩等级:中

```
Create procedure pro10_22 (@sno char(11))
As
Begin
```

```
    Declare @sumg int,
            @scount int,
            @avgg float,
            @grade float,
            @level varchar(10);
    Select  @scount=count( * ),
            @sumg=sum(grade1),
            @avgg=avg(cast(grade1 as float) )
    From study where sno=@sno;
    Select @grade=grade1 from study where sno=@sno;
    if @scount=0 select @sumg=0,@avgg=0.0,@level='没有';
    else
      If @avgg>=90 and @avgg<=100   set @level='优'
      else
        if @avgg>=80 and @avgg<=89 set @level='良'
        else
          if @avgg>=70 and @avgg<=79 set @level='中'
          else
            if @avgg>=60 and @avgg<=69   set @level='及格'
             else
              if @avgg>=0 and @avgg<=59 set @level='不及格'
              else set @level='有误'
    Print '学    号:'+cast(@sno as varchar);
    Print '选课门数:'+cast(@scount as varchar);
    Print '成绩总分:'+cast(@sumg as varchar);
    Print '平均分数:'+cast(@avgg as varchar);
    Print '成绩等级:'+cast(@level as varchar);
End
```

(2)执行存储过程

T-SQL 中执行用户自定义的存储过程格式如下。

```
EXECUTE [数据库].[架构].<存储过程名>
[<参数>=<表达式>[,<参数>=<表达式>...]]
或
```

```
EXEC  [数据库].[架构].<存储过程名>[<表达式>[,<表达式>...]]
```

【例 6-23】 执行【例 6-22】中创建的过程 PRO10_22 (@sno),输入参数为 20204010101。

```
EXECUTE DBO. PRO10_22 @sno='20204010101'
或 EXEC DBO. PRO10_22 '20204010101'
```

执行结果如图 6.1.11 所示。

```
EXECUTE DBO.PRO10_22 @SNO='20204010101';
100 %
消息
学    号: 20204010101
选课门数: 5
成绩总分: 428
平均分数: 85.6
成绩等级: 良
```

图 6.1.11 【例 6-23】执行系统存储过程 PRO10_22 的结果

(3)修改存储过程

T-SQL 中修改用户自定义的存储过程格式如下。

```
ALTER PROCEDURE <存储过程名>
[<参数 1> <参数类型>[,<参数 2> <参数类型>...]]
[WITH ENCRYPTION]
[WITH RECOMPILE]
AS
<T-SQL 语句>
```

【例 6-24】 修改【例 6-21】中创建的存储过程 PRO6_21,查询某个学生(学号作为参数),如果该学生没有选课,就在 student 表中名字前后加'*',否则在该学生名字前后加'#'。

```
ALTER PROCEDURE PRO6_21(@sno CHAR(11))
AS
BEGIN
    IF EXISTS(SELECT * FROM study WHERE sno=@sno)
    UPDATE student
```

```
    /* RTRIM(字符串)的含义是去除字符串右边的空格,
     LTRIM(字符串)的含义是去除字符串左边的空格 */
    SET sname='*'+RTRIM(LTRIM(sname))+'*'
    WHERE sno=@sno ;
    ELSE
    UPDATE student
    SET sname='#'+RTRIM(LTRIM(sname))+'#'
    WHERE sno=@sno ;
END
```

【例 6-25】修改【例 6-19】中创建的存储过程 PRO6_19(@cno),其中的输入参数@cno 用于接收课程号,然后在 study 表中查询该课成绩不及格的学生学号,接着在 student 表中查找这些学生的基本信息,最后输出。

```
ALTER Procedure pro6_19(@cno char(7)) AS
BEGIN
    SET NOCOUNT ON;
    /*阻止在结果集中返回可显示 TransacT-SQL 语句或存储过程
     影响的行计数的消息 */
    SELECT * FROM Student
    WHERE sno IN
                (SELECT sno FROM study
                WHERE SUBSTRING(PLCno,1,7)=@cno
                    AND Grade1<90
                )
    END
```

(4)删除存储过程

T-SQL 中删除用户自定义的存储过程格式如下。

```
DROP PROCEDURE <存储过程名>
```

【例 6-26】删除【例 6-19】中创建的存储过程 PRO6_19。

```
DROP PROCEDURE PRO6_19
```

6.1.4　触发器

触发器是个特殊的存储过程,它的执行不由程序调用,也不是手工启动,而是由事件来触发。当对一个表进行更新操作(INSERT、UPDATE 和 DELETE)时,就会激活它执行,触发器经常用于处理数据的完整性约束和业务规则。

触发器可实现相关表的级联更改。与 CHECK 约束不同,触发器可以引用其他表中的列,如触发器可以使用另一个表中的 SELECT 语句比较插入或更新的数据,以及执行其他操作;也可以根据数据修改前后的表状态,采取相应的对策。

一个表中的多个同类触发器(INSERT、UPDATE 或 DELETE)允许采取多个不同的对策以响应同一个修改语句。虽然触发器功能强大,可以轻松、可靠地实现许多复杂的功能,但要慎用。触发器过多会造成数据库及应用程序的维护困难,过分依赖触发器会影响数据库的结构,同时增加维护的复杂程序。

触发器可以分成 DML(Data Manipulation Language,数据操纵语言)触发器、DDL(Data Definition Language,数据定义语言)触发器和登录触发器三类。

DML 触发器是指触发器在数据库中发生 DML 事件时将启用。DML 事件指在表或视图中修改数据的 INSERT、UPDATE、DELETE 语句。

DDL 触发器是指当服务器或数据库中发生 DDL 事件时将启用。DDL 事件指表或索引中的 CREATE、ALTER、DROP 语句。

登录触发器在用户登录 SQL Server 2019 实例建立会话时触发。

其中,DML 触发器最为常用,DML 触发器可根据不同的触发方式分为 AFTER 触发器、INSTEAD OF 触发器和 FOR 触发器三类。

AFTER 触发器在执行 INSERT、UPDATE、DELETE 语句操作之后启用,主要用于记录变更后的处理或检查,一旦发生错误,可以用 Rollback Transaction 语句来回滚本次操作,但不能对视图定义 AFTER 触发器。

INSTEAD OF 触发器经常被定义在视图上,当通过视图修改对应的数据时,触发器自动修改对应的数据存储表。INSTEAD 指代替操作,在表上定义了这类触发器后,如果对表执行 INSERT、UPDATE、DELETE 语句,它会直接转到触发器去执行触发器里定义的事件,而不再执行之前做的 INSERT、UPDATE、DELETE 操作。

FOR 触发器和 AFTER 触发器一样处理。

在 SQL Server 2019 中,DML 触发器仍然提供了 DELETED 和 INSERTED 两张逻辑表用于数据临时存放和使用。DELETED 和 INSERED 表的结构和触发器所在数据表的结构是一样的,它们建立在数据库服务器的内存中,用户只有只读的权限。当触发器执行完成后,它们就会被自动删除。

INSERTED 表用于存放操作 INSERT、UPDATE、DELETE 语句后更新的记录。若插入一条数据,那么这条记录就会被插入 INSERTED 表。

DELETED 表用于存放操作 INSERT、UPDATE、DELETE 语句前的记录(创建触发器表中数据)。若删除了表中的三条数据,那么这三条记录就会被存放到内存中的 DELETED 表。

UPDATE 语句在修改数据时会先删除表记录,然后增加一条记录。这样在 DELETED 和 INSERTED 表就都有 UPDATE 前后的数据记录了。

因此,INSERTED 表的数据是插入或是修改后的数据,而 DELETED 表的数据是更新前或删除的数据。

通过使用这两个临时驻留内存的表,触发器可以存取更新操作前后的数据(见表 6.1.3),从而自动帮助解决问题。

表 6.1.3　INSERED 和 DELETED 表

对表的操作	INSERED 逻辑表	DELETED 逻辑表
增加记录(INSERT)	存放增加的记录	无
删除记录(DELETE)	无	存放被删除的记录
修改记录(UPDATE)	存放更新后的记录	存放更新前的记录

触发器本身就是一个事务,所以在触发器中可以对修改数据进行一些特殊的检查。如果不满足,可以利用事务回滚撤销操作。

1. 创建触发器

创建触发器的语句格式如下。

```
CREATE TRIGGER <触发器名称>
ON <表名|视图名>
[WITH ENCYPTION]
< FOR | AFTER | INSTEAD OF>
< [INSERT] [,] [DELETE] [,] [UPDATE] >
[NOT FOR REPLICATION]
AS
<T-SQL 语句>
语句中,WITH ENCYPTION 表示加密。
```

【例 6-27】创建触发器 TGR_CHECK_SAGE,在插入学生信息时验证学生的年龄要大于 15,如果不满足要求,拒绝插入。

```
CREATE TRIGGER TGR_CHECK_SAGE
ON student
```

```
AFTER INSERT          —INSERT 触发器
AS
DECLARE @sage INT, @sno CHAR(11);
SELECT @sno=sno, @sage=YEAR (GETDATE ())-Sbith
FROM INSERTED;
IF (@sage IS NULL or @sage< 15)
BEGIN
    RAISERROR('插入新数据的 AGE 有问题', 16, 1);
    ROLLBACK TRAN;
END
```

执行以下 SQL 语句,执行结果如图 6.1.12 所示。

```
INSERT INTO student (sno, sname, sbith)
VALUES(' 20214010101 ', '测试员 1 ', NULL);
go
INSERT INTO student (sno, sname, sbith)
VALUES(' 20214010102 ', '测试员 2 ', YEAR(GETDATE())-18);
go
INSERT INTO student (sno, sname, sbith)
VALUES(' 20214010103 ', '测试员 3 ', YEAR (GETDATE ())-13);
go
```

```
INSERT INTO student (SNO, sname, Sbith)
VALUES('20214010101', '测试员1', NULL);
go
INSERT INTO student (SNO, sname, Sbith)
VALUES('20214010102', '测试员2', YEAR(GETDATE())-18);
go
INSERT INTO student (SNO, sname, Sbith)
VALUES('20214010103', '测试员3', YEAR (GETDATE ())-13);
go
```

100 %

消息

消息 50000,级别 16,状态 1,过程 TGR_CHECK_SAGE,第 29 行
插入新数据的AGE有问题
消息 3609,级别 16,状态 1,第 19 行
事务在触发器中结束。批处理已中止。

(1 行受影响)
消息 50000,级别 16,状态 1,过程 TGR_CHECK_SAGE,第 35 行
插入新数据的AGE有问题
消息 3609,级别 16,状态 1,第 25 行
事务在触发器中结束。批处理已中止。

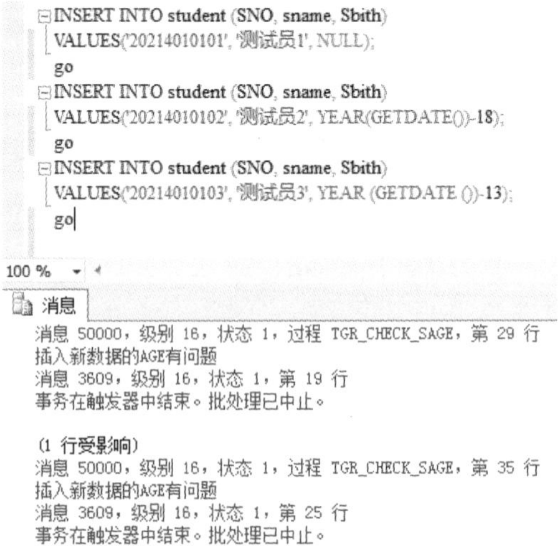

图 6.1.12 【例 6-27】中的执行结果

【例 6-28】创建触发器,禁止将 study 表中不及格学生的成绩改为及格。

```
CREATE TRIGGER TRG_UPDATE_grade
ON study
FOR UPDATE          —UPDATE 触发器
AS
IF UPDATE (grade1)
IF EXISTS (SELECT * FROM INSERTED, DELETED
          WHERE INSERTED. sno=DELETED. sno
                AND INSERTED. grade1>=60
                AND DELETED. grade1<60)
BEGIN
  PRINT '不能将学生修读课程的不及格成绩改为及格';
  ROLLBACK TRAN;
END
```

我们将成绩 50 的课程成绩改为 60,执行结果如下图 6.1.13 所示。

```
update study set grade1=60 where grade1=50;
100 %
消息
不能将学生修读课程的不及格成绩改为及格
消息 3609,级别 16,状态 1,第 17 行
事务在触发器中结束。批处理已中止。
```

图 6.1.13 【例 6-28】中的执行结果

【例 6-29】创建触发器,验证补考成绩输入的正确性,即期末考试不及格才能输入补考成绩。

```
CREATE TRIGGER TGR_UPDATE_GRADE2
ON study
FOR UPDATE          —UPDATE 触发器
AS
—列级触发器:是否能更新补考成绩(期末成绩及格是没有补考成绩的)
IF (UPDATE(grade2))
BEGIN
  IF EXISTS(SELECT 1 FROM DELETED WHERE grade1>=60)
  BEGIN
```

```
    RAISERROR('该学生这门课程补考成绩不能输入！ ', 16, 1);
    ROLLBACK TRAN;
  END;
END
```

执行以下修改补考成绩的 SQL 语句，执行结果如图 6.1.14 所示。

```
UPDATE STUDY SET GRADE2=80 WHERE GRADE1<60;
UPDATE STUDY SET GRADE2=80 WHERE GRADE1>60;
```

```
UPDATE STUDY SET GRADE2=80 WHERE GRADE1<60 ;
UPDATE STUDY SET GRADE2=80 WHERE GRADE1>60 ;
```

100 %

消息

(1 行受影响)
消息 50000，级别 16，状态 1，过程 TGR_UPDATE_grade_UNLOCK，第 46 行
系统提示：该学生这门课程补考成绩不能输入！
消息 3609，级别 16，状态 1，第 38 行
事务在触发器中结束。批处理已中止。

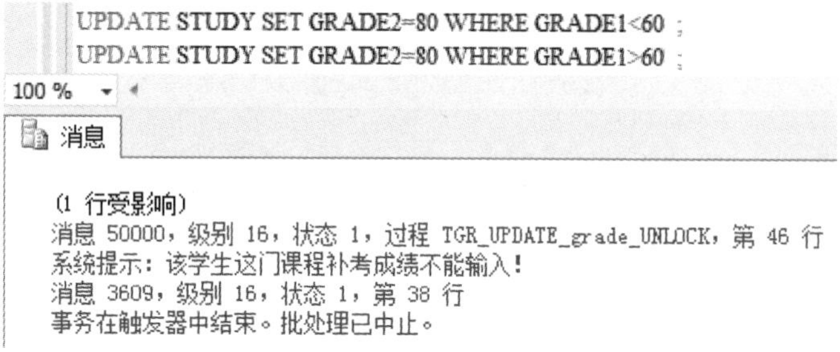

图 6.1.14 【例 6-29】中的执行结果

查询 study 表中数据，在图 6.1.15 中，期末成绩不及格的补考成绩(grade1=50)修改为 80(grade2=80)，所有期末成绩已及格的(grade1>=60)补考成绩都没有修改，仍然为 NULL。

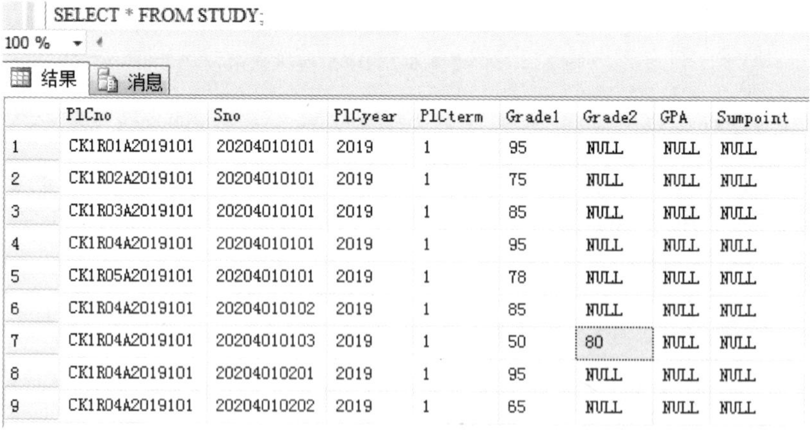

```
SELECT * FROM STUDY;
```

100 %

结果 | 消息

	P1Cno	Sno	P1Cyear	P1Cterm	Grade1	Grade2	GPA	Sumpoint
1	CK1R01A2019101	20204010101	2019	1	95	NULL	NULL	NULL
2	CK1R02A2019101	20204010101	2019	1	75	NULL	NULL	NULL
3	CK1R03A2019101	20204010101	2019	1	85	NULL	NULL	NULL
4	CK1R04A2019101	20204010101	2019	1	95	NULL	NULL	NULL
5	CK1R05A2019101	20204010101	2019	1	78	NULL	NULL	NULL
6	CK1R04A2019101	20204010102	2019	1	85	NULL	NULL	NULL
7	CK1R04A2019101	20204010103	2019	1	50	80	NULL	NULL
8	CK1R04A2019101	20204010201	2019	1	95	NULL	NULL	NULL
9	CK1R04A2019101	20204010202	2019	1	65	NULL	NULL	NULL

图 6.1.15 【例 6-29】中 study 表的数据

【例 6-30】创建触发器,输入成绩时自动计算成绩的 GPA。

```
CREATE TRIGGER TGR_UPDATE_GRADE_GPA
ON study
FOR UPDATE
AS
BEGIN
    DECLARE @GPA numeric(2,1),@plcno varchar(14),@sno
    varchar(11);
    IF UPDATE(grade1)                --登记期末成绩
    BEGIN
      SELECT @GPA=grade1/10.0-5,@plcno=PlCno,@sno=sno
      FROM INSERTED;
      IF @GPA<1.0
          SET @GPA=0;
      UPDATE study SET GPA=@GPA
      WHERE PlCno=@plcno and sno=@sno;
    END;
END
```

触发器创建后,执行以下 SQL 语句,执行结果如图 6.1.16 所示。

```
SELECT * FROM study
where PlCno='CK1R04A2019101' and sno='20204010102';
UPDATE study SET Grade1=81
where PlCno='CK1R04A2019101' and sno='20204010102';
SELECT * FROM study
where PlCno='CK1R04A2019101' and sno='20204010102';
```

结果　消息

	PlCno	Sno	PlCyear	PlCterm	Grade1	Grade2	GPA	Sumpoint
1	CK1R04A2019101	20204010102	2019	1	NULL	NULL	NULL	NULL

	PlCno	Sno	PlCyear	PlCterm	Grade1	Grade2	GPA	Sumpoint
1	CK1R04A2019101	20204010102	2019	1	81	NULL	3.1	NULL

图 6.1.16 【例 6-30】中的执行结果

【例 6-31】创建触发器，当某学期某门课程的开课计划取消后，与该开课计划对应的选课记录也被一起删除(在教学实施过程中，存在部分选修课程因选修人数过少而停开的情况)。

```
CREATE TRIGGER TGR_DELETE_PlanCouse
ON PlanCourse
FOR DELETE      —DELETE 触发器
AS
DECLARE @plcno varchar(14);
BEGIN
        SELECT @plcno=plcno FROM deleted
        DELETE FROM study WHERE  PlCno=@plcno;
        PRINT '该开课计划下的选课记录被一起删除';
END
```

执行以下 T-SQL 语句删除'CK1R04A2019101'的开课计划，触发器自动将该开课计划下的选课记录删除。执行结果如图 6.1.17 所示。

```
DELETE FROM PlanCourse
WHERE PlCno='CK1R04A2019101';
```

结果 消息

	PlCno	Sno	PlCyear	PlCterm	Grade1	Grade2	GPA	Sumpoint
1	CK1R01A2019101	20204010101	2019	1	95	NULL	NULL	NULL
2	CK1R02A2019101	20204010101	2019	1	84	NULL	NULL	NULL
3	CK1R03A2019101	20204010101	2019	1	86	NULL	NULL	NULL
4	CK1R04A2019101	20204010101	2019	1	93	NULL	NULL	NULL
5	CK1R05A2019101	20204010101	2019	1	79	NULL	NULL	NULL
6	CK1R04A2019101	20204010102	2019	1	81	NULL	3.1	NULL
7	CK1R04A2019101	20204010103	2019	1	86	NULL	NULL	NULL
8	CK1R04A2019101	20204010201	2019	1	91	NULL	NULL	NULL
9	CK1R04A2019101	20204010202	2019	1	69	NULL	NULL	NULL

	PlCno	Sno	PlCyear	PlCterm	Grade1	Grade2	GPA	Sumpoint
1	CK1R01A2019101	20204010101	2019	1	95	NULL	NULL	NULL
2	CK1R02A2019101	20204010101	2019	1	84	NULL	NULL	NULL
3	CK1R03A2019101	20204010101	2019	1	86	NULL	NULL	NULL
4	CK1R05A2019101	20204010101	2019	1	79	NULL	NULL	NULL

图 6.1.17 【例 6-31】中的执行结果

【例 6-32】创建触发器，删除课程表中课程的时候把要删除的课程信息导出到备份表中。

```
CREATE TRIGGER TGR_DELETE_course
ON course
FOR DELETE—删除触发
AS
    PRINT '备份数据中……';
    IF (OBJECT_ID(' CourseBackup ', ' U ') IS NOT NULL)
        —存在 CourseBackup 表,直接插入数据
        INSERT INTO CourseBackup
        SELECT * FROM DELETED;
    ELSE
        —不存在 CourseBackup 表,则创建再插入
        SELECT * INTO CourseBackup FROM DELETED;
    PRINT '备份数据成功! ';
```

执行以下 T-SQL 语句的结果如图 6.1.18 所示。

```
SELECT * FROM course;
DELETE FROM course WHERE cname LIKE '%数据库%';
SELECT * FROM course;
SELECT * FROM coursebackup。
```

结果 消息

	Cno	Cname	Credit	Pcno	Lterm	Ctype
1	CK1R01A	C语言程序设计	3	NULL	NULL	NULL
2	CK1R02A	数据结构与算法	4	CK1R01A	NULL	NULL
3	CK1R03A	离散数学	3	NULL	NULL	NULL
4	CK1R04A	数据库原理	3	CK1R03A	NULL	NULL
5	CK1R05A	操作系统	4	CK1R02A	NULL	NULL

	Cno	Cname	Credit	Pcno	Lterm	Ctype
1	CK1R01A	C语言程序设计	3	NULL	NULL	NULL
2	CK1R02A	数据结构与算法	4	CK1R01A	NULL	NULL
3	CK1R03A	离散数学	3	NULL	NULL	NULL
4	CK1R05A	操作系统	4	CK1R02A	NULL	NULL

	Cno	Cname	Credit	Pcno	Lterm	Ctype
1	CK1R04A	数据库原理	3	CK1R03A	NULL	NULL

图 6.1.18 【例 6-32】中的执行结果

【例 6-33】创建表 student_DM_LOG 用于存储 student 表上的数据操作日志(序号、操作动作、操作时间);创建触发器 TGR _DM_LOG,将操作记录自动存入该表中。

```
/*查询数据库中是否已存在表 student_DM_LOG,若存在先删除,再创
建表*/
IF (OBJECT_ID('student_DM_LOG','U') IS NOT NULL)
    DROP TABLE student_DM_LOG
GO
CREATE TABLE student_DM_LOG
(
    ID INT IDENTITY(1, 1) PRIMARY KEY,  --序号,自增字段
    DMACTION VARCHAR(20),               --操作行为
    DMTIME DATETIME DEFAULT GETDATE()
                                   --操作时间,默认系统时间
)
GO
/*查询数据库中是否已存在 TGR_student_LOG 触发器,若存在先删
除,再创建触发器*/
IF EXISTS (SELECT * FROM SYS.OBJECTS
          WHERE TYPE='TR' and NAME='TGR_ studnet _LOG')
   DROP TRIGGER TGR_student_LOG
GO
CREATE TRIGGER TGR_student_LOG
ON student
AFTER INSERT, UPDATE, DELETE
--INSERT、UPDATE、DELETE 触发器
AS
BEGIN
   IF ((EXISTS (SELECT 1 FROM INSERTED)) AND
      (EXISTS (SELECT 1 FROM DELETED)))
   BEGIN
      INSERT INTO student_DM_LOG(DMACTION)
      VALUES('UPDATED');
   END
   ELSE IF (EXISTS (SELECT 1 FROM INSERTED) AND
```

```
            NOT EXISTS (SELECT 1 FROM DELETED))
    BEGIN
        INSERT INTO student_DM_LOG(DMACTION)
        VALUES(' INSERTED ');
    END
    ELSE
        IF (NOT EXISTS (SELECT 1 FROM INSERTED) AND
            EXISTS (SELECT 1 FROM DELETED))
        BEGIN
           INSERT INTO student_DM_LOG(DMACTION)
           VALUES(' DELETED ');
        END
END
```

执行以下 SQL 语句,执行结果见图 6.1.19 所示。

```
INSERT INTO student (sno, sname, ssex)
VALUES(' 20214018888 ','测试数据'。'男');
UPDATE student SET sclass = ' 21 计算机 ' WHERE sno = '
20214018888 ';
DELETE FROM student WHERE sno=' 20214018888 ';
SELECT * FROM student_DM_LOG;
```

结果 消息

	ID	DMACTION	DMTIME
1	5	INSERTED	2021-08-16 22:14:33.687
2	6	UPDATED	2021-08-16 22:14:33.687
3	7	DELETED	2021-08-16 22:14:33.687

图 6.1.19 【例 6-33】中的执行结果

2. 使用触发器

触发器创建成功后会自动运行,当满足触发条件时,触发器就自动执行内部的 T-SQL 语句。也可以人工设置触发器的开启和禁用。

人工开启和禁用触发器的语句格式如下。

```
<DISABLE| ENABLE> TRIGGER <触发器名> ON <数据表>
```

禁用数据库表 PlanCouse 上的 TGR_DELETE_PlanCouse 触发器语句如下。

```
DISABLE TRIGGER TGR_DELETE_PlanCouse ON plancourse
```

下列 SQL 表示启用 DATABASE 数据库上的 TGR_DELETE_PlanCouse 触发器语句。

```
ENABLE TRIGGER TGR_DELETE_PlanCouse ON plancourse
```

我们也可以通过查询系统表或视图查看触发器的有关信息。

比如执行以下 SQL 语句可以查询已存在的触发器，执行结果如图 6.1.20 所示。

```
  SELECT * FROM SYS. TRIGGERS;
或 SELECT * FROM SYS. OBJECTS WHERE TYPE='TR'
```

结果 消息

	name	object_id	parent_class	parent_class_desc	parent_id	type
1	TGR_UPDATE_grade_GPA	933578364	1	OBJECT_OR_COLUMN	229575856	TR
2	TGR_DELETE_PlanCouse	949578421	1	OBJECT_OR_COLUMN	117575457	TR
3	TGR_DELETE_course	965578478	1	OBJECT_OR_COLUMN	2073058421	TR
4	TGR_student_LOG	1109578991	1	OBJECT_OR_COLUMN	2121058592	TR

图 6.1.20　触发器信息

比如执行以下 SQL 语句可以查看触发器触发事件。

```
SELECT TE. *
FROM SYS. TRIGGER_EVENTS TE JOIN SYS. TRIGGERS T
ON T. OBJECT_ID=TE. OBJECT_ID
WHERE T. PARENT_CLASS=0 AND
        T. NAME='TGR_VALID_DATA'
```

比如执行以下 T-SQL 语句可以查看创建的触发器语句，如图 6.1.21 所示。

```
EXEC SP_HELPTEXT 'TGR_DELETE_PlanCouse'
```

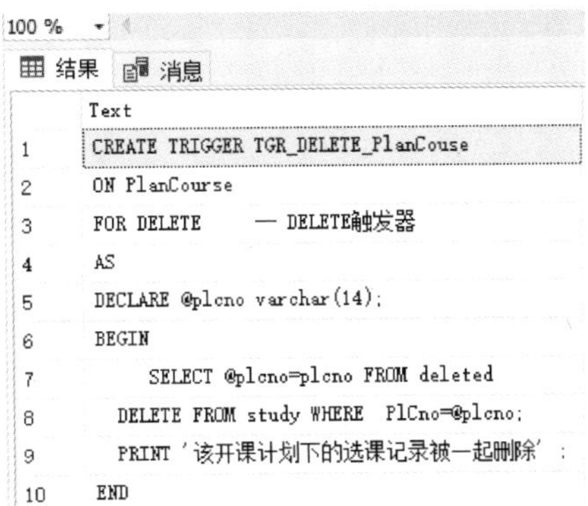
```
Text
1  CREATE TRIGGER TGR_DELETE_PlanCouse
2  ON PlanCourse
3  FOR DELETE      — DELETE触发器
4  AS
5  DECLARE @plcno varchar(14);
6  BEGIN
7       SELECT @plcno=plcno FROM deleted
8    DELETE FROM study WHERE  PlCno=@plcno;
9    PRINT '该开课计划下的选课记录被一起删除';
10 END
```

图 6.1.21 执行存储过程查看触发器的创建语句

3. 修改触发器

修改触发器的语句格式如下。

```
ALTER TRIGGER <触发器名称>
ON <表名>
< FOR | AFTER | INSTEAD OF>
< [INSERT] [, DELETE] [, UPDATE] >
AS
<T-SQL 语句>
```

【例 6-34】 修改【例 6-30】创建的触发器，考虑补考情况下自动计算成绩的 GPA。

```
ALTER TRIGGER TGR_UPDATE_GRADE_GPA
  ON study
  FOR UPDATE
  AS
  BEGIN
  DECLARE @GPA numeric(2,1),@plcno varchar(14),@sno varchar(11);
  IF UPDATE(grade1)                   —登记期末成绩
  BEGIN
       SELECT @GPA=grade1/10.0-5,@plcno=PlCno,@sno=sno
       FROM INSERTED;
```

```
        IF @GPA<1.0 SET @GPA=0;
        UPDATE study SET GPA=@GPA
        WHERE PlCno=@plcno and sno=@sno;
    END;
    IF UPDATE(grade2)                    —登记补考成绩
    BEGIN
        SELECT @GPA=grade2/10.0-5, @plcno=PlCno, @sno=sno
        FROM INSERTED;
        IF @GPA>1.0 SET @GPA=1.0;
        ELSE SET @GPA=0;
        UPDATE study SET GPA=@GPA
        WHERE PlCno=@plcno and sno=@sno;
    END;
END
```

执行以下 SQL 语句,执行结果如图 6.1.22 所示。

```
SELECT * FROM study
WHERE PlCno='CK1R04A2019101' and sno='20204010102';
UPDATE study SET grade1=50
WHERE PlCno='CK1R04A2019101' and sno='20204010102';
SELECT * FROM study
WHERE PlCno='CK1R04A2019101' and sno='20204010102';
UPDATE study SET Grade2=81
WHERE PlCno='CK1R04A2019101' and sno='20204010102';
SELECT * FROM study
WHERE PlCno='CK1R04A2019101' and sno='20204010102';
```

100 %

结果 消息

	PlCno	Sno	PlCyear	PlCterm	Grade1	Grade2	GPA	Sumpoint
1	CK1R04A2019101	20204010102	2019	1	80	NULL	NULL	NULL

	PlCno	Sno	PlCyear	PlCterm	Grade1	Grade2	GPA	Sumpoint
1	CK1R04A2019101	20204010102	2019	1	50	NULL	0.0	NULL

	PlCno	Sno	PlCyear	PlCterm	Grade1	Grade2	GPA	Sumpoint
1	CK1R04A2019101	20204010102	2019	1	50	81	1.0	NULL

图 6.1.22 【例 6-34】语句执行后的查询结果

4. 删除触发器

删除触发器的 T-SQL 语句格式如下。

```
DROP TRIGGER <触发器名称>
```

【例 6-35】删除上面创建的触发器 TRG_UPDATE_grade。

```
DROP TRIGGER TRG_UPDATE_grade
```

6.1.5 游标

1. 基本概念

游标是数据库系统提供的一个缓冲区，用于存储 SQL Server 2019 返回的结果集，它使用户可逐行访问这些数据。使用游标的一个主要原因就是把数据记录集合操作转换成单个记录。SQL 从数据库检索到的结果往往是一个含有多个记录的集合，存放在内存的一块区域中。游标允许用户通过游标指针在 SQL Server 2019 内逐行地访问这些记录，从而按照用户自己的意愿来显示和处理这些记录。

在实际应用中，使用游标有以下几个优点。

①允许程序对由查询语句 SELECT 返回的数据记录集合中的每一行执行相同或不同的操作，而不是对整个集合执行同一操作。

②能基于游标位置对表中的行进行删除和更新。

③游标可作为面向集合的关系数据库管理系统（RDBMS）和面向行的程序设计之间的桥梁。游标是处理数据的一种方法，为了查看或处理结果集中的数据，游标提供了在结果集中以一行或者多行前进的能力和向后浏览数据的能力。我们可以把游标当作一个指针，它可以指定结果中的任何位置，然后允许用户对指定位置的数据进行处理。

游标包含游标结果集与游标位置两部分。

游标结果集定义该游标的 SELECT 语句返回的行的集合。

游标位置为指向结果集中某一行的指针。

游标共有 API 服务器游标、API 客户端游标和 Transaction-SQL 游标三类。其中，前两种游标都是运行在服务器上的，所以又叫作服务器游标。平常使用最多的是 Transaction-SQL 游标。

（1）API 服务器游标

API 服务器游标主要应用在服务器上，当客户端的应用程序调用 API 游标函数时，服务器会对 API 函数进行处理。使用 API 函数可以实现以下功能：①打开一个连接；②设置定义游标特征的特性或属性，API 自动将游标映射到每个结果集；③执行一个或多个 Transaction-SQL 语句；④使用 API 函数或方法提取结果集中的行。

API 服务器游标包括静态游标、动态游标、只进游标、键集驱动游标四种。

静态游标的完整结果集将打开游标时建立的结果集存储在临时表中（静态游标始终是只读的）。静态游标具有以下特点：①总是按照打开游标时的原样显示结果集；②不反映数据库中做的任何修改，也不反映对结果集行的列值所做的更改；③不显示打开游标后在数据库中新插入的行；④组成结果集的行被其他用户更新，新的数据值不会显示在静态游标中；⑤静态游标会显示打开游标后从数据库中删除的行。

动态游标与静态游标相反，滚动游标时，动态游标反映结果集中的所有更改。结果集中的行数据值、顺序和成员每次提取时都会改变。

只进游标不支持滚动，它只支持游标按从头到尾的顺序提取数据行。只进游标反映对结果集所做的所有更改。

键集驱动游标同时具有静态游标和动态游标的特点。当打开游标时，该游标中的成员及行的顺序都是固定的，键集在游标打开时也会存储到临时工作表中。非键集列数据值的更改在用户游标滚动的时候可以看见，但游标打开以后对数据库中插入的行是不可见的，除非关闭重新打开游标。

(2)客户端游标

客户端游标将整个结果集高速缓存在客户端上，所有的游标操作都在客户端的高速缓存中进行。客户端游标只支持只进游标和静态游标，不支持其他游标。

(3)Transaction-SQL 游标

Transaction-SQL 游标基于 DECLARE CURSOR 语法，主要用于 T-SQL 脚本、存储过程及触发器中。Transaction-SQL 游标在服务器中处理由客户端发送到服务器的 T-SQL 语句。

Transaction-SQL 游标的使用过程如下。

①声明 Transaction-SQL 变量包含游标返回的数据。为每个结果集列声明一个足够大的变量来保存列返回的值，变量的类型可以是从数据类型隐式转换得到的数据。使用 DECLARE CURSOR 语句将 Transaction-SQL 游标与 SELECT 语句相关联，可以利用 DECLARE CURSOR 语句定义游标的只读、只进等特性。

②使用 OPEN 语句执行 SELECT 语句，打开游标。

③使用 FETCH INTO 语句提取单个行，并将每列中的数据赋值给指定的变量。

④使用 CLOSE 语句关闭游标，结束游标的本次使用。游标关闭后，该游标还是存在，可以使用 OPEN 命令打开继续使用。

⑤使用 DEALLOCATE 语句释放游标。游标关闭后，调用 DEALLOCATE 语句释放游标，下次使用同名游标时，需要重新定义游标。

2. 游标使用

SQL Server 数据库中，游标的生命周期包含声明游标、打开游标、读取游标数据、关闭游标、释放游标五个阶段。

(1) 声明游标

声明是为游标指定获取数据时所使用的 SELECT 语句，声明游标并不会检索任何数据，它只是为游标指明了相应的 SELECT 语句。SQL Server 数据库支持游标声明的 ISO 标准语句，也支持扩展的 Transaction-SQL。

声明游标语句的 ISO 标准格式如下。

```
DECLARE <游标名称> [ INSENSITIVE ] [ SCROLL ] CURSOR
[FOR <查询>]
[FOR <READ ONLY| UPDATE [OF <列名>[,<列名>…]]]>]
```

声明游标中的参数说明如下。

①INSENSITIVE 参数指不敏感，可在定义一个游标时为检索到的结果集建立一个临时拷贝，以后的数据可从这个临时拷贝中获取。如果在后来的游标处理过程中，原有基表中的数据发生了改变，那么它们对于该游标而言是不可见的。这种不敏感的游标不允许数据更改。省略 INSENSITIVE 参数则表示对基表提交的更新结果都反映在后面的游标提取中。

②SCROLL 参数可使游标随意定位，SCROLL 指定的所有提取选项(FIRST、LAST、PRIOR、NEXT、RELATIVE、ABSOLUTE)均可用。如果未指定 SCROLL，则游标只能前进，NEXT 是唯一支持的提取选项，游标提取选项的具体信息见表 6.1.4。

表 6.1.4 游标提取选项信息表

提取选项	具体含义
FIRST	表示读取游标中的第一行，且将其作为当前行
LAST	表示读取游标中的最后一行，且将其作为当前行

续表

提取选项	具体含义
PRIOR	表示读取游标中当前行的前一行，且将其作为当前行
NEXT	表示读取游标中当前行的下一行，且将其作为当前行
RELATIVE	RELATIVE n 表示读取游标的当前行的前或后 n 行，若 $n>0$，则读取游标当前行起向后的第 n 行数据；若 $n<0$，则读取游标当前行起向前的第 n 行数据，且将其作为当前行
ABSOLUTE	ABSOLUTE n 表示读取游标从第一行或最后一行开始的第 n 行，若 $n>0$，则读取从结果集的第一行(包括第一行)起向后的第 n 行，若 $n<0$，则读取从结果集的最后一行起向前的第 n 行，且将其作为当前行

在 SQL Server 2019 数据库中，Transaction-SQL 声明游标的扩展语句如下。

```
DECLARE <游标名称> CURSOR [ LOCAL | GLOBAL ]
[ FORWARD_ONLY | SCROLL ]
[ STATIC | KEYSET | DYNAMIC | FAST_FORWARD ]
[ READ_ONLY | SCROLL_LOCKS | OPTIMISTIC ]
[ TYPE_WARNING ]
FOR <查询>
[FOR <READ ONLY| UPDATE [OF <列名>[,<列名>…]]>]
```

声明游标中的参数说明如下。

①LOCAL 与 GLOBAL 为游标的作用域。LOCAL 表示游标的作用域仅仅限于其所在的存储过程、触发器及批处理，执行完毕后，游标自行释放；GLOBAL 表示游标的作用域是整个会话层，连接执行的任何存储过程、批处理等都可以引用该游标名称，仅在断开连接时隐性释放。

如果 GLOBAL 和 LOCAL 参数都未指定，则默认值由数据库选项的设置来决定。在 SQL Server 数据库的早期版本中，所有游标都是全局的，为了与 SQL Server 的早期版本匹配，在 SQL Server 2019 版中，该选项默认为 GLOBAL，用户可以通过所用数据库【数据库属性】的【选项】里的【默认游标】，设置游标的作用域是 LOCAL 还是 GLOBAL，如图 6.1.23 所示。

②FORWARD_ONLY 与 SCROLL 说明了游标的方向，前者表示只进游标，后者表示可以随意定位，默认为 FORWARD_ONLY。

具体来说，FORWARD_ONLY 指定游标只能从第一行滚动到最后一行。FETCH NEXT 是唯一支持的提取选项。如果在指定 FORWARD_ONLY 时不

图 6.1.23　设置数据库的默认游标作用域

指定 STATIC、KEYSET 和 DYNAMIC 关键字，则游标默认作为 DYNAMIC 游标进行操作。如果 FORWARD_ONLY 和 SCROLL 均未指定，则除非指定 STATIC、KEYSET 或 DYNAMIC 关键字，否则默认为 FORWARD_ONLY。STATIC、KEYSET 和 DYNAMIC 游标默认为 SCROLL。与 ODBC 和 ADO 这类数据库 API 不同，STATIC、KEYSET 和 DYNAMIC Transact-SQL 游标支持 FORWARD_ONLY。

SCROLL 指定所有的提取选项均可用。如果未指定 SCROLL，则 NEXT 是唯一支持的提取选项；如果后面指定了 FAST_FORWARD，则不能指定 SCROLL。

③STATIC、KEYSET 、DYNAMIC 与 FAST_FORWARD 说明了游标的类型，分别为静态游标、键集游标、动态游标和快进游标。

STATIC 指定游标始终以第一次打开时的样式显示结果集，并制作数据的临时副本供游标使用。对游标的所有请求都通过 tempdb 中的临时表进行答复。因此，对基表所做的插入、更新和删除操作不在对此游标所做的提取操作返回的数据中反映，并且在该游标打开后，不会检测对结果集的成员、顺序或值所做的更改。静态游标可检测自己的更新、删除和插入。例如，假定静态游标提取行，则另一个应用程序将更新该行。如果应用程序通过静态游标重新提取行，尽管更改由其他应用程序执行，但看到的值将保持不变。STATIC 游标支持所有类型的滚动。

KEYSET 指定当游标打开时，游标中行的成员身份和顺序已经固定。对行进行唯一标识的键集内置在 tempdb 中一个称为 keyset 的表中。键集游标在检测更改的功能方面，提供介于静态和动态游标之间的功能。静态游标不会检测对结果集的成员身份和顺序的更改，动态游标会检测对结果集中的行值的更改。由键集驱动的游标由一组唯一标识符(键)控制，这组键称为键集。键是根据以唯一方式标识结果集中各行的一组列生成的。键集是查询语句返回的所有行中的一组键值。使用由键集驱动的游标，可以为游标中的每行生成和保存一个键，并将该键存储在客户端工作站或服务器上。访问每行时，存储的键值可从数据源提取当前数据值。在由键集驱动的游标中，如果键集完全填充，则将冻结结果集成员身份。此后，在重新打开结果集前，都不会执行影响成员身份添加或更新的操作。用户滚动浏览结果集时，对数据值的更改(由键集所有者或其他进程执行)是可见的。

如果删除某一行，则尝试提取该行时，返回的@@FETCH_STATUS 为 −2，因为已删除的行在结果集中显示为空白。键存在于键集中，但行不再存在于结果集中。

游标外所做的插入(由其他进程执行)仅在关闭并重新打开游标后可见；游标内部所做的插入在结果集的末尾可见。

从游标外部更新键值类似于删除旧行后再插入新行。具有新值的行不可见，且尝试提取具有旧值的行时，返回的@@FETCH_STATUS 为 −2。如果通过指定 WHERE CURRENT OF 子句来进行游标执行更新，则新值可见。

DYNAMIC 定义一个游标，无论更改是发生在游标内部还是由游标外部，在滚动游标并提取新记录时，该游标均能反映对其结果集中的行所做的所有数据更改。因此，所有用户做的全部 UPDATE、INSERT 和 DELETE 语句均通过游标可见。行的数据值、顺序和成员身份在每次提取时都会更改。动态游标不支持 ABSOLUTE 提取选项。游标外部所做的更新直到提交时才可见(除非将游标的事务隔离级别设为 UNCOMMITTED)。例如，有一动态游标提取了两行数据，然后另一个应用程序将更新这两行之一并删除另一行，这时通过动态游标提取这两行时找不到已删除的行，但会显示已更新行的新值。

FAST_FORWARD 表示启用了性能优化的 FORWARD_ONLY、READ_ONLY 游标。如果指定了 SCROLL 或 FOR UPDATE，则不能指定 FAST_

FORWARD。

④READ_ONLY 表示只读游标。SCROLL_LOCKS 表示在使用的游标结果集数据上放置锁，当行读取到游标中然后对它们进行修改时，数据库将锁定这些行，以保证数据的一致性。如果指定了 FAST_FORWARD 或 STATIC，则无法指定 SCROLL_LOCKS。OPTIMISTIC 表示游标读取数据后，如果这些数据被更新了，则通过游标定位进行的更新与删除操作将不会成功。如果指定了 FAST_FORWARD，则无法指定 OPTIMISTIC。

⑤TYPE_WARNING 指定如果游标从所请求的类型隐式转换为另一种类型，则向客户端发送警告消息。

【例 6-36】声明游标 MyCursor 对应所有课程的基本信息。

标准游标：

```
DECLARE MyCursor CURSOR
        FOR SELECT * FROM Course
```

局部游标：

```
DECLARE MyCursor CURSOR LOCAL
        FOR SELECT * FROM Course
```

只读游标：

```
DECLARE MyCursor CURSOR
        FOR SELECT * FROM Course
        FOR READ ONLY
```

可更新游标：

```
DECLARE MyCursor CURSOR
        FOR SELECT * FROM Course
        FOR UPDATE
```

动态滚动游标：

```
DECLARE MyCursor CURSOR
        SCROLL DYNAMIC
        FOR SELECT * FROM Course
        FOR UPDATE
```

(2) 打开游标

使用 OPEN 语句打开 Transaction-SQL 服务器游标，OPEN 语句的执行过程就是按照 SELECT 语句进行数据填充，打开游标后，游标位置在第一行。

SQL Server 数据库打开游标语句格式如下。

```
OPEN [GLOBAL] <游标名>
```

举例如下。

```
OPEN Global MyCursor 指打开名为 MyCursor 的全局游标。
OPEN MyCursor 指打开名为 MyCursor 的游标。
```

(3) 读取游标数据

打开游标以后,使用 FETCH 语句从 Transaction-SQL 服务器游标中检索特定的一行。FETCH 操作可以使游标移动到下一个记录,并将游标返回的每个分量的值分别赋值给声明的本地变量。

SQL Server 数据库读取游标数据的语句格式如下。

```
FETCH [NEXT | PRIOR | FIRST | LAST
          | ABSOLUTE N | RELATIVE N]
FROM <游标名>
INTO  <变量>[,<变量>…]
```

格式中的参数说明如下。

NEXT 表示返回结果集中当前行的下一行记录,若第一次读取则返回第一行,默认的读取选项为 NEXT。

PRIOR 表示返回结果集中当前行的前一行记录,若第一次读取则没有行返回,并且把游标置于第一行之前。

FIRST 表示返回结果集中的第一行,并且将其作为当前行。

LAST 表示返回结果集中的最后一行,并且将其作为当前行。

ABSOLUTE N 表示返回结果集中的前后第 N 行。如果 N 为正数,则返回从游标头部开始的第 N 行,并且返回行变成新的当前行;如果 N 为负,则返回从游标末尾开始的第 N 行,并且返回行变成新的当前行;如果 N 为 0,则返回当前行。

RELATIVE N 表示返回结果集中当前位置的前后第 N 行。如果 N 为正数,则返回从当前行开始的第 N 行;如果 N 为负,则返回从当前行之前的第 N 行;如果为 0,则返回当前行。

(4) 关闭游标

SQL Server 数据库调用 CLOSE 语句关闭游标,语句格式如下。

```
CLOSE [GLOBAL] <游标名>
```

举例如下。

```
CLOSE Global MyCursor 指关闭名为 MyCursor 的全局游标。
```

```
CLOSE  MyCursor 指关闭名为 MyCursor 的游标。
```

(5) 释放游标

SQL Server 数据库调用 DEALLOCATE 语句释放游标,语句格式如下。

```
DEALLOCATE [GLOBAL] <游标名>
```

举例如下。

```
DEALLOCATE GLOBAL MyCursor 指释放名为 MyCursor 的全局游标。
DEALLOCATE  MyCursor 指释放名为 MyCursor 的游标。
```

3. 游标应用

【例 6-37】用游标加循环的方式,查找某班级(@class)所选课程平均分大于等于某分(@grade)的学生和选修的课程信息。也可以改成存储过程 Getclassgrade(@class,@grade),要求输出格式如下:

**************** @class 班满足条件的学生信息 ****************

学号:××××××××

总分:300

平均:75

等级:中

其中等级根据平均分求得。

平均分 90～100:优

80～89:良

70～79:中

60～69:及格

0～59:不及格

T-SQL 代码如下。

```
CREATE Procedure Getclassgrade(@class varchar(20),@grade float)
as
—声明四个变量
declare @sno varchar(11),
        @sumg float,
        @avgg float,
        lev varchar(8);
```

```
print '************** '
    +@class+'班满足条件的学生信息'
    +' ************** ';
/*声明游标 Mycursor,用于存储查询后的结果,SELECT 语句中参数
的个数必须和从游标取出的变量数量相同*/
Declare Mycursor cursor
    for select sno from student where Sclass=@class;
Open Mycursor;
Fetch next from Mycursor into @sno;
while @@fetch_status=0
begin
    select @sumg=sum(grade1), @avgg=avg(grade1)
    from study where sno=@sno;
if @avgg>=90 set @lev='优';
else if @avgg>=80 set @lev='良';
    else if @avgg>=70 set @lev='中';
        else if @avgg>=60 set @lev='及格';
            else  set @lev='不及格';
if @avgg>=@grade
begin
    print '学号:'+@sno;
    print '总分:'+cast(@sumg as varchar);
    print '平均分:'+cast(@avgg as varchar);
    print '等级:'+@lev;
    print '……………………………………………………………………………………';
end;
fetch next from Mycursor into @sno;
end;
close Mycursor;
deallocate Mycursor;
```

存储过程创建成功后,我们可以调用 EXECUTE 语句执行该过程,查看相应结果。

执行以下 T-SQL 语句,执行结果见图 6.1.24。

```
Execute Getclassgrade '20计算机',70
```

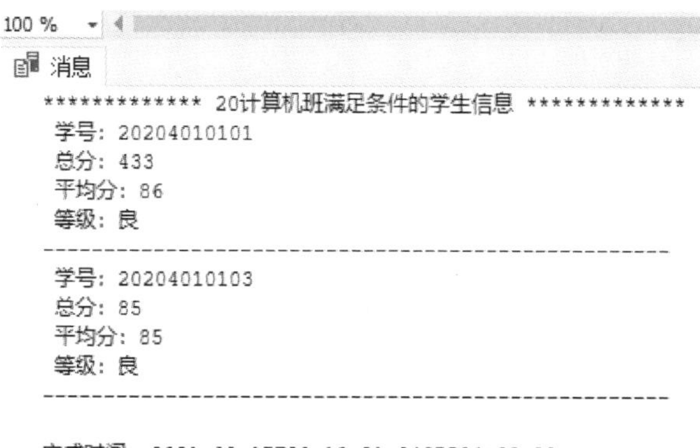

100 %
消息
************* 20计算机班满足条件的学生信息 *************
学号: 20204010101
总分: 433
平均分: 86
等级: 良

学号: 20204010103
总分: 85
平均分: 85
等级: 良

完成时间: 2021-08-17T20:10:21.9437504+08:00

图 6.1.24 【例 6-37】的执行结果

【例 6-38】创建存储过程 Getstudentgrade (@sno),用游标加循环的方式查找某个学生(@sno)所选课程的信息。要求输出格式如下。

第 1 门——课号:×××××××× 课名:×××× 成绩:75 时间:2019 学年第 1 学期
第 2 门——课号:×××××××× 课名:×××× 成绩:83 时间:2019 学年第 1 学期

T-SQL 代码如下。

```
CREATE PROCEDURE Getstudentgrade @sno varchar(10)
as
declare @cno varchar(11),
        @cname varchar(20),
        @grade float,
        @year int,
        @term int,
        @i int;
set @i=1;
print '------------------------------------------------------------------------';
declare Mycursor1 cursor for
select study. PlCno,Cname,grade1,study. PlCyear,study. PlCterm
from study inner join plancourse on study. plcno=plancourse. PlCno
```

```
            inner join course    on plancourse. PlCcno=course. cno
          where sno=@sno ;
open Mycursor1;
fetch next from Mycursor1 into @cno,@cname,@grade,@year,@term
while @@fetch_status=0
begin
   print '第'+cast(@i as char(3))+'门——课号:'
   +cast(@cno as char(12))+'课名:'
   +cast(@cname as char(20))+'成绩:'
   +cast(@grade as char(3))+'时间:'
   +cast(@year as char(4))+'学年第'
   +cast(@term as char(1))+'学期';
   set @i=@i+1;
   fetch next from Mycursor1 into @cno,@cname,@grade,@year,@term
end
close Mycursor1;
deallocate Mycursor1;
print '……………………………………………………………………………………';
```

存储过程创建成功后,我们可以调用 EXECUTE 语句执行该过程,查看相应结果。

执行以下 T-SQL 语句,执行结果见图 6.1.25。

```
Execute Getstudentgrade '20204010101'
```

```
100 %
消息
----------------------------------------------------------------------------------------
第1 门------课号: CK1R01A2019   课名: C语言程序设计        成绩: 95   时间: 2019学年第1学期
第2 门------课号: CK1R02A2019   课名: 数据结构与算法       成绩: 83   时间: 2019学年第1学期
第3 门------课号: CK1R03A2019   课名: 离散数学             成绩: 85   时间: 2019学年第1学期
第4 门------课号: CK1R04A2019   课名: 数据库原理           成绩: 92   时间: 2019学年第1学期
第5 门------课号: CK1R05A2019   课名: 操作系统             成绩: 78   时间: 2019学年第1学期
----------------------------------------------------------------------------------------

完成时间: 2021-08-17T20:57:12.7418593+08:00
```

图 6.1.25 【例 6-38】的执行结果

【例 6-39】编写过程,用游标加循环的方式,根据输入的班级名称(@class),输出该班级的学生选课信息。要求输出格式如下。

```
****************@class班满足条件的学生信息****************
学号:×××××××××
总分:300
平均:75
等级:中
------------------------------------------------------------------
第1门——课号:×××××××× 课名:×××× 成绩:75 时间:2019学年第1学期
第2门——课号:×××××××× 课名:×××× 成绩:83 时间:2019学年第1学期
------------------------------------------------------------------
学号:×××××××××
总分:×××
平均:××
等级:××
------------------------------------------------------------------
第1门——课号:×××××××× 课名:×××× 成绩:75 时间:2019学年第1学期
第2门——课号:×××××××× 课名:×××× 成绩:83 时间:2019学年第1学期
------------------------------------------------------------------
```

T-SQL代码如下。

```
Declare @sno varchar(11),
        @sumg float,
        @avgg float,
        @lev varchar(8),
        @class varchar(20)='20计算机';
print '*********************************** '
  +@class+'班满足条件的学生信息'
  +' ***********************************';
—声明游标Mycursor,用于存储查询后的结果,SELECT语句中参数的个数必须和从游标取出的变量数量相同
declare Mycursor cursor
      for select sno from student where Sclass=@class;
open Mycursor;
fetch next from Mycursor into @sno;
while @@fetch_status=0
```

```
    begin
        select @sumg=sum(grade1),@avgg=avg(grade1) from study
        where sno=@sno;
    if @avgg>=90 set @lev='优';
    else if @avgg>=80 set @lev='良';
    else if @avgg>=70 set @lev='中';
    else if @avgg>=60 set @lev='及格';
    else  set @lev='不及格';
    begin
        print '学号:'+@sno;
        print '总分:'+cast(@sumg as varchar);
        print '平均分:'+cast(@avgg as varchar);
        print '等级:'+@lev;
        execute Getstudentgrade @sno;
    end;
    fetch next from Mycursor into @sno;
    end;
    close Mycursor;
    deallocate Mycursor;
    go
```

执行结果见图 6.1.26。

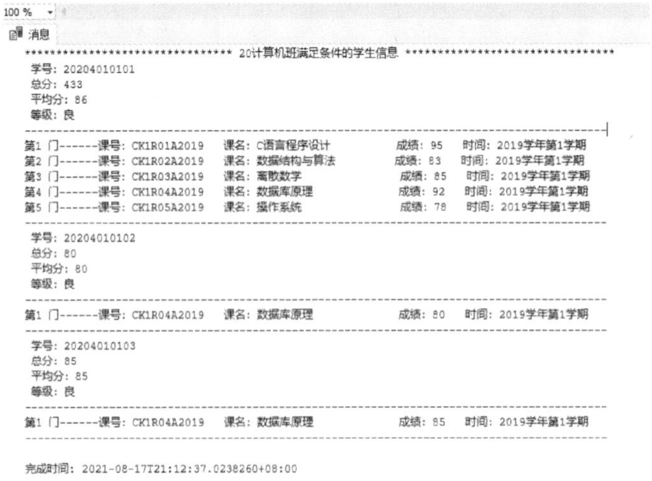

```
100 %
消息
********************************** 20计算机班满足条件的学生信息 **********************************
 学号: 20204010101
 总分: 433
 平均分: 86
 等级: 良
---------------------------------------------------------------------------------------------
第1 门------课号: CK1R01A2019    课名: C语言程序设计        成绩: 95    时间: 2019学年第1学期
第2 门------课号: CK1R02A2019    课名: 数据结构与算法       成绩: 83    时间: 2019学年第1学期
第3 门------课号: CK1R03A2019    课名: 离散数学             成绩: 85    时间: 2019学年第1学期
第4 门------课号: CK1R04A2019    课名: 数据库原理           成绩: 92    时间: 2019学年第1学期
第5 门------课号: CK1R05A2019    课名: 操作系统             成绩: 78    时间: 2019学年第1学期
---------------------------------------------------------------------------------------------
 学号: 20204010102
 总分: 80
 平均分: 80
 等级: 良
---------------------------------------------------------------------------------------------
第1 门------课号: CK1R04A2019    课名: 数据库原理           成绩: 80    时间: 2019学年第1学期
---------------------------------------------------------------------------------------------
 学号: 20204010103
 总分: 85
 平均分: 85
 等级: 良
---------------------------------------------------------------------------------------------
第1 门------课号: CK1R04A2019    课名: 数据库原理           成绩: 85    时间: 2019学年第1学期
---------------------------------------------------------------------------------------------

完成时间: 2021-08-17T21:12:37.0238260+08:00
```

图 6.1.26 【例 6-39】的执行结果

6.2 综合应用

6.2.1 案例1:积点分计算

1.案例描述

请根据学校某学院的标准积点分计算方法(数据见表10.2.1),创建必要的数据表,计算相应的成绩积点分并存到相应表的字段中。

具体规则:为了科学地评价学生的学习质量,对学生所修读的所有课程成绩均以标准积点分进行统计,并对同一年级的学生按学科类别或专业进行排名,排名作为学生评奖、评优的主要依据之一。

以五级制、两级制记分的课程,计算时取值标准:优(95分),良(85分),中(75分),及格(65分),不及格(55分);合格(75分),不合格(55分)。

标准积点分计算方法为:

$$M_{i总} = \sum_{j=i}^{n} M_{ij}$$

其中,$M_{ij} = Z_{ij} \cdot K$, $Z_{ij} = \dfrac{X_{ij} - \overline{X}_j}{\sigma_j}$, $\sigma_j = \dfrac{\sqrt{\sum_{i=1}^{N}(X_{ij} - \overline{X}_j)^2}}{N}$, $\overline{X}_j = \dfrac{1}{N}\sum_{i=1}^{N} X_{ij}$。

M_i 总为 i 学生的总标准积点分,σ_j 为 j 课的标准差,M_{ij} 为 i 学生 j 课的标准积点分,X_j 为 j 课的平均成绩,Z_{ij} 为 i 学生 j 课的标准分,X_{ij} 为 i 学生 j 课的成绩,K_j 为 j 课的学分,N 为 j 课的选课总人数,n 为 i 学生总选课门数。

例子中用到的数据来自于某学期某门课程的真实数据,处理后见表6.2.1,表中的部分积点分数据用于结果核对。

表6.2.1 例子中用到的部分数据

学号	学年	学期	课号	课程类型	平时成绩	期末成绩	总评成绩	补考成绩	积点分
××××3×01	20××	1	CK××××A00	必修	85	85	85		−0.1451
××××3×02	20××	1	CK××××A00	必修	89	89	89		
××××3×03	20××	1	CK××××A00	必修	83	83	83		
××××3×04	20××	1	CK××××A00	必修	87	87	87		

续表

学号	学年	学期	课号	课程类型	平时成绩	期末成绩	总评成绩	补考成绩	积点分
××××3×05	20××	1	CK××××A00	必修	94	94	94		
××××3×06	20××	1	CK××××A00	必修	86	86	86		
××××3×07	20××	1	CK××××A00	必修	81	81	81		
××××3×08	20××	1	CK××××A00	必修	83	83	83		
××××3×09	20××	1	CK××××A00	必修	88	88	88		
××××3×10	20××	1	CK××××A00	必修	83	83	83		
××××3×11	20××	1	CK××××A00	必修	73	73	73		
××××3×12	20××	1	CK××××A00	必修	92	92	92		
××××3×13	20××	1	CK××××A00	必修	81	81	81		
××××3×15	20××	1	CK××××A00	必修	86	86	86		
××××3×16	20××	1	CK××××A00	必修	80	80	80		
××××3×17	20××	1	CK××××A00	必修	80	80	80		
××××3×18	20××	1	CK××××A00	必修	74	74	74		
××××3×19	20××	1	CK××××A00	必修	92	92	92		
××××3×20	20××	1	CK××××A00	必修	81	81	81		
××××3×21	20××	1	CK××××A00	必修	87	87	87		
××××3×22	20××	1	CK××××A00	必修	81	81	81		
××××3×23	20××	1	CK××××A00	必修	84	84	84		−0.4674
××××3×24	20××	1	CK××××A00	必修	85	85	85		
××××3×25	20××	1	CK××××A00	必修	90	90	90		
××××3×26	20××	1	CK××××A00	必修	82	82	82		
××××3×27	20××	1	CK××××A00	必修	89	89	89		
××××3×28	20××	1	CK××××A00	必修	75	75	75		−3.3684
××××3×29	20××	1	CK××××A00	必修	92	92	92		
××××3×30	20××	1	CK××××A00	必修	86	86	86		
××××3×31	20××	1	CK××××A00	必修	92	92	92		
××××3×32	20××	1	CK××××A00	必修	85	85	85		

续表

学号	学年	学期	课号	课程类型	平时成绩	期末成绩	总评成绩	补考成绩	积点分
××××3×33	20××	1	CK××××A00	必修	94	94	94		
××××3×35	20××	1	CK××××A00	必修	86	86	86		
××××3×36	20××	1	CK××××A00	必修	94	94	94		
××××3×37	20××	1	CK××××A00	必修	95	95	95		
××××3×38	20××	1	CK××××A00	必修	92	92	92		
××××3×39	20××	1	CK××××A00	必修	74	74	74		
××××3×40	20××	1	CK××××A00	必修	89	89	89		
×××××5×18	20××	1	CK××××A00	必修	95	95	95		
×××××5×22	20××	1	CK××××A00	必修	73	73	73		—4.0131

2. 案例解答

【处理思路】

分两步，先把数据导入；然后利用 T-SQL 编写程序逐一求解中间变量，完成积点分求解。

【处理过程】

(1)先将数据导入数据库中。可以使用 T-SQL，也可以利用数据导入工具。将 Excel 数据导入数据库中(具体过程请参考 5.2.3 节内容)。为方便处理，这里使用 T-SQL 将数据导入新表 sscc 中。

T-SQL 语句如下。

```
—开始使用前，开启显示高级选项，1 表示显示高级选项，0 表示关闭
exec sp_configure " show advanced options ",1
reconfigure
—开启 Ad Hoc Distributed Queries，1 表示允许高级分布式查询，0 表示
  不允许
exec sp_configure " Ad Hoc Distributed Queries ",1
reconfigure
go
—允许在进程中使用 ACE. OLEDB. 12
exec master. dbo. sp_MSset_oledb_prop N ' Microsoft. ACE. OLEDB. 12. 0 ',
```

```
        N ' AllowInProcess ', 1
--允许动态参数
exec master. dbo. sp_MSset_oledb_prop N ' Microsoft. ACE. OLEDB. 12. 0 ',
        N ' DynamicParameters ', 1
go
--导入数据到新表 sscc 中
select * into sscc from OpenDataSource( ' Microsoft. ACE. OLEDB. 12. 0 ',
        ' Data source=d:/datainfromexcel. xls; Extended properties=
        Excel 12. 0 ')...[study $ ];
go
exec sp_configure " Ad Hoc Distributed Queries ",0
reconfigure
exec sp_configure " show advanced options ",0
reconfigure
go
```

T-SQL 语句执行后,结果如图 6.2.1 所示。

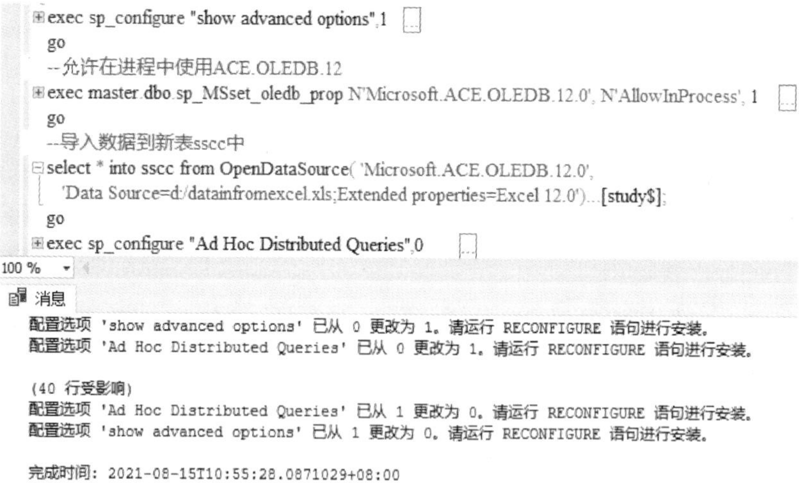

```
exec sp_configure "show advanced options",1
go
--允许在进程中使用ACE.OLEDB.12
exec master.dbo.sp_MSset_oledb_prop N'Microsoft.ACE.OLEDB.12.0', N'AllowInProcess', 1
go
--导入数据到新表sscc中
select * into sscc from OpenDataSource( 'Microsoft.ACE.OLEDB.12.0',
  'Data Source=d:/datainfromexcel.xls;Extended properties=Excel 12.0')...[study$];
go
exec sp_configure "Ad Hoc Distributed Queries",0
```

100 %

消息

```
配置选项 'show advanced options' 已从 0 更改为 1。请运行 RECONFIGURE 语句进行安装。
配置选项 'Ad Hoc Distributed Queries' 已从 0 更改为 1。请运行 RECONFIGURE 语句进行安装。

(40 行受影响)
配置选项 'Ad Hoc Distributed Queries' 已从 1 更改为 0。请运行 RECONFIGURE 语句进行安装。
配置选项 'show advanced options' 已从 1 更改为 0。请运行 RECONFIGURE 语句进行安装。

完成时间: 2021-08-15T10:55:28.0871029+08:00
```

图 6.2.1　案例 1 中数据导入的 T-SQL 语句和执行结果

数据导入后,执行 SQL 语句“select * from sscc;”查看数据,结果如图 6.2.2 所示。

```
select * from sscc;
go
```

100 %

结果 消息

	学号	学年	学期	课号	课程类型	平时成绩	期末成绩	总评成绩	补考成绩	积点分
1	xxxxx3x01	20xx	1	CKxxxxA00	必修	85	85	85	NULL	-0.1451
2	xxxxx3x02	20xx	1	CKxxxxA00	必修	89	89	89	NULL	NULL
3	xxxxx3x03	20xx	1	CKxxxxA00	必修	83	83	83	NULL	NULL
4	xxxxx3x04	20xx	1	CKxxxxA00	必修	87	87	87	NULL	NULL
5	xxxxx3x05	20xx	1	CKxxxxA00	必修	94	94	94	NULL	NULL
6	xxxxx3x06	20xx	1	CKxxxxA00	必修	86	86	86	NULL	NULL
7	xxxxx3x07	20xx	1	CKxxxxA00	必修	81	81	81	NULL	NULL
8	xxxxx3x08	20xx	1	CKxxxxA00	必修	83	83	83	NULL	NULL
9	xxxxx3x09	20xx	1	CKxxxxA00	必修	88	88	88	NULL	NULL
10	xxxxx3x10	20xx	1	CKxxxxA00	必修	83	83	83	NULL	NULL

图 6.2.2　案例 1 中从 Excel 文件中导入的数据

(2)逐步求解,为方便调试,这里课号='CKxxxxA'。

① 求解 X_j=AVG(X_{ij}),N=COUNT(*):

select X_j=avg(X_{ij}),COUNT(*)

from sscc

where 课号=X_j 的课号

②求解 σ_j=SQRT(SUM((X_j-X_{ij})^2/N)):

select σ_j=SQRT(SUM((X_j-X_{ij})^2/N))

from sscc

where 课号=X_j 的课号

③求解 $Z_j=(X_{ij}-X_j)/\sigma_j$:

select $Z_{ij}=(X_{ij}-X_j)/\sigma_j$

from sscc

where 课号=X_j 的课号

④整合上述步骤,构造程序,具体的 T-SQL 语句如下。

```
/*构建一个自定义函数 fun_jdf,根据参数,返回计算值(积点分)*/
Create function fun_jdf(@grade_x float,     —某学生该门课的成绩
                        @grade_avg float,   —该门课程的平均分
                        @grade_fc float,    —该门课程成绩的方差
                        @k float)           —该课程的学分
Returns float as
Begin
  Return round((@grade_x-@grade_avg)/@grade_fc*@k,4);
```

```
End;
Go
/*构建一个自定义存储过程 pro_jdf,根据给定的课程号@cno,计算课程平均分,选修的学生人数,课程成绩方差,最后调用函数 fun_jdf ,得到该课程每一个学生的学习积点分*/
Create procedure proc_jdf(@cno varchar(10)) as
Declare @avg_x float,@fc_x float,@n_x int;
Begin
  —求课程@cno 的平均分@avg_x,选课人数@n_x
  Select @avg_x=avg(总评成绩) ,@n_x=count(*) From sscc
  Where substring(课号,1,7)=@cno ;
  Select @fc_x=sqrt(sum((总评成绩-@avg_x)*(总评成绩-@avg_x))/@n_x)
  From sscc
  Where substring(课号,1,7)=@cno ;
  —在存储过程中直接更新积点分字段值,填写函数计算得到的结果
  Update sscc
  Set 积点分=dbo.fun_jdf(总评成绩,@avg_x,@fc_x,2)
  Where substring(课号,1,7)=@cno;
End;
Go
```

T-SQL 执行结果见图 6.2.3。

6.2.2 案例 2:成绩多样化处理

1. 案例描述

6.1.2 节创建了一个用户自定义函数 GetGPA(【例 6-14】)用于计算成绩绩点,例子中只考虑了百分制这一种形式的成绩。根据表 6.2.2 中某高校学生课程成绩 GPA 的计算方法,成绩被分成了三类,故应调整【例 6-14】中的函数 GetGPA,以便能够处理所有类型的成绩。请根据表 6.2.2 完成学生课程成绩的 GPA 计算,同时完成案例 1 中的积点分计算。

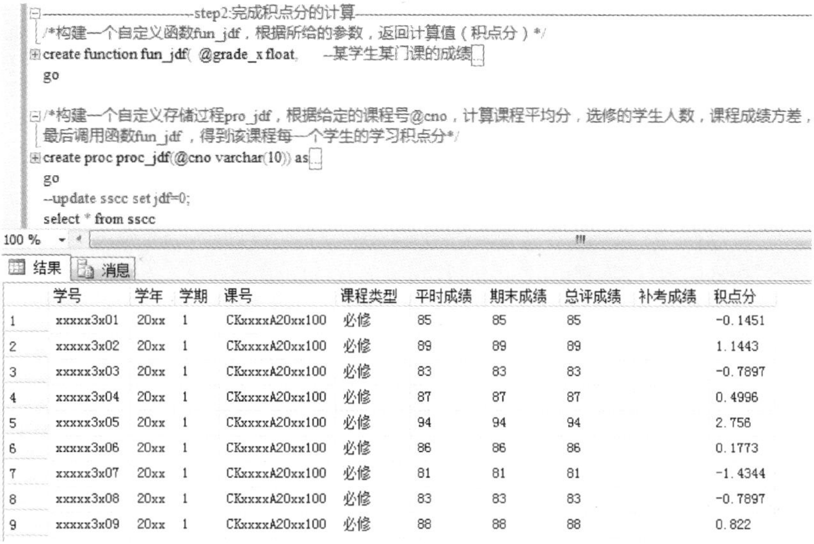

```
-------------------------------step2:完成积点分的计算-------------------------------------------
/*构建一个自定义函数fun_jdf，根据所给的参数，返回计算值（积点分）*/
create function fun_jdf( @grade_x float,     --某学生某门课的成绩...
go

/*构建一个自定义存储过程pro_jdf，根据给定的课程号@cno，计算课程平均分，选修的学生人数，课程成绩方差，
最后调用函数fun_jdf，得到该课程每一个学生的学习积点分*/
create proc proc_jdf(@cno varchar(10)) as...
go
--update sscc set jdf=0;
select * from sscc
```

	学号	学年	学期	课号	课程类型	平时成绩	期末成绩	总评成绩	补考成绩	积点分
1	xxxxx3x01	20xx	1	CKxxxxA20xx100	必修	85	85	85		-0.1451
2	xxxxx3x02	20xx	1	CKxxxxA20xx100	必修	89	89	89		1.1443
3	xxxxx3x03	20xx	1	CKxxxxA20xx100	必修	83	83	83		-0.7897
4	xxxxx3x04	20xx	1	CKxxxxA20xx100	必修	87	87	87		0.4996
5	xxxxx3x05	20xx	1	CKxxxxA20xx100	必修	94	94	94		2.756
6	xxxxx3x06	20xx	1	CKxxxxA20xx100	必修	86	86	86		0.1773
7	xxxxx3x07	20xx	1	CKxxxxA20xx100	必修	81	81	81		-1.4344
8	xxxxx3x08	20xx	1	CKxxxxA20xx100	必修	83	83	83		-0.7897
9	xxxxx3x09	20xx	1	CKxxxxA20xx100	必修	88	88	88		0.822

图 6.2.3　案例 1 中积点分计算的执行结果

表 6.2.2　某高校学生课程成绩 GPA 的计算方法

<table>
<tr><th colspan="3">课程成绩</th><th colspan="2">课程绩点 GPA</th></tr>
<tr><th>百分制</th><th>五级制</th><th>二级制</th><th>课程成绩</th><th>补考成绩</th></tr>
<tr><td>90～100</td><td>优秀(95)</td><td>—</td><td rowspan="5">绩点＝分数/10－5
(绩点:5.0～1.0)
60 分以下按 0 计</td><td rowspan="5">补考通过绩点
按照 1.0 计算</td></tr>
<tr><td>80～89</td><td>良好(85)</td><td>—</td></tr>
<tr><td>70～79</td><td>中等(75)</td><td>合格(75)</td></tr>
<tr><td>60～69</td><td>及格(65)</td><td>—</td></tr>
<tr><td>0～59</td><td>不及格(55)</td><td>不合格(55)</td></tr>
</table>

注意:五级制和二级制先折算成分数再进行 GPA 计算;此表来自作者所在学校的学生手册。

2. 案例解答

案例中涉及两个问题:一是多样化成绩的存储,二是多样化成绩的计算规则。本书在最初设计的数据表 study 中,课程成绩 grade1(期末成绩)和 grade2(补考成绩)都是设置成了 smallint 的数值类型,这样就无法存入五级制和二级制的成绩了。这个问题的发现,可能在需求设计阶段,可能在设计阶段,可能在数据库实施和试运行阶段,也可能在运行与维护过程的过程中,我们应该在发现问题的最早阶段及时处理。这里,我们假定是在数据库运行与维护的过程中发

现这个问题的。

【处理思路】

分三步，首先重构 study 数据表，能够存储三种类型的成绩，完成数据输入；然后利用 T-SQL 编写程序，完成 GPA 计算；最后完成积点分求解。

【处理过程】

(1)重构 study 数据表，将成绩的数据类型调整为文本型。

```
alter table study alter column grade1 varchar(6);
alter table study alter column grade2 varchar(6);
```

请读者思考一下，是否可以把修读表 study 删除后再创建，或者把 study 表中成绩字段删除后再添加？什么情况下可以，什么情况下不行？为什么？

(2)修改【例 6-14】中的自定义函数 GetGPA。

```
alter function GetGPA(@grade varchar(6)) returns numeric(2,1)
as
begin
   declare @gpa float,@gra varchar(6) ;
   set @gra=case @grade
                  when '优秀' then '95 '
                  when '良好' then '85 '
                  when '中等' then '75 '
                  when '及格' then '65 '
                  when '不及格' then '55 '
                  when '不合格' then '55 '
                  when '合格' then '75 '
                  else @grade
              end;
   set @gpa=cast(@gra as float)/10.0-5;
   if @gpa<1.0    set @gpa=0;
   return @gpa;
end
```

调用该函数，执行结果如图 6.2.4 所示。

select *,dbo.GetGPA(Grade1) GPA from study

100 %

结果 消息

	PlCno	Sno	PlCyear	PlCterm	Grade1	Grade2	GPA	Sumpoint	GPA
1	CK1R01A2019101	20204010101	2019	1	95	NULL	NULL	NULL	4.5
2	CK1R02A2019101	20204010101	2019	1	合格	NULL	NULL	NULL	2.5
3	CK1R03A2019101	20204010101	2019	1	85	NULL	NULL	NULL	3.5
4	CK1R04A2019101	20204010101	2019	1	优秀	NULL	NULL	NULL	4.5
5	CK1R05A2019101	20204010101	2019	1	78	NULL	NULL	NULL	2.8
6	CK1R04A2019101	20204010102	2019	1	良好	NULL	NULL	NULL	3.5
7	CK1R04A2019101	20204010103	2019	1	NULL	NULL	NULL	NULL	NULL
8	CK1R04A2019101	20204010201	2019	1	优秀	NULL	NULL	NULL	4.5
9	CK1R04A2019101	20204010202	2019	1	及格	NULL	NULL	NULL	1.5

图 6.2.4 案例 2 中积点分 GPA 计算的执行结果

(3)修改案例 1 中计算学生积点分的应用问题。

在计算学生成绩的积点分时,同样存在着五级制、两级制记分的课程,计算时取值如下:优秀(95 分),良好(85 分),中等(75 分),及格(65 分),不及格(55 分),合格(75 分),不合格(55 分)。案例 1 同样只考虑了成绩是数值时的情况,因此需要修改。

实际上,这是一个数字的处理问题,可以统一定义一个函数来处理。本例将创建函数 AccessGrade 来处理成绩的转换问题,将所有类型的成绩都转换成数值分数。

```
create function AccessGrade (@grade varchar(6)) returns float as
begin
  declare @gra varchar(6) ;
  set @gra=case @grade
              when '优秀' then '95'
              when '良好' then '85'
              when '中等' then '75'
              when '及格' then '65'
              when '不及格' then '55'
              when '不合格' then '55'
              when '合格' then '75'
              else @grade
         end
  return cast(@gra as float);
end
```

检查案例 1 中完成的自定义函数和存储过程,自定义函数 fun_jdf 不需要修改，积点分计算存储过程 proc_jdf 需要修改，这里重新定义存储过程，命名 proc_jdf1，在计算积点分之前要处理总评成绩。

```
create procedure proc_jdf1(@cno varchar(10)) as
declare @avg_x float,@fc_x float,@n_x int;
begin
   —求课程@cno 的平均分@avg_x，选课人数@n_x
   select @avg_x=avg(dbo.accessgrade(总评成绩)) ,@n_x=count( * )
   from sscc
   where substring(课号,1,7)=@cno ;
   select @fc_x=sqrt(sum((dbo.accessgrade(总评成绩)-@avg_x)
                          * (dbo.accessgrade(总评成绩)-@avg_
                          x))/@n_x)
   from sscc
   where substring(课号,1,7)=@cno ;
   —在存储过程中直接查看积点分计算后的结果
   select * , dbo.fun_jdf(dbo.accessgrade(总评成绩) ,@avg_x,@fc
   _x,2) 积点分 from sscc
   where substring(课号,1,7)=@cno;
end
```

对数据做必要的修改处理，将部分 75 分的成绩改成“中等”，85 分的成绩改成“良好”；然后执行存储过程 execute dbo.proc_jdf1 ' CKxxxxA '，检查新积点分计算的结果，如图 6.2.5 所示。

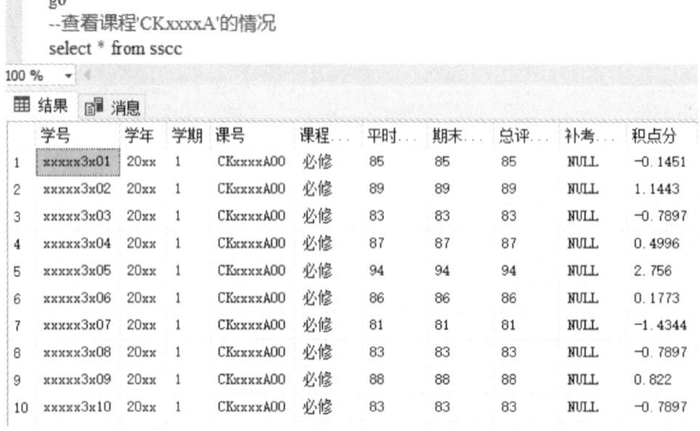

	学号	学年	学期	课号	课程...	平时...	期末...	总评...	补考...	积点分
1	xxxxx3x01	20xx	1	CKxxxxA00	必修	85	85	85	NULL	-0.1451
2	xxxxx3x02	20xx	1	CKxxxxA00	必修	89	89	89	NULL	1.1443
3	xxxxx3x03	20xx	1	CKxxxxA00	必修	83	83	83	NULL	-0.7897
4	xxxxx3x04	20xx	1	CKxxxxA00	必修	87	87	87	NULL	0.4996
5	xxxxx3x05	20xx	1	CKxxxxA00	必修	94	94	94	NULL	2.756
6	xxxxx3x06	20xx	1	CKxxxxA00	必修	86	86	86	NULL	0.1773
7	xxxxx3x07	20xx	1	CKxxxxA00	必修	81	81	81	NULL	-1.4344
8	xxxxx3x08	20xx	1	CKxxxxA00	必修	83	83	83	NULL	-0.7897
9	xxxxx3x09	20xx	1	CKxxxxA00	必修	88	88	88	NULL	0.822
10	xxxxx3x10	20xx	1	CKxxxxA00	必修	83	83	83	NULL	-0.7897

图 6.2.5　案例 2 中积点分计算后的结果

6.2.3 案例3:超市商品销售

1. 案例描述

某超市新建了一个数据库系统,用来保存会员、商品、员工、商品销售等信息,系统拟包含五张表,它们对应的属性如表6.2.3所示。

表6.2.3 数据表及说明

表名	列名	类型	约束
会员	编号	char(8)	主码(键)
	姓名	varchar(10)	not null
	性别	char(2)	取"男"或"女"
	类别	varchar(10)	
商品	商品编号	char(7)	主码(键)
	商品单价	float	not null
	名称	varchar(10)	not null
	生产商	varchar(40)	
	库房编号	char(8)	
	存量	int	>0
员工	员工编号	char(8)	主码(键)
	员工姓名	varchar(10)	not null
	员工性别	char(2)	取"男"或"女"
	员工部门	varchar(40)	
	员工类别	varchar(10)	
销售单	销售单编号	char(8)	主码(键)
	时间	varchar(10)	
	销售员工编号	char(8)	外码
	会员编号	char(8)	外码
	备注	varchar(20)	

续表

表名	列名	类型	约束
销售明细	销售单编号	char(8)	外码,主码的一部分
	商品编号	char(8)	外码,主码的一部分
	销售数量	int	>0

基本表中的数据见表 6.2.4～表 6.2.8。

表 6.2.4　会员表数据

编号	姓名	性别	类别
user0001	孟非	男	vip
user0002	乐嘉	男	vip
user0003	黄菡	女	vip

表 6.2.5　商品表数据

商品编号	商品单价	名称	生产商	库房编号	存量
shp00001	12	帽子	科院应氏企业集团	kf001	4998
shp00002	25	鞋子	科院应氏企业集团	kf001	6000
shp00003	50	衣服	科院应氏企业集团	kf001	8000

表 6.2.6　员工表数据

员工编号	员工姓名	员工性别	员工部门	员工类别
20200001	小蓟	男	仓库管理	普通
20200002	小五	男	销售部	普通
20200003	小非	女	销售部	普通

表 6.2.7　销售单表数据

销售单编号	时间	销售员工编号	会员编号	备注
sal00001	2020-05-18	20200003	user0001	正常
sal00002	2020-09-01	20200001	user0002	正常
sal00009	2020-05-28	20200001	user0002	正常
sal00100	2020-06-01	20200003	user0001	正常

表 6.2.8 销售明细表数据

销售单编号	商品编号	销售数量
sal00001	shp00001	2
sal00001	shp00002	1
sal00001	shp00003	3
sal00100	shp00001	1
sal00100	shp00002	1
sal00002	shp00001	1
sal00002	shp00002	5
sal00002	shp00001	2

根据上述描述，实现【任务 1】～【任务 8】。

2. 案例解答

【任务 1】新建数据库“SalDB 考生学号”(如 SalDB20204170001)。要求主数据文件大小为 10M，增量为 1M，次数据文件两个，每个数据文件大小为 5M，增量为 1M，日志文件大小为 20M，增量为 10%，文件均存放在最后一个盘的 data 文件夹下。

【任务 1】执行的 SQL 语句如下。

```
create database SalDB20204170001
on primary (
   name=SalDB20204170001_data,
   filename=' F:\data\SalDB20204170001_data.mdf ',
   size=10mb,
   filegrowth=1mb
),
(
   name=SalDB20204170001_data1,
   filename=' F:\data\SalDB20204170001_data1.ndf ',
   size=5mb,
   filegrowth=1mb
)
```

```
(
    name=SalDB20204170001_data2,
    filename='F:\data\SalDB20204170001_data2.ndf',
    size=5mb,
    filegrowth=1mb
)
log on (
    name=SalDB20204170001_log,
    filename='F:\data\SalDB20204170001_log.ldf',
    size=20mb,
    filegrowth=10%
);
```

【任务 2】使用新建数据库，完成以下任务。
【任务 2-1】新建登录账号 login+学号(如 login20204170001)，密码为学号。
【任务 2-2】新建用户 kyu+考生学号(如 kyu20204170001)，关联新创建的登录。
【任务 2-3】给新建用户设置创建模式、创建表、创建储存过程、创建函数的权限。

【任务 2-1】执行的 SQL 语句如下。

```
create login login20204170001 with password='123456';
```

【任务 2-2】执行的 SQL 语句如下。

```
create user kyu20204170001 for login login20204170001;
```

【任务 2-3】执行的 SQL 语句如下。

```
grant create schema,
      create table,
      create procedure,
      create function
to kyu20204170001;
```

【任务 3】使用新建数据库，完成以下任务。
【任务 3-1】以 Windows 用户登录，根据给出的表结构创建数据表，注意主键和外键等约束。
【任务 3-2】创建完毕后，将表 6.2.4～6.2.8 中的数据输入对应的数据表中。

【任务 3-1】执行的 SQL 语句如下。

```
create table 会员(
    编号 char(8) constraint pk_hy primary key,
    姓名 varchar(10) not null,
    性别 varchar(2),
    类别 varchar(10),
    check(性别 in ('男','女'))
);
create table 商品(
    商品编号 char(8) constraint pk_sp primary key,
    商品单价 float,
    名称  varchar(10),
    生产商  varchar(40),
    库房编号 char(8),
    存量  int
);
create table 员工(
    员工编号 char(8) constraint pk_yg primary key,
    员工姓名 varchar(10) not null,
    员工性别 varchar(2),
    员工部门 varchar(40),
    员工类别 varchar(10),
    check(员工性别 in ('男','女'))
);create table 销售单(
    销售单编号   char(8) constraint pk_xsd primary key,
    时间         varchar(10),
    销售员工编号char(8) constraint fk_yg references 员工(员工编号),
    会员编号     char(8) constraint fk_hy references 会员(编号),
    备注         varchar(20),
);
create table 销售明细(
    销售单编号   char(8) constraint fk_xsd references 销售单(销售单编号),
    商品编号     char(8) constraint fk_sp references 商品(商品编号),
```

```
    销售数量 int
)
```

【任务 3-2】执行的 SQL 语句如下。

```
insert into 员工 values('20200001','小蓟','男','仓库管理','普通');
insert into 员工 values('20200002','小五','男','销售部','普通');
insert into 员工 values('20200003','小非','女','销售部','普通');
go
insert into 商品 values('shp00001',12,'帽子','科院应氏企业集团',
                        'kf001',5000);
insert into 商品 values('shp00002',25,'鞋子','科院应氏企业集团',
                        'kf001',6000);
insert into 商品 values('shp00003',50,'衣服','科院应氏企业集团',
                        'kf001',8000);
go
insert into 会员 values('user0001','孟非','男','vip' );
insert into 会员 values('user0002','乐嘉','男','vip' );
insert into 会员 values('user0003','黄菡','女','vip' );
go
insert into 销售单 values('sal00001','2020-5-18','20200003',
                          'user0001','正常');
insert into 销售明细 values('sal00001','shp00001',2);
insert into 销售明细 values('sal00001','shp00002',1);
insert into 销售明细 values('sal00001','shp00003',3);
insert into 销售单 values('sal00100','2020-6-1','20200003','user0001',
                         '正常');
insert into 销售明细 values('sal00100','shp00001',1);
insert into 销售明细 values('sal00100','shp00002',1);
insert into 销售单 values('sal00002','2020-9-1','20200001','user0002',
                         '正常');
insert into 销售明细 values('sal00002','shp00001',1);
insert into 销售明细 values('sal00002','shp00002',5);
go
```

【任务 4】完成以下数据的查询和统计。

【任务 4-1】至少买了“乐嘉”买过的所有商品的会员基本信息。

【任务 4-2】统计消费总额大于 100 元的每位会员的情况，列出会员号、会员名、消费总额。

【任务 4-1】执行的 SQL 语句如下。

```
select * from 会员
where 编号 in(
  select 会员编号 from 销售单
  where 销售单编号 in(
    select distinct 销售单编号 from 销售明细 a
    where not exists(
       select * from 销售明细 b
      where b.销售单编号=(select 销售单编号
                         from 销售单 c
                         where c.会员编号=(select 编号
                                            from 会员
                                            where 姓名='乐嘉')
                         )
      and not exists(
      select * from 销售明细 d
      where a.销售单编号=d.销售单编号
      and b.商品编号=d.商品编号
      )
    )
))
```

【任务 4-1】执行的结果见图 6.2.6。

结果 | 消息

	编号	姓名	性别	类别
1	user0001	孟非	男	vip
2	user0002	乐嘉	男	vip

图 6.2.6 【任务 4-1】的执行结果

【任务 4-2】执行的 SQL 语句如下。

```
select d.编号,d.姓名,sum(a.销售数量 * c.商品单价) as 总消费
from 销售明细 a,销售单 b,商品 c,会员 d
where a.销售单编号=b.销售单编号
   and a.商品编号=c.商品编号
   and b.会员编号=d.编号
group by d.姓名,d.编号
having sum(a.销售数量 * c.商品单价) >50
```

任务 4-2 执行的结果见图 6.2.7。

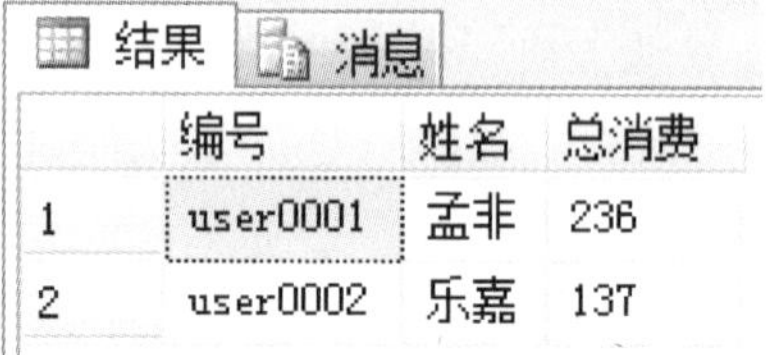

	编号	姓名	总消费
1	user0001	孟非	236
2	user0002	乐嘉	137

图 6.2.7 【任务 4-2】的执行结果

【任务 5】根据要求完成以下任务。

【任务 5-1】现要求新建触发器名为 trigger+考生学号(如 trigger20204170001),触发器要求每当销售明细插入新的记录,表中对应商品的数量(存量)自动减少。

【任务 5-2】(1)当前数据库中,' shp00001 '的商品数量是多少?

(2)执行以下两句语句后,' shp00001 '的商品数量是多少?

```
insert into 销售单  values(' sal00009 ',' 2020-5-28 ',' 20200001 ',
                           ' user0002 ','正常');
insert into 销售明细 values(' sal00002 ',' shp00001 ',2);
```

【任务 5-1】执行的 SQL 语句如下。

```
create trigger trigger20204170001
on 销售明细 for insert
as
begin
   declare @数量 int,@编号 varchar(10);
```

```
    select @数量=销售数量,@编号=商品编号 from inserted;
    update 商品 set 存量=存量-@数量 where 商品编号=@编号;
end
```

【任务 5-2】执行的结果见图 6.2.8。

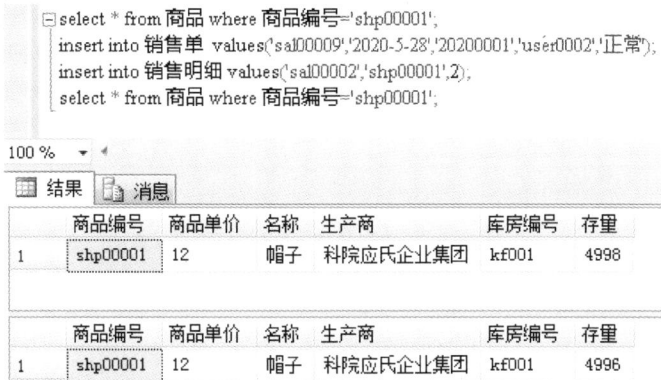

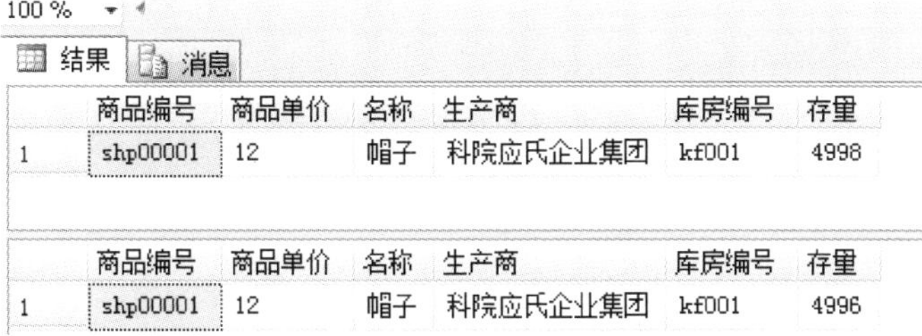

select * from 商品 where 商品编号='shp00001';
insert into 销售单 values('sal00009','2020-5-28','20200001','user0002','正常');
insert into 销售明细 values('sal00002','shp00001',2);
select * from 商品 where 商品编号='shp00001';
100 %
结果
消息
商品编号 商品单价 名称 生产商 库房编号 存量
1 shp00001 12 帽子 科院应氏企业集团 kf001 4998
商品编号 商品单价 名称 生产商 库房编号 存量
1 shp00001 12 帽子 科院应氏企业集团 kf001 4996

图 6.2.8 【任务 5-2】的执行结果

【任务 6 】根据要求完成以下内容。

【任务 6-1】创建函数 f_sal(@veno char),执行的结果是返回会员号@veno 的消费次数。

【任务 6-2】执行 dbo.f_sal(' user0001 ') 的结果。

任务 6-1 执行的 SQL 语句如下。

```
Create function f_sal(@veno varchar(10)) returns int as
begin
  declare @scount int;
  select @scount=count( * ) from 销售单 where 会员编号=@veno;
  return @scount;
end
```

【任务 6-2】执行的结果见图 6.2.9。

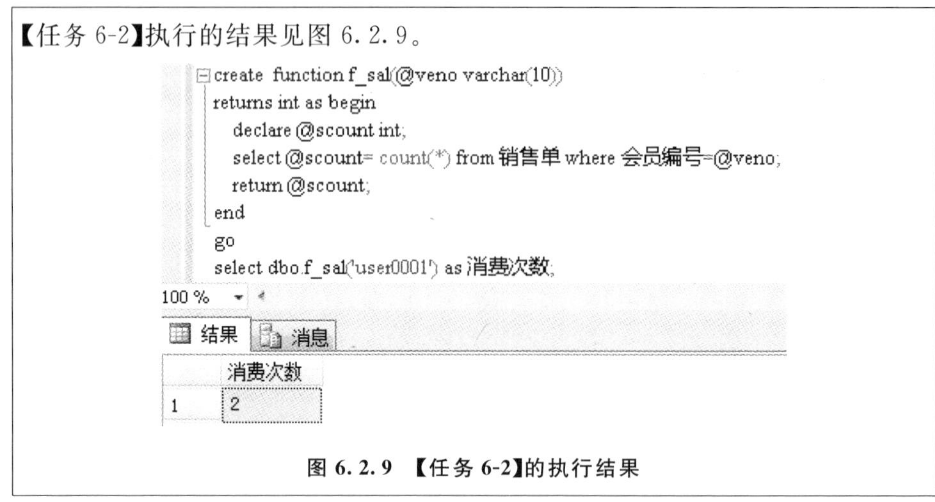
create function f_sal(@veno varchar(10))
returns int as begin
declare @scount int;
select @scount= count(*) from 销售单 where 会员编号=@veno;
return @scount;
end
go
select dbo.f_sal('user0001') as 消费次数;
100 %
结果
消息
消费次数
1
2

图 6.2.9 【任务 6-2】的执行结果

【任务 7】根据要求完成以下内容。

【任务 7-1】创建一存储过程，命名为 Export＋学号，“销售单编号”为输入参数（如 Export20204170001(@salorderno char(8)))，salorderno 指销售单编号。注意：使用游标，存储过程执行后要求输出该销售单编号对应商品的销售信息，输出格式如图 6.2.10 所示，图中×××表示具体的信息。

① 写出存储过程。

② 写出调用这个存储过程的代码，参数为‘sal00001’。

③ 将结果输出。

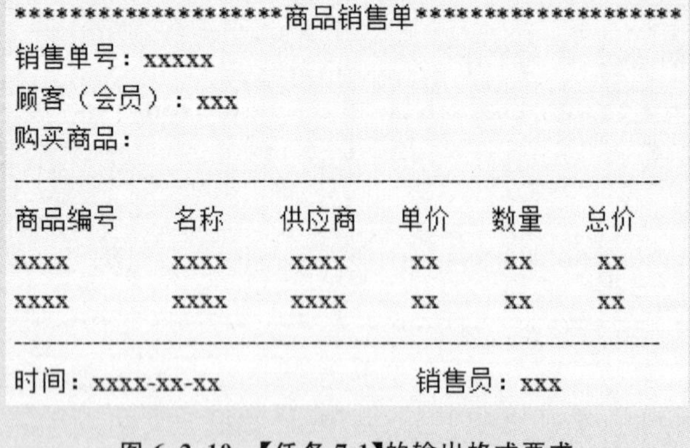
********************商品销售单********************
销售单号：xxxxx
顾客（会员）：xxx
购买商品：
商品编号 名称 供应商 单价 数量 总价
xxxx xxxx xxxx xx xx xx
xxxx xxxx xxxx xx xx xx
时间：xxxx-xx-xx 销售员：xxx

图 6.2.10 【任务 7-1】的输出格式要求

【任务 7-2】创建一过程，输出顾客孟非的所有消费信息，输出格式如图 6.2.11 所示，图中×××表示具体的信息。

```
会员编号：xxxxxx
姓    名：xxx
购买次数：xx
详    情：
*******************商品销售单*******************
销售单号：xxxxx
顾客（会员）：xxx
购买商品：
---------------------------------------------------------------
商品编号      名称      供应商      单价      数量      总价
xxxx          xxxx      xxxx        xx        xx        xx
xxxx          xxxx      xxxx        xx        xx        xx
---------------------------------------------------------------
时间：xxxx-xx-xx                    销售员：xxx
*******************商品销售单*******************
销售单号：xxxxx
顾客（会员）：xxx
购买商品：
---------------------------------------------------------------
商品编号      名称      供应商      单价      数量      总价
xxxx          xxxx      xxxx        xx        xx        xx
xxxx          xxxx      xxxx        xx        xx        xx
---------------------------------------------------------------
时间：xxxx-xx-xx                    销售员：xxx
```

图 6.2.11 【任务 7-2】的输出格式要求

【任务 7-1】执行的 SQL 语句如下。

```
create procedure Export20204170001 @salorderno char(8)
as
begin
  declare    @会员姓名 char(10),@商品编号 char(10),
               @数量 int,@时间 char(10),@销售员姓名 char(10),
             @总价 int, @商品名字 char(10),
             @公司名字 char(10),@单价 float;
```

```
  select @会员姓名=姓名 from 会员
  where 编号=(select 会员编号 from 销售单
              where 销售单编号=@salorderno
              );
  select @时间=时间 from 销售单
  where 销售单编号=@salorderno;
  select @销售员姓名=员工姓名 from 员工
  where 员工编号=(select 销售员工编号 from 销售单
                  where 销售单编号=@salorderno
                  );
  print '******************商品销售单******************'
  print '顾客(会员):'+@会员姓名
  print '购买商品:'
  print '------------------------------------------------'
  print '商品编号    名称          供应商       价格    总价'
  declare cur cursor for select 商品编号,销售数量
                      from 销售明细
                      where 销售单编号=@salorderno;

  open cur;
  fetch next from cur into @商品编号,@数量;
  while @@FETCH_STATUS=0
  begin
    select @商品名字=名称,@公司名字=生产商,@单价=商品单价
from 商品 where 商品编号=@商品编号;
    set @总价=@单价*@数量;
    print @商品编号+'    '+@商品名字+'    '+@公司名字+'    '
      +cast(@单价 as    varchar)+'          '+cast(@总价 as varchar);
    fetch next from cur into @商品编号,@数量;
  end
  print '------------------------------------------------';
  print '时间:'+@时间+'          销售员:'+@销售员姓名;
  close cur; deallocate cur;
end
```

调用命令 exec dbo. Export20204170001 ' sal00001 ',将结果输出。
执行结果见图 6.2.12。

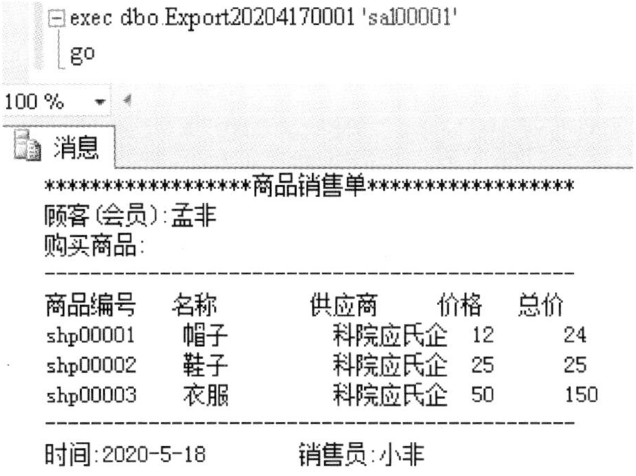

```
exec dbo.Export20204170001 'sal00001'
go
```

100 %

消息

```
*****************商品销售单*****************
顾客(会员):孟非
购买商品:
------------------------------------------
商品编号     名称          供应商       价格    总价
shp00001     帽子          科院应氏企   12      24
shp00002     鞋子          科院应氏企   25      25
shp00003     衣服          科院应氏企   50      150
------------------------------------------
时间:2020-5-18          销售员:小非
```

图 6.2.12　任务 7-1 的执行结果

任务 7-2 执行的 SQL 语句如下。

```
create procedure PrintOrder20204170001(
name char(10))
as
begin
   declare @会员编号 char(10),@购买时间 int,
           @salenum char(10),@productbianhao char(10),
           @productname char(10),@company char(10),
           @price float,@num int,@sumprice float,
           @time char(10),@saleman char(10),
           @saledanhao char(10),@yuangongbianhao char(10);
   select @会员编号=编号 from 会员 where 姓名=@name;
   select @salenum=count( * ) from 销售单
  where 会员编号=@会员编号;
  print '会员编号:'+@会员编号;
   print '姓名:'+@name;
  print '购买次数:'+@salenum;
  print '详情:';
```

```
declare cur cursor for select 销售单编号,销售员工编号,时间
                          from 销售单 where 会员编号=@会员编号;
open cur;
fetch next from cur into @saledanhao, @yuangongbianhao, @time;
 while @@FETCH_STATUS=0
begin
   select @saleman=员工姓名 from 员工
   where 员工编号=@yuangongbianhao;
   print '****************** 商品销售单 ****************** ';
   print '销售单号:'+@saledanhao;
   print '顾客(会员):'+@name;
   print '购买商品:';
   print '商品编号   名称        供应商      价格   数量           总价';
   declare cur2 cursor for select 商品编号,销售数量
                            from 销售明细 where 销售单编号=@saledanhao;
   open cur2;
   fetch next from cur2 into @productbianhao,@salenum;
   while @@FETCH_STATUS=0
   begin
        select  @productname=名称,@company=生产商,
                @price=商品单价
        from 商品 where 商品编号=@productbianhao;
        set @sumprice=@price * @salenum;
        print @productbianhao+@productname+@company
           +'    '+cast(@price as varchar)+'        '
           +cast(@salenum as varchar)+cast(@sumprice as varchar);
        fetch next from cur2 into @productbianhao,
salenum;
   end
   close cur2;
   deallocate cur2;
   print '------------------------------------------------------------';
   print '时间:+@time+         销售员:'+@saleman;
```

```
    fetch next from cur into @saledanhao,@yuangongbianhao,@time;
  end
  close cur;
  deallocate cur;
end
```

任务【7-2】的执行结果见图 6.2.13。

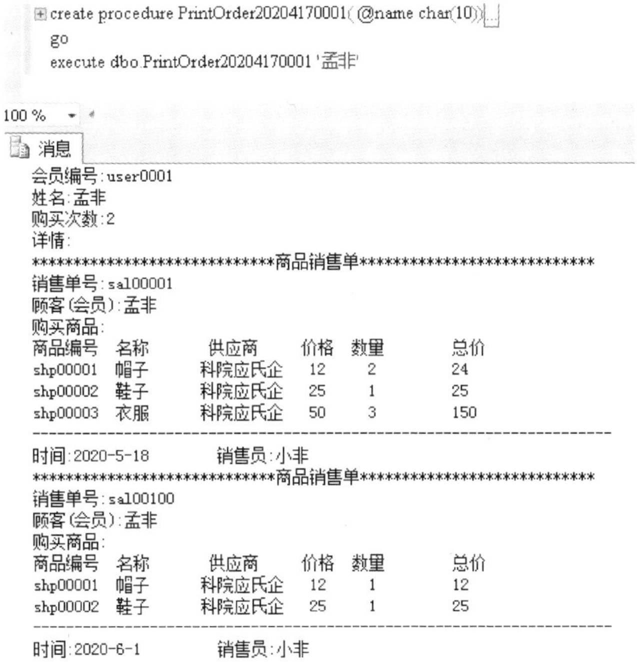

```
create procedure PrintOrder20204170001( @name char(10))...
go
execute dbo.PrintOrder20204170001 '孟非'

100 %
消息
会员编号:user0001
姓名:孟非
购买次数:2
详情:
*****************************商品销售单*****************************
销售单号:sal00001
顾客(会员):孟非
购买商品:
商品编号    名称    供应商      价格  数量      总价
shp00001   帽子    科院应氏企   12    2        24
shp00002   鞋子    科院应氏企   25    1        25
shp00003   衣服    科院应氏企   50    3        150
---------------------------------------------------------------------
时间:2020-5-18        销售员:小非
*****************************商品销售单*****************************
销售单号:sal00100
顾客(会员):孟非
购买商品:
商品编号    名称    供应商      价格  数量      总价
shp00001   帽子    科院应氏企   12    1        12
shp00002   鞋子    科院应氏企   25    1        25
---------------------------------------------------------------------
时间:2020-6-1         销售员:小非
```

图 6.2.13 【任务 7-2】的执行结果

【任务 8】完成数据库的备份和还原。

【任务 8-1】将数据库 SalDB20204170001 完全备份,以备份时间命名并存放到 d:\dbbackup 文件夹中。

【任务 8-2】将刚备份的数据库文件还原成数据库 NewSalDB20204170001,文件存放到 f:\data 文件夹中。

【任务 8-1】的 SQL 语句如下。

```
declare @path nvarchar(256)
set @path=' d:\dbbackup\DbBak_'
        +replace(replace(convert(nvarchar(32),getdate(),126),'. ',
          '_'),':','_')
        +'. bak '
backup database SalDB20204170001 to disk=@path
```

【任务 8-1】的执行结果见图 6.2.14。

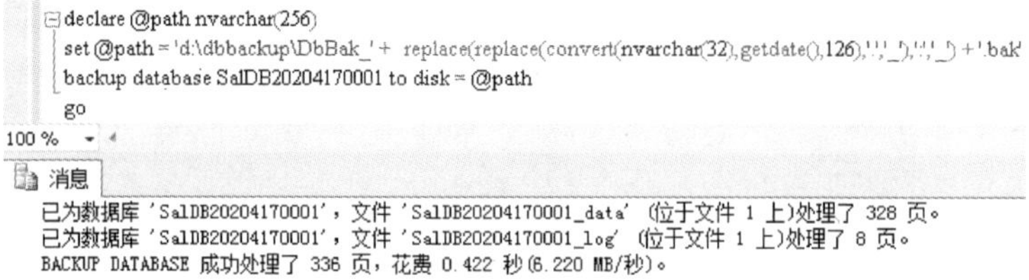

```
declare @path nvarchar(256)
set @path = 'd:\dbbackup\DbBak_' + replace(replace(convert(nvarchar(32),getdate(),126),'.','_'),':','_') + '.bak'
backup database SalDB20204170001 to disk = @path
go
```

100 %

消息

已为数据库 'SalDB20204170001'，文件 'SalDB20204170001_data' (位于文件 1 上)处理了 328 页。
已为数据库 'SalDB20204170001'，文件 'SalDB20204170001_log' (位于文件 1 上)处理了 8 页。
BACKUP DATABASE 成功处理了 336 页，花费 0.422 秒(6.220 MB/秒)。

图 6.2.14 【任务 8-1】的执行结果

【任务 8-2】的 SQL 语句如下。

```
restore database NewSalDB20204170001
from disk=' d:\dbbackup\DbBak_2021-02-07T15_14_26_807. bak '
with move ' SalDB20204170001_data ' to ' f:\data\yxy001_data. mdf ',
    move ' SalDB20204170001_log ' to ' f:\data\yxy001_log. ldf ';
```

【任务 8-2】的执行结果见图 6.2.15。

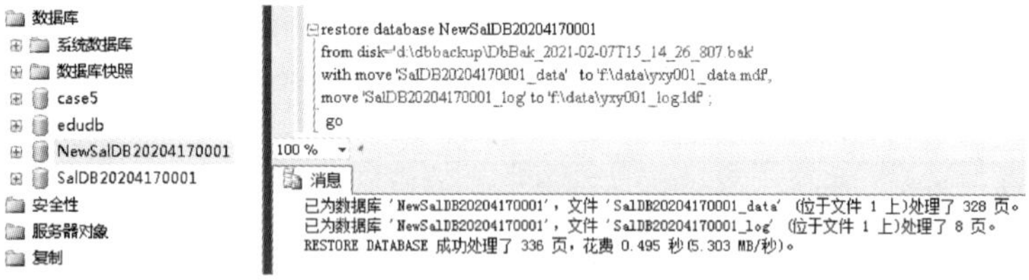

数据库
系统数据库
数据库快照
case5
edudb
NewSalDB20204170001
SalDB20204170001
安全性
服务器对象
复制

```
restore database NewSalDB20204170001
from disk='d:\dbbackup\DbBak_2021-02-07T15_14_26_807.bak'
with move 'SalDB20204170001_data' to 'f:\data\yxy001_data.mdf',
move 'SalDB20204170001_log' to 'f:\data\yxy001_log.ldf' ;
go
```

100 %

消息

已为数据库 'NewSalDB20204170001'，文件 'SalDB20204170001_data' (位于文件 1 上)处理了 328 页。
已为数据库 'NewSalDB20204170001'，文件 'SalDB20204170001_log' (位于文件 1 上)处理了 8 页。
RESTORE DATABASE 成功处理了 336 页，花费 0.495 秒(5.303 MB/秒)。

图 6.2.15 【任务 8-2】的执行结果

6.2.4 案例 4:高考招生录取模拟

1. 案例描述

我国普通高等院校招生录取执行所在省、自治区、直辖市的相关政策，分为顺序志愿和平行志愿两种录取规则，目前绝大多数地区采用的是平行志愿录取规则。

顺序志愿录取规则：院校录取以“志愿优先、按志愿顺序依次投档”为原则，在同一科类、相应批次的省、自治区、直辖市录取控制分数线上，报考院校对第一志愿考生从高分到低分录取，当报考人数少于招生计划时，录取第二志愿考生，依次类推，院校志愿不设分数级差。

平行志愿录取规则：院校录取以“志愿并列、位次优先、遵循志愿、一次投档”为原则，先对同一科类、相应批次的省、自治区、直辖市录取控制分数线上符合条件的考生，按高考成绩从高分到低分进行排序，依次检索每位考生填报的高校志愿；若考生符合一所以上高校的投档条件时，则投档到序号在前的高校；若考生只符合其中一所高校的投档条件，则直接投档到该高校。专业志愿录取以分数优先为原则，先对同一科类、相应批次学校录取控制分数线上符合条件的考生，按高考成绩从高分到低分排序，依次检索每位考生填报的专业志愿，若考生符合一个以上专业的录取条件时，则录取到序号在前的专业；若考生只符合其中一个专业的录取条件，则直接录取到该专业；若考生高考成绩达到学校录取控制分数线且符合录取条件，但未达到所填报专业的录取分数，凡服从专业调剂者，都将被调剂到未录满的专业；不服从调剂者，作退档处理，专业志愿不设分数级差。

以浙江省为例，平行志愿分为两个阶段。第一阶段，学校优先（即学校为一个志愿单位，共五个志愿，每个学校内可以按顺序填写六个专业加专业服从）；第二阶段，学校＋专业（即某个学校的某个专业为一个志愿单位，共计 80 个志愿）。

平行志愿下学校优先的具体规则如下。

(1) 按文科、理科将考生的总分进行从高到低排名，总分相同的情况下，根据单科成绩排名。其中，理科的单科成绩排名顺序为理科数学、理科综合、语文、英语；文科的单科成绩排名顺序为语文、文科综合、文科数学、英语。如表 6.2.9 中，理科考生李四比张三排名靠前，文科考生赵六比王五排名靠前。

表 6.2.9 考生分数及排名举例

考生	数学	英语	语文	综合	类型	总分	排名
张三	128	111	110	256	理科	605	$m+1$
李四	128	110	111	256	理科	605	m
王五	118	130	120	268	文科	636	$n+1$
赵六	120	128	120	268	文科	636	n

(2) 按考生排名依次录取。先投档到学校，再专业志愿录取。如表 6.2.10

中，录取到张三时，学校 1、学校 2、学校 3、学校 4 已经招满，学校 5 的 A 专业还有 1 个名额。这时依次读取学校 1 到学校 5，发现学校 5 还有一个名额，张三投档到学校 5；接着录取李四，此时李四所报学校均已招满，因此李四投档不成功。所有学生投档结束后，各学校进行专业志愿录取，学校 5 录取到张三时，张三所填专业人已招满，专业调剂不服从，因此退档。

表 6.2.10 考生志愿举例

考生	志愿学校	专业 A	专业 B	专业 C	专业 D	专业 E	专业 F	是否服从	排序
张三	学校 1	F	M	C	D	E	A	是	1
张三	学校 2	F	M	D	C	N	B	是	2
张三	学校 3	F	M	—	—	—	—	否	3
张三	学校 4	F	M	—	—	—	—	否	4
张三	学校 5	F	M	—	—	—	—	否	5
李四	学校 5	A	B	C	D	E	F	是	1
李四	学校 2	A	B	C	D	E	F	是	2
李四	学校 3	A	B	C	D	E	F	是	3
李四	学校 4	A	B	C	D	E	F	是	4
李四	学校 1	A	B	C	D	E	F	是	5

【问题】根据案例描述，完成浙江省高考平行志愿的填报和录取的数据库设计，要求给出数据库的 E-R 图、关系模式，并自拟数据、设计程序，实现录取的模拟结果。

2. 案例解答

(1)数据库的 E-R 图

案例描述涉及考生、学校、专业三个实体。考生根据分数和各高校各专业的招生人数(及招生计划)填报高考志愿，最后系统根据考生成绩、填报的志愿、招生计划等情况，录取进相应院校的某个专业。因此，案例中的初始 E-R 图如图 6.2.16 所示。

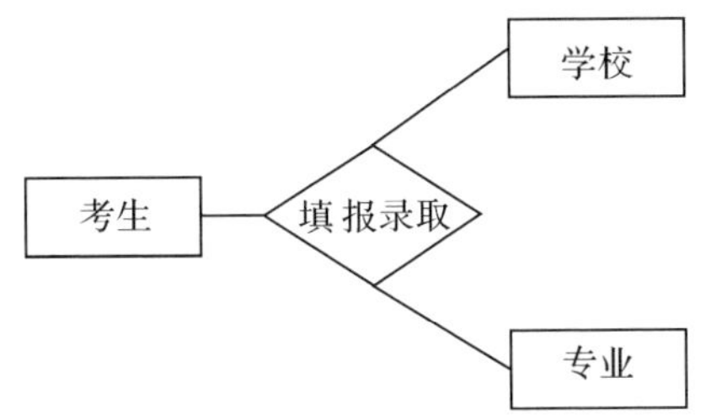

图 6.2.16 初始 E-R 图

在初始 E-R 图中进一步细化，可以发现考生成绩由多门课程组成，因此考生成绩可以抽象成一个成绩实体。每年高考前，各院校需预先提供每个专业的招生计划，考生在填报志愿时可根据招生计划来填报志愿。因此，学校和专业间的招生计划可抽象成一个实体，学校和招生计划就变成一对多的招生院校联系，专业和招生计划就变成一对多的招生专业联系。修改后的 E-R 图如图 6.2.17 所示。

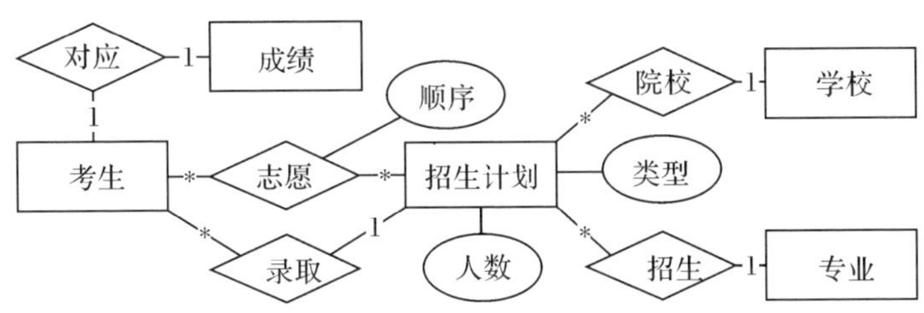

图 6.2.17 修改后的 E-R 图

(2)数据库关系模型

根据 E-R 图转换成关系模型的规则，案例数据库将生成学校信息表、专业信息表、招生计划表、考生信息表、考生成绩表、考生志愿表、录取结果表这七张表。下面给出这七张表的具体信息及必要的一些属性字段，如表 6.2.11～6.2.17 所示。

表 6.2.11 学校信息表

字段名	数据类型	约束
学校编号	char(5)	主键
学校名称	varchar(100)	not null
学校简介	varchar(1000)	无
文科计划	int	无

续表

字段名	数据类型	约束
理科计划	int	无
文科录取	int	无
理科录取	int	无

表 6.2.12　专业信息表

字段名	数据类型	约束
专业编号	char(6)	主键
专业名称	varchar(50)	not null
专业简介	varchar(500)	
类型	int	文科 2、理科 1、文理兼招 0

表 6.2.13　招生计划表

字段名	数据类型	约束
学校	char(5)	构成主键
专业	char(6)	构成主键
文科	int	
理科	int	
文科录取	int	
理科录取	int	

表 6.2.14　考生信息表

字段名	数据类型	约束
考号	char(12)	主键
姓名	varchar(10)	not null
生日	char(8)	格式如“20200101”
籍贯	varchar(20)	
生源地	varchar(50)	
性别	varchar(2)	“男”或“女”

续表

字段名	数据类型	约束
毕业学校	varchar(50)	
电话	varchar(50)	
通讯地址	varchar(100)	

表 6.2.15 考生成绩表

字段名	数据类型	约束
考号	char(12)	主键
数学	int	
英语	int	
语文	int	
综合	int	
类型	int	
总分	int	
排名	int	

表 6.2.16 考生志愿表

字段名	数据类型	约束
考号	char(12)	构成主键
排序	int	构成主键
志愿学校	char(5)	外键、参照学校表中的学校编号
专业 A	char(6)	外键、参照专业表中的专业编号
专业 B	char(6)	外键、参照专业表中的专业编号
专业 C	char(6)	外键、参照专业表中的专业编号
专业 D	char(6)	外键、参照专业表中的专业编号
专业 E	char(6)	外键、参照专业表中的专业编号
专业 F	char(6)	外键、参照专业表中的专业编号
是否服从	int	服从或不服从专业调剂,0 或 1

表 6.2.17 录取结果表

字段名	数据类型	约束
考号	char(12)	主键
拟录取学校	char(5)	外键、参照学校表中的学校编号
拟录取专业	char(6)	外键、参照专业表中的专业编号

(3)数据库创建及数据表创建

确定好数据库的物理结构后,就可以创建数据库和数据表了。案例中假定数据库的名字取 DB_GKZSLQ,数据文件和日志大小为 10M,增量为 1M,文件均存放在 D 盘根目录的 data 文件夹下。数据库及数据表的创建可以使用 SSMS 中的工具完成,也可以用 SQL 语句执行完成。

数据库创建的 SQL 语句如下。

```
create database DB_GKZSLQ
on primary (
    name=DB_GKZSLQ_data,
    filename=' D:\data\DB_GKZSLQ_data. mdf ',
    size=10mb,
    filegrowth=1mb
        )
log on (
    name=DB_GKZSLQ_log,
    filename=' D:\data\DB_GKZSLQ_log. ldf ',
    size=10mb,
    filegrowth=1mb
    )
```

数据表创建的 SQL 语句如下。

这里以考生志愿表为例,其他数据表请读者自行创建。

```
create table  考生志愿(
    考号 char(12)  not null,
    排序 int not null,
    志愿学校 char(5) foreign key references 学校(学校编号),
    专业 A     char(6)  foreign key references 专业(专业编号),
    专业 B     char(6)  foreign key references 专业(专业编号),
```

```
专业C      char(6)   foreign key references 专业(专业编号),
专业D      char(6)   foreign key references 专业(专业编号),
专业E      char(6)   foreign key references 专业(专业编号),
专业F      char(6)   foreign key references 专业(专业编号),
是否服从   int check (是否服从 in(0,1))
                    )
```

(4)基础数据录入

数据表创建完成后,就可以输入数据到相应的数据表中。我们可以打开数据表完成数据输入,也可以用 SQL 语句执行完成。

这里以学校信息表和专业信息表为例,直接在 SSMS 中打开学校信息表和专业信息表,输入数据(见图 6.2.18 和图 6.2.19),其他数据表的数据请读者自行完成。

学校编号	学校名称	学校简介	文科计划	理科计划	文科录取	理科录取
nb001	宁波大学科学...	NULL	0	0	0	0
nb002	浙大宁波理工...	NULL	0	0	0	0
nb003	浙江万里学院	NULL	0	0	0	0
nb004	宁波财经学院	NULL	0	0	0	0
nb005	宁波医药学院	NULL	0	0	0	0
nb006	宁波教育学院	NULL	0	0	0	0

图 6.2.18　学校信息表中的示例数据

专业编号	专业名称	专业简介	类型
080901	计算机科学与技术	NULL	1
080902	软件工程	NULL	1
080903	大数据	NULL	1
080904	人工智能	NULL	1
080905	机器人	NULL	1
080906	工商管理	NULL	0
080907	会计	NULL	0
080908	英语	NULL	2
080909	汉语言文学	NULL	2
080910	电子商务	NULL	0

图 6.2.19　专业信息表中的示例数据

数据输入的 SQL 语句如下。

```
insert 学校 values ('nb001 ', '宁波大学科学技术学院', null, 0, 0, 0, 0)
insert 学校 values ('nb002 ', '浙大宁波理工学院', null, 0, 0, 0, 0)
insert 学校 values ('nb003 ', '浙江万里学院 ', null, 0, 0, 0, 0)
```

```
insert 学校 values ('nb004', '宁波财经学院', null, 0, 0, 0, 0)
insert 学校 values ('nb005', '宁波医药学院', null, 0, 0, 0, 0)
insert 学校 values ('nb006', '宁波教育学院', null, 0, 0, 0, 0)
go
insert 专业 values ('080901', '计算机科学与技术', null, 1)
insert 专业 values ('080902', '软件工程', null, 1)
insert 专业 values ('080903', '大数据', null, 1)
insert 专业 values ('080904', '人工智能', null, 1)
insert 专业 values ('080905', '机器人', null, 1)
insert 专业 values ('080906', '工商管理', null, 0)
insert 专业 values ('080907', '会计', null, 0)
insert 专业 values ('080908', '英语', null, 2)
insert 专业 values ('080909', '汉语言文学', null, 2)
insert 专业 values ('080910', '电子商务', null, 0)
```

数据输入完成后，我们就可以进行考生的投档和录取工作。如果数据暂时没有，我们则要完成程序的编写，输入模拟数据，当数据量很大时，数据的输入非常繁琐，因此可考虑自动生成模拟数据。本案例中，考虑到实际情况和数据量的大小，学校基本信息和专业基本信息直接输入，共计输入学校 6 所、专业 10 个；招生计划、学生成绩、考生志愿则模拟生成。

(5)模拟数据自动生成

①招生计划数据模拟生成

将案例中每个学校的每个专业根据专业类型(理科 1、文科 2、文理兼招 0)随机生成 10～20 个招生数量。比如，某学校的计算机科学与技术专业只招理科生 18 名；汉语言文学专业只招文科生 18 名；电子商务专业文理兼招，其中招文科生 15 名，理科生 15 名。

为方便管理和使用，用存储过程 ProZsjh_init 来完成相应的数据模拟工作。

```
--参数@count 代表随机生成@count/2 到@count 数量的人数，默认为 20
create procedure ProZsjh_init(@count int=20) as
begin
  delete from 招生计划;        --清空招生计划数据
  declare @uno char(5),@zno char(6),@flag int=0,@num1 int=0,
  @num2 int=0
```

```
—定义游标，存取招生计划，包括学校编号、专业编号、招生类型信息
declare c_u cursor for select 学校编号，专业编号，类型 from 学校，专业；
open c_u;
fetch next from c_u into @uno,@zno,@flag;
while (@@fetch_status=0)
begin
  select @num1=0,@num2=0;
  if @flag=0      —文理兼招，该招生计划的文理科招生人数为 10～
                   20 中的随机一个
    select @num1=round(@count/2 * rand()+@count/2,0),
         @num2=round(@count/2 * rand()+@count/2,0);
  if @flag=1      —只招理科，该招生计划的理科招生人数为 10～20
                   中的随机一个
    select @num1=0,@num2=round(@count/2 * rand()+@count/2,0);
  if @flag=2      —只招文科，该招生计划的文科招生人数为 10～20
                   中的随机一个
    select @num1=round(@count/2 * rand()+@count/2,0),@num2=0;
    insert into 招生计划(学校，专业，文科，理科)
         values(@uno,@zno,@num1,@num2);
  fetch next from c_u into @uno,@zno,@flag;
end;
close c_u;          —关闭游标
deallocate c_u;     —释放游标
—更新相关学校的文理科招生总人数
update 学校 set 文科计划=(select sum(文科) from 招生计划
                          where 学校=学校.学校编号 group by
                          学校),
              理科计划=(select sum(理科) from 招生计划
                          where 学校=学校.学校编号 group by
                          学校),
              文科录取=0,理科录取=0
end
```

执行存储过程 ProZsjh_init 可得到招生计划数据，图 6.2.20 是某一次语句

执行后的部分数据。

```
exec ProZsjh_init
select * from 招生计划
```

	学校	专业	文科	理科	文科录取	理科录取
1	nb001	080901	0	13	0	10
2	nb001	080902	0	15	0	10
3	nb001	080903	0	19	0	8
4	nb001	080904	0	12	0	11
5	nb001	080905	0	16	0	11
6	nb001	080906	15	14	13	14
7	nb001	080907	17	13	11	13
8	nb001	080908	12	0	4	0
9	nb001	080909	16	0	10	0
10	nb001	080910	20	13	14	13

图 6.2.20　招生计划表中自动生成的模拟数据

②考生成绩数据模拟生成

本例中模拟生成 1000 位考生，随机生成每位考生的各门课程成绩；根据文理生比例（人数）随机分配文理科考生；根据文理科类型生成考生成绩排名。

为方便管理和使用，用存储过程 ProGrade_Init 来完成数据模拟工作，包括成绩生成、文理分类、成绩排名。

```
create proc ProGrade_Init(
  @num int,               —生成的考生数量
  @leixing1 varchar,      —考生类型 1:理科
  @leixing2 varchar,      —考生类型 2:文科
  @LX1num int             —考生类型 1 人数
) as
begin
  delete from 考生成绩;                   —考生成绩清除
  exec CreateGrade @num;                  —考生成绩生成
  exec ProLeiXing @leixing1,@leixing2,@LX1num;
                                          —按参数生成相应数量的类型
  update 考生成绩 set 排名=null;          —考生成绩排名清除
  —理科考生成绩排名
  exec ProGradeOrder @leixing1,'总分','数学','综合','语文','英语';
  —文科考生成绩排名
```

```
    exec ProGradeOrder @leixing2,'总分','语文','综合','数学','英语';
  end;
  go
```

执行存储过程 ProGrade_Init 可得到考生成绩及排名数据，图 6.2.21 是存储过程执行后的部分数据，图中共生成了 1000 名考生，其中理科生（类型为 1）700 名，文科生（类型为 2）300 名。

```
exec ProGrade_Init 1000,'1','2',700
go
select *,row_number()over(partition by 类型 order by 总分 desc,
  数学 desc,综合 desc) as 排序 from 考生成绩
```

100 %

结果 消息

	考号	数学	英语	语文	综合	类型	总分	排名	排序
1	201902000037	143	139	136	290	1	708	1	1
2	201902000652	146	124	141	290	1	701	2	2
3	201902000751	146	124	129	295	1	694	3	3
4	201902000327	145	144	117	287	1	693	4	4
5	201902000286	143	130	126	289	1	688	5	5
6	201902000642	148	127	114	287	1	676	6	6
7	201902000714	144	119	129	280	1	672	7	7
8	201902000252	146	100	142	282	1	670	8	8
9	201902000557	147	146	145	229	1	667	9	9
10	201902000484	145	133	134	252	1	664	10	10

图 6.2.21　考生成绩自动生成的部分模拟数据

· 成绩生成

考生成绩生成由存储过程 CreateGrade 完成，具体语句如下。

```
create proc CreateGrade(@num int) as
begin
  declare @i int;
  set @i=1;
  while @i<=@num
  begin
    insert into 考生成绩(考号,数学,英语,语文,综合) values(
      '201902'+right('00000'+cast(@i as varchar(6)),6),
      round(90*rand()+60,0),
      round(90*rand()+60,0),
      round(90*rand()+60,0),
```

```
        round(200 * rand()+100,0) )
            set @i=@i+1;
    end
    update 考生成绩 set 总分=数学+英语+语文+综合;
                                                  --考生成绩总分更新
end
```

· 文理分类

考生文理科人数生成由存储过程 ProLeiXing 完成，具体语句如下。

```
/* 设置一定比例的文理科人数;1='理科',2='文科'   */
create proc ProLeiXing(@str1 varchar,@str2 varchar,@num int) as
begin
    update 考生成绩 set 类型=null;        --删除考生的文理科类型
    declare @sql varchar(1000);
    /* 根据@str1、@str2、@num 的值，随机生成@str1 类型的考生@
    num 名，其余考生为@str2 类型 */
    set @sql=' update 考生成绩 set 类型='+@str1+
                ' where 考号 in(select top '+
              cast(@num as varchar(10))+
          '考号 from 考生成绩 order by NEWID())';
    exec(@sql);                  --执行 SQL 语句@sql
    set @sql=' update 考生成绩 set 类型='+@str2+' where 类型 is null ';
    exec(@sql);
end
```

· 成绩排名

考生成绩排名由存储过程 ProGradeOrder 完成，具体语句如下。

```
create proc ProGradeOrder(
    @leixing varchar,          --考生类型
    @order1 varchar(20),       --排序第一关键字，理科:总分，文科:总分
    @order2 varchar(20),       --排序第二关键字，理科:数学，文科:语文
    @order3 varchar(20),       --排序第三关键字，理科:综合，文科:综合
    @order4 varchar(20),       --排序第四关键字，理科:语文，文科:数学
    @order5 varchar(20)        --排序第五关键字，理科:英语，文科:英语
                    ) as
```

```
begin
  declare @sql varchar(1000);
  —生成动态 SQL 语句@sql,
  set @sql='update 考生成绩 set 排名=(select a from
            (select ROW_NUMBER() over(order by '
            +@order1+' desc,'
            +@order2+' desc,'
            +@order3+' desc,'
            +@order4+' desc,'
            +@order5+' desc '
            +') as a, * from 考生成绩 where 类型='
            +@leixing
        +') R where R.考号=考生成绩.考号)  where 排名 is null ';
  exec(@sql);
end
```

③考生志愿填报数据模拟生成

根据招生志愿填报规则,每位考生可按顺序选择五所学校,然后按顺序在每所学校中选择六个专业,因此可以分两步来完成该任务。首先完成单个考生的志愿填报,然后完成所有学生的志愿填报。

本案例有1000位考生,为方便管理和使用,用存储过程 ProZYTB_Init 来完成所有学生的志愿填报;用存储过程 ProZhiYuan_Init 来完成某位学生的志愿填报工作。

所有学生的志愿填报工作由存储过程 ProZYTB_Init 完成,具体语句如下。

```
—所有考生的志愿填报,用游标循环执行每一个考生的志愿填报
create proc ProZYTB_Init as
begin
    delete from 考生志愿;
    declare cc1 cursor for select 考号,类型 from 考生成绩;
    declare @sno varchar(12),@flag int;
    open cc1;
    fetch next from cc1 into @sno,@flag;
    while @@FETCH_STATUS=0
    begin
```

```
            --某个类型为@flag 的学生@sno 填报志愿
            exec ProZhiYuan_Init @sno,@flag;
            fetch next from cc1 into @sno,@flag;
        end;
        close cc1;
        deallocate cc1;
    end
```

执行存储过程 ProZYTB_Init，可得到所有考生志愿填报数据，图 6.2.22 是存储过程执行后的部分数据。

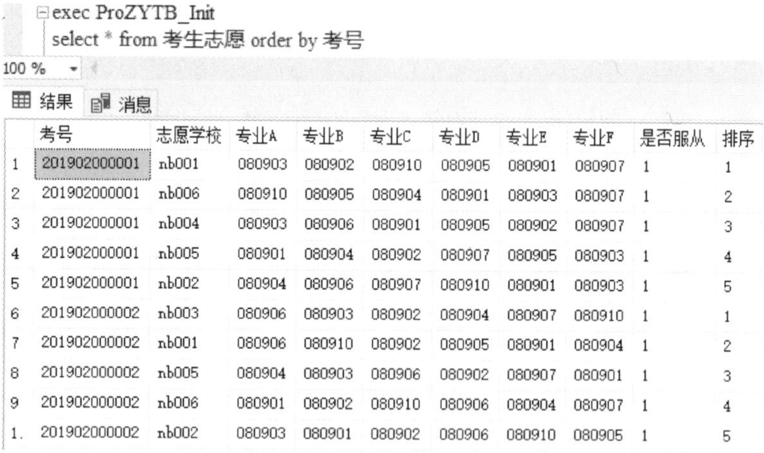

```
exec ProZYTB_Init
select * from 考生志愿 order by 考号
```

100 %

结果 消息

	考号	志愿学校	专业A	专业B	专业C	专业D	专业E	专业F	是否服从	排序
1	201902000001	nb001	080903	080902	080910	080905	080901	080907	1	1
2	201902000001	nb006	080910	080905	080904	080901	080903	080907	1	2
3	201902000001	nb004	080903	080906	080901	080905	080902	080907	1	3
4	201902000001	nb005	080901	080904	080902	080907	080905	080903	1	4
5	201902000001	nb002	080904	080906	080907	080910	080901	080903	1	5
6	201902000002	nb003	080906	080903	080902	080904	080907	080910	1	1
7	201902000002	nb001	080906	080910	080902	080905	080901	080904	1	2
8	201902000002	nb005	080904	080903	080906	080902	080907	080901	1	3
9	201902000002	nb006	080901	080902	080910	080906	080904	080907	1	4
1.	201902000002	nb002	080903	080901	080902	080906	080910	080905	1	5

图 6.2.22 考生志愿自动填报的部分模拟数据

某位考生的志愿填报工作由存储过程 ProZhiYuan_Init 完成，具体语句如下。

题目求解过程中，使用两张临时表来存取随机生成的学校和专业，其中专业数据表需要在处理的过程中将专业临时表（表 6.2.18）中的数据转化成志愿填报表（表 6.2.19）中的数据。

表 6.2.18 专业临时表中的示例数据

考生	专业
2019000000001	080901
2019000000001	080902
2019000000001	080903
2019000000001	080904

续表

考生	专业
2019000000001	080905
2019000000001	080906

表 6.2.19 志愿填报表中的示例数据

考生	专业 A	专业 B	专业 C	专业 D	专业 E
2019000000001	080902	080903	080904	080905	080906

```
/*某个学生@sno的志愿填报,随机选择五所学校填报志愿,@flag表示理科生还是文科生,理科生为1,文科生为2*/
create proc ProZhiYuan_Init(@sno varchar(12),@flag int=1) as
begin
  --生成临时表@tb_u,存放随机填报的五所学校
  declare @tb_u table(uno char(5),getrand float) ;
  --生成临时表@tb_z,存放随机填报的六个专业
  declare @tb_z table(zno char(6),getrand float);
  declare @uno char(5),@zno char(6);--@uno存放学校编号,@zno存放专业编号
  declare c1 cursor for select 学校编号 from 学校;
  open c1 ;
  fetch next from c1 into @uno;
  /*这里如果不用循环,直接insert into @tb_u select 学校编号,rand() from 学校,随机值都是一样的*/
  while (@@FETCH_STATUS=0)
  begin
    --随机给所有学校生成一个0~1的数,插入表tb_u中
    insert into @tb_u values(@uno ,rand());
    fetch next from c1 into @uno;
  end
  close c1;
  deallocate c1;
  --选择专业,依次打开五所学校
```

```
declare @u_i int=1;
—根据随机数 getrand 大小,取前面五所学校
declare c2 cursor for select top 5 uno from @tb_u order by getrand desc;
open c2;
fetch next from c2 into @uno;
while @@FETCH_STATUS=0   —选六个专业
begin
  delete from @tb_z;                —清空专业表
  if @flag=1
    declare c3 cursor for select 专业 from 招生计划
          where 理科>0  and 学校=@uno;   —招理科生的专业
  else if @flag=2
    declare c3 cursor for select 专业 from 招生计划
          where 文科>0  and 学校=@uno;   —招文科生的专业
  open c3 ;
  fetch next from c3 into @zno;
  while (@@FETCH_STATUS=0)
  begin
    —随机给所有理科招生的专业生成一个0~1的数,插入@tb_z中
    insert into @tb_z values(@zno ,rand());
    fetch next from c3 into @zno;
  end
  close c3;
  deallocate c3;
  —完成数据转换,将六行记录整合成一行记录
  declare @a varchar(10),@b varchar(10),@c varchar(10),
        @d varchar(10),@e varchar(10),@f varchar(10);
  select @a=a,@b=b,@c=c,@d=d,@e=e,@f=f
      from (select [1] a,[2] b,[3] c,[4] d,[5] e,[6] f
          from (select top 6 zno, row_number() over(order by newid
          ())as num from @tb_z) r pivot(max(zno) for num in ([1],
          [2],[3],[4],[5],[6])) p) ttb;
  insert into 考生志愿 values(@sno,@uno,@a,@b,@c,@d,@e,@f,
  1,@u_i);
```

```
    set @u_i=@u_i+1;
    fetch next from c2 into @uno;
  end
  close c2;
  deallocate c2;
end
```

(6)模拟录取

根据招生录取规则完成考生的录取。

①录取程序

为方便管理和使用,用存储过程 ProGet_Result2 来完成所有学生的录取工作。分别完成理科考生(类型为 1)和文科考生(类型为 2)的录取,具体语句如下。

```
create proc ProGet_Result2 as
begin
    delete from 录取结果;
    update 学校 set 文科录取=0,理科录取=0;
    update 招生计划 set 文科录取=0,理科录取=0;
    execute ProGet_LeiXing 1;   —理科考生录取
    execute ProGet_LeiXing 2;   —文科考生录取
end
```

执行存储过程 ProGet_Result2,可得到所有考生的录取结果,图 6.2.23 是存储过程执行后的部分数据。

```
exec ProGet_Result
select * from 录取结果
```

100 %

结果　消息

	考号	拟录取学校	拟录取专业
1	201902000037	nb005	080901
2	201902000652	nb005	080907
3	201902000751	nb004	080910
4	201902000327	nb002	080907
5	201902000286	nb004	080910
6	201902000642	nb005	080910
7	201902000714	nb004	080903
8	201902000252	nb001	080907
9	201902000557	nb001	080907
10	201902000484	nb006	080904

图 6.2.23　考生录取后的部分模拟数据

②分类录取

例子中，每类考生的录取工作用存储过程 ProGet_LeiXing 来完成，具体语句如下。

```
—所有类型为@lx 的考生录取
create proc ProGet_LeiXing (@lx int) as
begin
    declare c_stu cursor for select 考号 from 考生成绩
                        where 类型=@lx order by 排名;
    declare @sno varchar(12);
    open c_stu;
    fetch next from c_stu into @sno;
    while @@FETCH_STATUS=0
    begin
      exec ProGet_Student @sno,@lx;      —单个考生@sno 录取
      fetch next from c_stu into @sno;
    end;
    close c_stu;
    deallocate c_stu;
end
```

③单个学生录取

单个学生的录取工作用存储过程 ProGet_Student 完成，录取过程可以分为以下几个步骤。

第 1 步：获取当前考生的志愿。

第 2 步：根据志愿，依次取出所填志愿学校的剩余招生计划人数，若已招满，则取下一个学校；若未招满，进行专业录取。

第 3 步：获取该校的第一个志愿专业，若该专业招生人数未满，则录取到该专业，录取结束；若招生人数已满，则获取下一个志愿专业。

第 4 步：若当前学校的所有志愿专业都已匹配完毕，都已招满，如果该生服从专业调剂，则录取到该学校，专业待学校处理，录取结束。

第 5 步：若当前学校的所有志愿专业都已匹配完毕，都已招满，如果该生不服从专业调剂，则取下一个志愿学校，执行第 2 步。

第 6 步：若该生所有的志愿学校均未录取，则该生未被录取，录取结束。

存储过程 ProGet_Student 具体语句如下。

```
—单个学生录取到专业的过程 drop proc ProGet2
create proc ProGet_Student(@sno varchar(12)='201902000001',
@flag int=1) as
begin
    /*根据考生填报的志愿按顺序依次取出填报的学校编号、专业A、专
    业B、专业C、专业D、专业E、专业F、是否服从等信息,放到游标对应
    的各变量中*/
    declare c_zy cursor for
        select 志愿学校,专业A,专业B,专业C,专业D,专业E,专业F,
        是否服从
        from 考生志愿 where 考号=@sno order by 排序;
    declare @uno char(5),@k int=0,@zy1 char(6),@zy2 char(6),
            @zy3 char(6),@zy4 char(6),@zy5 char(6),@zy6 char(6),
               @zyfc int,@zy char(6);
    open c_zy;
    fetch next from c_zy into @uno,@zy1,@zy2,@zy3,@zy4,@zy5,
    @zy6,@zyfc;
    while @@FETCH_STATUS=0
    begin
        /*如果是理科生,则查找填报学校的理科生招生剩余数@k=计
        划招生人数-拟录取人数*/
        if @flag=1
           select @k=理科计划-理科录取 from 学校 where 学校编号=
           @uno;
        /*如果是文科生,则查找填报学校的文科生招生剩余数@k=计
        划招生人数-拟录取人数*/
           else if @flag=2
                select @k=文科计划-文科录取 from 学校 where 学校编
                号=@uno;
        —学校没有录取满,则录取到学校和专业
        if @k>0
        begin
            —如果是理科生,则填报学校的理科录取人数+1
```

```
            if @flag=1
            begin
               update 学校 set 理科录取=理科录取+1 where 学校编号
               =@uno;
               —拟录取的相关专业输出到变量@zy 中
               exec ProGet_Uni_Zy 1,'理科—理科录取',@uno,
                  @zy1,@zy2,@zy3,@zy4,@zy5,@zy6,@zyfc,@zy out;
            end;
            —如果是文科生,则填报学校的文科录取人数+1
            else if @flag=2
            begin
               update 学校 set 文科录取=文科录取+1 where 学校编号
               =@uno;
                  —拟录取的相关专业输出到变量@zy 中
                  exec ProGet_Uni_Zy 2,'文科—文科录取',@uno,
                  @zy1,@zy2,@zy3,@zy4,@zy5,@zy6,@zyfc,@zy out;
            end;
            —将考生的录取信息添加到录取结果表中
            insert into 录取结果 values(@sno,@uno,@zy);
            /* 如果专业人数没有满,则录取到该专业,如果招满,先统一
            录取到专业未定,后续进一步处理;专业服从等学校统一处理
            录取到空余专业,专业不服从则退档 */
            break;
        end;
        fetch next from c_zy into
            @uno,@zy1,@zy2,@zy3,@zy4,@zy5,@zy6,@zyfc;
    end;
    close c_zy;
    deallocate c_zy;
end
```

④学生志愿录取过程

语句中的存储过程 ProGet_Uni_Zy 表示,根据考生志愿和招生录取情况,得到拟录取的某一学校的某个专业,并输出专业编号,具体语句如下。

```
—考生填报的学校的所有专业志愿拟录取
create proc ProGet_Uni_Zy(
    @flag int=1,            —拟录取的考生类型
    @str_select varchar(50)='理科—理科录取',
                                    —某学校某录取某类型剩余人数
    @uno char(5)=' nb002 ',—拟录取的学校
    @zy1 char(6),           —第一志愿专业
    @zy2 char(6),           —第二志愿专业
    @zy3 char(6),           —第三志愿专业
    @zy4 char(6),           —第四志愿专业
    @zy5 char(6),           —第五志愿专业
    @zy6 char(6),           —第六志愿专业
    @zyfc int,              —专业调剂服从
    @zy char(6) out         —输出变量,存储拟录取的志愿专业
    ) as
begin
    declare @kk int=0;
    —存储过程 execsql_getresult 用于获取当前学校某专业剩余招生
    人数
    exec execsql_getresult @kk out ,@str_select, @uno,@zy1
    —存储过程 Get_Uni_Zy 用于获取拟录取的专业
    if @kk>0 exec Get_Uni_Zy @uno,@zy1,@flag,@zy out;
    else
    begin
      exec execsql_getresult @kk out,@str_select, @uno,@zy2;
      if @kk>0 exec Get_Uni_Zy @uno,@zy2,@flag,@zy out;
      else
      begin
        exec execsql_getresult @kk out ,@str_select, @uno,@zy3;
        if @kk>0 exec Get_Uni_Zy @uno,@zy3,@flag,@zy out;
        else
        begin
          exec execsql_getresult @kk out ,@str_select, @uno,@zy4;
```

```
        if @kk>0 exec Get_Uni_Zy @uno,@zy4,@flag,@zy out;
          else
          begin
            exec execsql_getresult @kk out,@str_select, @uno,@zy5;
            if @kk>0 exec Get_Uni_Zy @uno,@zy5,@flag,@zy out;
            else
            begin
              exec execsql_getresult @kk out,@str_select, @uno,@zy6;
              if @kk>0 exec Get_Uni_Zy @uno,@zy6,@flag,@zy out;
              /* else update 学校 set 理科录取=理科录取+1 where
              学校编号=@uno and 专业=@zy6; */
              else
                begin
                  if @zyfc=0 set @zy=' 000000 ';
                  --表示不服从专业调剂(退档);
                  if @zyfc=1 set @zy=' 111111 ';
                  --表示服从专业调剂(录取);
                end;
              end;
            end;
          end;
        end;
      end;
    end
```

⑤获取志愿余额

存储过程 execsql_getresult 用于获取当前学校某专业剩余招生人数，具体语句如下。

```
create proc execsql_getresult(
    @kk int output,
    @str_select varchar(50)='理科-理科录取',
    @uno char(5)=' nb001 ',
    @zy1 char(6)=' 080902 ') as
begin
```

```
        declare @a int ,@str_sql nvarchar(1000)='';
        set @str_sql=' select @a='+@str_select+' from 招生计划
        where 学校='''
                +@uno+''' and 专业='''+@zy1+'''';
        exec sp_executesql @str_sql, N '@a int output ',@kk output;
    end
```

⑥获取拟录取的志愿

存储过程 Get_Uni_Zy 用于获取拟录取的专业,具体语句如下。

```
    —拟录取到某个学校@uno 的某个专业@zyx
    create proc Get_Uni_Zy(@uno char(5),@zyx char(6),@flag int=1,@
zy  char(6) out) as
    begin
        —某个学校@uno 的某个专业@zyx 的理科生录取人数+1
        if @flag=1
            update 招生计划 set 理科录取=理科录取+1
            where 学校=@uno and 专业=@zyx;
        —某个学校@uno 的某个专业@zyx 的文科生录取人数+1
        else if @flag=2
            update 招生计划 set 文科录取=文科录取+1
            where 学校=@uno and 专业=@zyx;
        set @zy=@zyx;
    end
```

⑦数据模拟和录取主程序

本案例中的数据模拟生成和录取过程的主程序代码如下。

```
    /*招生系统规模:学生 1000 个,学校 6 个,专业 10 个,每个专业招生计
划 10—20 人*/
    学校、专业的初始化:基础数据,目前手工输入。
    招生计划初始化:procedure ProZsjh_init(@count int=20)。
    学生及成绩初始化:procedure ProGrade_Init(@num int,@leixing1
                      varchar,@leixing2 varchar,@LX1num int)。
    填报志愿初始化:procedure ProZYTB_Init。
    录取过程:procedure ProGet_Result2。
```

```
Use DB_GKZSLQ
go
delete from 招生计划;
delete from 考生成绩;
delete from 考生志愿;
delete from 录取结果;
execute ProZsjh_init;
execute ProGrade_Init 1000,'1','2',600;
execute ProZYTB_Init;
execute ProGet_Result2
```